植物生産技術学

秋田重誠・塩谷哲夫 編

文永堂出版

表紙デザイン：中山康子（株式会社ワイクリエイティブ）
写 真 提 供：鈴木正司

序

　植物生産学は植物生産学概論（基礎）の上に立脚する「本論」である．その目的，特徴は『植物生産学概論』（1993年刊）の第Ⅰ章に解説した．植物生産学は生産の対応技術の性格から，表に示すように，植物生産技術学，植物生産土環境技術学，植物生産基盤技術学，植物生産保護技術学，植物生産育種技術学に大別される．

　そのうちの植物生産技術学は，圃場で植物を生産するための技術，つまり植物を栽培する技術を研究する科学であり，それは生産の対象別に食料植物生産学（従来の食用作物学），工業原料植物生産学（工芸作物学），飼料植物生産学（飼

植物生産学の構成

植物生産学概論（基礎通論）	
植物生産学本論	
1．植物生産技術学 　［植物栽培技術学］	食料植物生産学（食用作物学） 工業原料植物生産学（工芸作物学） 飼料植物生産学（飼料作物学） 園芸植物生産学（園芸学） 緑被植物生産学（造園学） 　　　⋮
2．植物生産土環境技術学	植物生産土壌学（土壌立地学） 植物栄養学（肥料学） 植物気象学（農業気象学） 　　　⋮
3．植物生産基盤技術学	植物生産環境工学（農業土木学） 植物生産技術工学（農業機械学） 　　　⋮
4．植物生産保護技術学	植物病理学 植物害虫学（害虫学） 雑草学 　　　⋮
5．植物育種技術学	植物遺伝子工学，生物工学 植物遺伝生態学 植物育種学

料作物学），園芸植物生産学（園芸学），緑被植物生産学（造園学）などに分科し，そして植物生産の実際に当たっては，さらに個々の資源植物についての各論の科学として生産に対応している．

したがって，植物生産技術学の教科書の編成としては，そうした各論が主体になるべきである．しかしながら，各論を構成する栽培技術それぞれには共通な部分が多く，また，生産学の各分科の間にも共通部分が少なくない．そこで，植物生産技術学を横観して，その共通部分についての基本的な考え方をまとめて学習し，研究することは植物生産技術学の全容を一定期間の学習で理解するために便宜である．そこで，植物生産技術学の概論ともいうべき見地からまとめたのが本書で，これを『植物生産技術学』と題した．

本書では，中心となる植物栽培の技術を第Ⅲ章にすえ，これに最も多くの頁を当てた．内容は種子から始めて収穫までを栽培の実際の順に，要点ごとに解説した．

なお，植物栽培技術の中で園芸植物生産（従来の園芸学）では，かなり特殊な変化に富んだ技術も用いられているが，基本原理については，食料，工業原料，飼料作物など（従来の普通作物）の生産技術とかわるものではないので，本書では後者に主体をおいて論述した．

植物生産には，その「場」をつくるために，土環境技術や基盤構造技術が必要であるが，本書ではそれらを第Ⅱ章として概説した．

そして，第Ⅳ章では植物生産を病気，害虫，雑草などから保護する技術について解説し，第Ⅴ章をいわゆる持続型植物生産技術の意義と解説に当てた．

現今，科学の進歩は急速であり，技術もそれとともに変遷が早いので，本書もそれに応じて適宜改訂していく所存である．

本書の執筆に当たっては，大学および短大の専攻学生が教科書として利用できるよう配慮した．本書の学習によって，植物生産技術学として，実学的な各論技術への興味が触発，涵養されることが期待される．それとともに，植物生産技術にすでに携わっている研究者，技術者，普及指導員，教職者などの方々にも新しい視点の植物生産技術の書として活用していただきたいと念願してい

る．

　本書の編集には，東京大学教授 秋田重誠博士および東京農工大学教授 塩谷哲夫博士に多大の御尽力をいただくこととなった．また，執筆者各位からの創意に満ちた御協力に対し，併せて深く御礼申し上げる．そして，出版に当たっての文永堂出版株式会社の御尽力に謝意を表する次第である．

　1994年4月　　　　　　　　　　　　　　　　　　　　星 川 清 親

　この「序」は，監修者として本書を企画立案された星川清親先生（故人，東北大学名誉教授）が，企画立案時にご執筆されたものである．星川先生への感謝と敬意を表し，ここに掲載させていただく．

　2006年5月　　　　　　　　　　　　　　　　　　　秋田重誠・塩谷哲夫

編　集　者

秋　田　重　誠　　滋賀県立大学環境科学部教授
塩　谷　哲　夫　　東京農工大学名誉教授

執筆者（執筆順）

秋　田　重　誠　　前　掲
平　沢　　　正　　東京農工大学農学部教授
粕　渕　辰　昭　　山形大学農学部教授
塩　谷　哲　夫　　前　掲
芝　山　秀次郎　　佐賀大学名誉教授

目　　　次

I．植物生産技術学とは……………………………（秋田重誠）… 1
　1．植物生産技術学が必要とされる背景………………………… 3
　2．植物生産技術の具体的内容…………………………………… 4

II．植物生産の場を作る技術………………………………………… 9
　1．立　　　　地……………………………………（平沢　正）… 9
　　(1) 気　象　要　素…………………………………………… 10
　　(2) 水………………………………………………………… 21
　　(3) 土　　　　壌…………………………………………… 25
　　(4) 雑草，病気，害虫………………………………………… 30
　　(5) 社　会　的　条　件………………………………………… 33
　　(6) 立地と栽培技術…………………………………………… 37
　2．圃　　　　場……………………………………（粕渕辰昭）…38
　　(1) 圃　場　と　は…………………………………………… 38
　　(2) 水　　　　田…………………………………………… 40
　　(3) 畑………………………………………………………… 51
　　(4) 施　設　栽　培…………………………………………… 57
　　(5) 農地と環境問題…………………………………………… 58

III．作物栽培の技術………………………………………………… 59
　1．種　　　　苗……………………………………（秋田重誠）…59
　　(1) 種　苗　の　種　類………………………………………… 59
　　(2) 種　苗　の　良　否………………………………………… 64
　　(3) 種　苗　の　生　産………………………………………… 69
　2．耕起，整地………………………………………（塩谷哲夫）…71

（1）耕起，整地の意義 ……………………………………… 71
　　（2）耕　　　　起 ……………………………………………… 72
　　（3）砕　　　　土 ……………………………………………… 77
　　（4）耕　う　ん（耘）………………………………………… 78
　　（5）均　　　　平 ……………………………………………… 79
　　（6）代　　掻　　き …………………………………………… 81
　　（7）鎮　　　　圧 ……………………………………………… 82
　　（8）耕起，整地の作業体系 …………………………………… 83
　　（9）ロータリによる水田の浅耕をめぐって ………………… 83
　（10）ミニマムティレージ ……………………………………… 84
　3．施　　　　　肥………………………………………（秋田重誠）… 86
　　（1）施　肥　と　は …………………………………………… 86
　　（2）施肥の対象となる栄養塩類 ……………………………… 87
　　（3）施　肥　と　肥　料 ……………………………………… 88
　　（4）施　肥　の　方　法 ……………………………………… 89
　　（5）作物の種および品種，栽培目的と施肥 ………………… 90
　　（6）施肥量の求め方とその根拠 ……………………………… 95
　　（7）施肥量の決定過程に関与する諸要因 …………………… 96
　　（8）施肥の実際と地域性 ………………………………………102
　　（9）施肥をめぐる最近の動き …………………………………104
　4．播種，育苗，植付け ………………………………（平沢　正）…105
　　（1）播　　　　種 ………………………………………………105
　　（2）育　　　　苗 ………………………………………………110
　　（3）植　　付　　け ……………………………………………113
　　（4）水稲の移植栽培における播種，育苗，植付け …………113
　　（5）ジャガイモの植付け ………………………………………117
　5．管　　　　　理………………………………………（芝山秀次郎）…119
　　（1）水　　管　　理 ……………………………………………119

(2) 生育，土壌管理（間引き，中耕除草，培土，麦踏み）……………124
　　(3) そのほかの管理作業 ……………………………………………129
　6．収　穫，調　製………………………………………（塩谷哲夫）…131
　　(1) 収 穫 と 調 製 ……………………………………………………131
　　(2) 収 穫 の 部 位 ……………………………………………………131
　　(3) 収　穫　適　期 ……………………………………………………132
　　(4) 収　穫　回　数 ……………………………………………………140
　　(5) 調　　　　　製 ……………………………………………………141
　　(6) 収穫・調製作業の体系 ……………………………………………148
　　(7) 収穫作業の労働負担 ………………………………………………151

IV．作物を保護する技術………………………………（芝山秀次郎）…153
　1．作物の保護とは……………………………………………………153
　2．病気による被害と保護の技術……………………………………154
　　(1) 病気による被害 ……………………………………………………154
　　(2) 病害からの保護と防除方法の種類 ………………………………159
　3．害虫による被害と保護の技術……………………………………163
　　(1) 害虫による被害 ……………………………………………………163
　　(2) 虫害からの保護と防除方法の種類 ………………………………169
　4．雑草による被害と保護の技術……………………………………172
　　(1) 雑草による被害 ……………………………………………………172
　　(2) 雑草害からの保護と防除方法の種類 ……………………………179
　5．鳥獣による被害と保護の技術……………………………………184
　　(1) 鳥獣による被害 ……………………………………………………184
　　(2) 鳥獣害からの保護と防除方法の種類 ……………………………185
　6．気象災害からの保護と被害防止対策の種類……………………186
　　(1) 気　象　災　害 ……………………………………………………186
　　(2) 気象災害の防止対策の種類 ………………………………………189

7．人為的災害からの保護と被害防止対策の種類……………………190
　（1）人 為 的 災 害 ……………………………………………190
　（2）人為的災害の防止対策の種類 ……………………………191

V．作物を作り続けるための技術………………………（塩谷哲夫）…193
1．なぜ持続性を問題とするか……………………………………193
　（1）営農が示す農業技術の総合化と生産の持続性 ………………193
　（2）近代農業技術の成果と問題点 ……………………………194
　（3）問われる農業の環境保全性・持続性 ………………………210
2．持続型農業のための栽培技術…………………………………223
　（1）単純化と多様化との間の矛盾 ……………………………223
　（2）単作および連作の危険性 …………………………………224
　（3）化学資材の機能性および利便性に注意 ……………………225
　（4）複雑系への挑戦 …………………………………………226
　（5）持続型農業の栽培管理技術モデル …………………………227
　（6）各国の持続型農業・環境保全型農業政策が推奨する技術 ………229
　（7）精 密 農 法 ……………………………………………237
　（8）農生まれの農育ちの技術づくりを目指して …………………238

参 考 図 書……………………………………………………243

索　　　　引………………………………………………………247

I. 植物生産技術学とは

　「植物生産技術学」の位置付け，執筆内容についてはすでに序において星川が示した．ここでは，このような学問領域が歴史的にどのような過程を経て位置付けられてきたか，また，そのような学問領域が現在必要とされる背景，具体的な技術の特質について概説する．

　農耕が開始される1万年以上前は，人類は生存，生活に必要な食糧などを自然に存在する有用な植物から採取，採集してきた．やがて，人口の増大，定住化により採集だけでは食糧などの必要量が確保できなくなり，自らの手で自然環境あるいは作物自体を制御し始めた．この制御が「栽培」であり，耕地において望ましい資源植物を用い，種子を貯蔵し，ほかの植生や雑草を除き，動物や昆虫，病原菌などから保護し，季節や天候に配慮し，生産物を収穫，調製するなどの手を加え，目的とする食糧などの収穫量とその質を高めることを始めたわけである．

　農学においては，医学に基礎医学と臨床的研究が存在するように，研究所や大学を中心とした専門分化した基礎的・学理的研究と同時に，地域の試験研究

写真：輪作が行われている畑作地帯の風景（北海道網走市，7月下旬）．手前の開花中の作物はジャガイモ，右後方は刈取り直前のコムギ，さらに後方にはテンサイがみえる．（写真提供：平沢　正）

機関の研究者，普及員，営農指導員のように農業現場で生じる研究問題に臨床医的に対応する研究分野がある．特に，実際の農業現場で遭遇する事象は専門分化した1分野の科学では解決できない問題が多く，幅広い分野の知識，経験，総合的な判断力が必要とされる．このように，農学においては高度に専門分化した個別研究領域と同時に，これらを生産系全体の制御に結び付ける包括的（holistic），総合的学問領域が強く求められている．このような学問領域として，かつてはわが国では「栽培学」が，また，これに近いものとしてアメリカ合衆国では「Agronomy」，ヨーロッパでは「Principles of crop production」（作物生産原理）が位置付けられてきた．

　一般に，作物の栽培に当たっての技術は，資源植物（作物）自体の持つ先天的性質（遺伝性）を制御する育種的技術と施肥，保護技術などにより作物の環境を制御する技術に大別される．「栽培学」においては，この両者を体系的に取り上げてきたため，品種改良や育種も「栽培学」の中で講義された．しかし，科学の発展，研究の深化と並行して，農学においても専門分化が進み，かつて「栽培学」の中で扱われてきた育種，農業気象，雑草などの分野は「栽培学」から独立した体系を持つに至っている．したがって，「植物生産技術学」は，かつての「栽培学」からこれらの分野を除いた環境の制御による作物の生育制御を扱う学問領域と捉えられよう．ただし，「品種開発と栽培環境の制御」，「雑草と作物生産」，「台風などの気象災害と作物生産」はそれぞれの分野が独立のものではなく，互いに相互関係を持ちながら今日に至っており，育種，雑草，農業気象などの関連分野のうちで作物栽培と関わりを持つ部分，例えば，種物，気象災害からの保護技術などについては取り上げる．このように，「植物生産技術学」は，作物各論や個別専門分野の学術上の成果を現場の技術に結び付けるための法則性や手法を体系的に扱う学問分野であるといえよう．

　「植物生産技術学」で取り上げる課題については，作物栽培における環境制御技術を構成するそれぞれの作業の必然性，科学的根拠，体系化のための部分モデルなどを主として解説する．具体的には，土壌，気象，気候，水，二酸化炭素などの大気組成，温度などの無機的環境の制御技術は「II．植物生産の場

を作る技術」,「Ⅲ. 作物栽培の技術」で取り上げ，耕地生態系に存在する病原菌，土壌微生物，雑草，昆虫，イノシシ，サルなどの生物的環境の制御技術は「Ⅳ. 作物を保護する技術」（本書では気象災害などからの保護技術も含む）として取り上げている．また，最終章「Ⅴ. 作物を作り続ける技術」においてはこれら耕地生態系を構成する生物的・無機的環境を管理するに当たって，いかに生産システムの持続性を維持するかという今日的課題について取り上げている．

1. 植物生産技術学が必要とされる背景

　学問領域が専門分化し,「栽培学」にかわる「植物生産技術学」という分野の研究が，これまでにも増して強く求められるに至った背景について記しておく必要があろう．

　作物栽培に当たって，かつては，主たる生産の場である耕地生態系のみの制御だけではなく森林生態系などほかの生態系とのつながり，物質循環（無機塩類，水など）などを体系的に捉え，これらを最適化する方法がとられてきた．このことは，肥料も十分にない時代には水田の生産力は森林生態系と深い関わりを持ち，稲作農民が鎮守の森のブナの木を1本切るにもそれなりの配慮をし，農村には山の神，水の神が存在したことからも明らかである．このように，作物の栽培に当たっては，人と自然が共存することを前提としており，生産の持続性が損なわれるようなことはほとんどなかった．

　わが国でこのような農業観が一変したのは，20世紀半ば以降である．人口圧の急増に伴い食糧を確保する必要が生じるとともに，この必要性を満たすべく肥料・農薬製造，農業資材開発，機械などの生産技術が工業技術の発達につれて飛躍的進歩を遂げ，食糧の生産量も増大した．しかし，自然との共生という意識は農業から薄れていき，経済的効率を重視するあまり単作化が進み，化学資材への依存度の高まり，食の安全性，生産の持続性が損なわれる事態に直面するに至った．土壌の塩類化，病害虫の大発生，強害雑草の出現，あるいは，

緑の革命の功罪などが世界的な関心を呼ぶに至った．この結果，生産一辺倒の技術に対する批判が高まり，環境との調和を重視し，持続性の高い農業生産のための技術が求められるに至った．

これまでの生産一辺倒の栽培技術から環境との調和を重視し，持続性の高い技術へと変換しつつあることは紛れもないことであるが，しかし，生産の重要性が低下したわけではない．現在でも食糧を主たる対象とする生産の大きさは莫大なものであり，世界的にみると三大作物へのカロリーベースでの依存度は50%を越えている．しかも，栄養不足の人口が全世界人口の約1/10も存在する．21世紀は食糧の時代とさえいわれるように，生産はますます重要となる．このように，環境との調和を保ちながらも，一方で生産性の向上を目指す栽培技術が強く求められている．いかに環境保全的であろうとも，かつての三圃式農法や脚光を浴びつつある有機農法など，生産性の低下を伴う中世的技術に回帰することが，環境と調和のとれた近代的な技術の目指すところではなかろう．このように，地球という閉鎖生態系の中で人類の生存と環境との調和を目指した農業およびこれを支える新たな技術論，技術研究を支える方法論の確立が求められている．農学においても遺伝子研究が全盛となっているが，このような先端的研究を実際の農業という産業に生かすためには，実際の場における有効性に絶えず配慮する必要がある．このような問いかけに答えていくためにも近代科学技術におけるatomism(reductionismともいう)偏重の中で影が薄くなっていた包括的で総合性の高い学問領域，すなわち，「耕地生態学」などとともに「植物生産技術学」が強く求められるに至っている．植物生産技術学について学ぶことが，専門分化した学問分野の知見を農業現場で求められる技術に結び付けるうえで，少しでも役立つようであればと願っている．

2．植物生産技術の具体的内容

農業は「Harvesting the sun」といわれるように，人類の生存に必要な食糧，繊維などの物質を資源植物（栽培植物，作物）の生物機能を利用して得る太陽

エネルギーの固定産業である．この一連の生産活動，すなわち「栽培」に当たって人が与える資材や作業は資源植物が自ら固定する太陽エネルギーではなく，人為的に加えたエネルギーであり，これらのエネルギーは補助エネルギーと総称される（図Ⅰ-1）．したがって，「栽培」は換言すると資源植物による太陽エネルギーの固定量や質を高めるために，生産の場に各種の補助エネルギーを投入し，資源植物あるいはそれを取り巻く環境を制御する行為といえよう（図

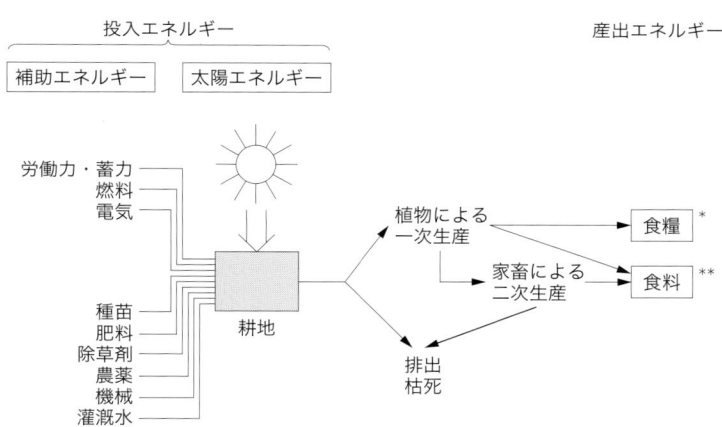

図Ⅰ-1 耕地生態系における投入エネルギーと産出エネルギー

＊コメ，ムギなどのように，植物の一次生産物を直接主食用に利用．＊＊畜産物のように二次生産物を利用，あるいは野菜のように一次生産物を利用するが，主食用でない場合．

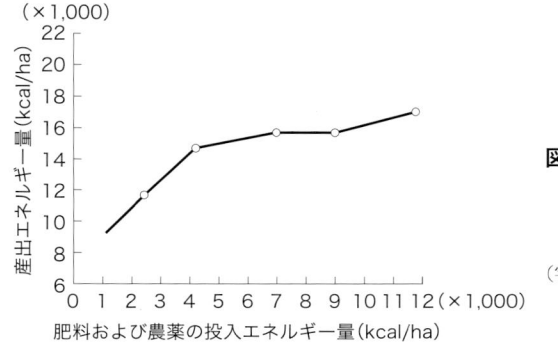

図Ⅰ-2 水稲栽培における補助エネルギー投入量（化学物質のみ）と産出エネルギーの関係
（宇田川武俊，1976より算出）

Ⅰ-2).

　栽培の場である耕地で，制御可能な環境要因を補助エネルギー投入により制御している．しかし，耕地では人工的な光合成工場のようにすべての環境要因や資源植物の制御が可能なわけではなく，多くの場合いわゆる半制御下に置かれるのが常である．また，このような太陽エネルギーという密度の低いエネルギーを，資源植物の持つ光合成機能を利用して固定するに当たっての制御，すなわち，補助エネルギーの投入に当たっては収益性が保てなくてはならず，投入補助エネルギーの経済的価値と固定されたエネルギーの介在的価値を考慮に入れた最適制御でなくてはならないなどの特徴を持つ（図Ⅰ-3）．産業としての収益性と生産の持続性というある面では相反する要素を最適化するという複雑な制御となる．さらには，この補助エネルギーの投入の最適化に当たっては，開発途上国，先進国の間の技術内容が全く異なるように，対象とする耕地の自然的立地，社会経済的制約など多くの条件によっても強い支配を受ける．このような最適化の具体的手法としては，生態学的法則性に基づいたモデル化，シミュレーションのような手法が有効となる．さらには，耕地においては資源植物のみではなく，雑草や病害虫あるいは耕地生態系以外の生態系との関連性を強く持つ害獣などのほかのバイオームも存在し，これらと環境要因の間に強い相互作用がみられ，この複雑な関係を一定の栽培目的のために持続的に制御す

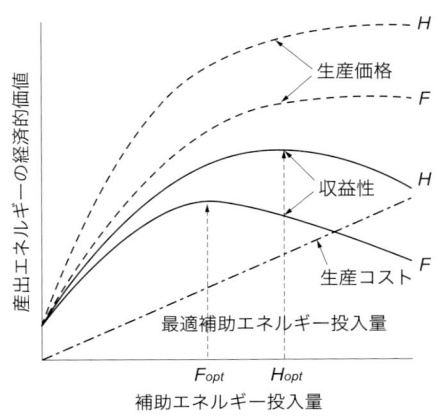

図Ⅰ-3 耕地への投入補助エネルギー量の最適化（模式図）

図中の F, H は一例としておのおのの食糧用作物，園芸用作物を示す．F_{opt}, H_{opt} はおのおのの食糧用，園芸用作物の投入補助エネルギー量最適値を示す．

るには両者の相互作用についての法則性を十分に理解する必要がある．

　現在でも栽培の目的，資源植物の利用形態は食糧生産，飼料生産，工芸作物，園芸作物などに依然として重点はあるが，近年は，資源植物の利用形態も景観作物，カバークロップ，化石エネルギーの代替燃料としてのアルコール，バイオディーゼルなどのバイオマス利用などと多様化し，作物栽培を取り巻く，今日的な課題も刻々と変化している．このような栽培目的の変化に対応して栽培の技術も大きく変化はするが，本書ではこれら新たな課題に対する取組みは限られている．また，手法についても，生産系を総合的，包括的に取り上げるには各作業を部分モデルとして系全体の中で評価することが持続性などを取り上げるに当たっては有効であるが，モデル化，シミュレーション手法などの応用については十分に取り上げることができていない．このような点に関しては今後の課題としたいと考えている．

II. 植物生産の場を作る技術

1. 立　　　　地

　植生はそれぞれの地域の地形，気候，土壌などの自然の条件を総合的に反映した結果として成立し，その分布は特に気候要因によって大きな影響を受ける．同様に，作物の生育はそれぞれの置かれている地上部の環境条件，土壌の諸性質や状態によって大きな影響を受ける．自然条件や栽培条件に影響を受けて生息する雑草，病害虫などの生物的環境も作物の生育に大きな影響を及ぼす．あわせて，地形はそれがもたらす微気象や作業の難易を通じて，作物の栽培に大きく影響する．これらの自然環境的諸条件に大きな違いがなくても，歴史，文化，経済的条件および政策などの影響を受けて栽培される作物の種類，栽培のやり方などが国や地域によって大きく異なることもある．作物栽培に影響を及ぼすこのような諸条件が総合されて，作物生産における立地となる．その結果，国によって，あるいは同じ国の中においても，立地に応じていろいろな作物生

写真：生育初期のテンサイへの灌漑風景（北海道網走市，6月中旬）．（写真提供：平沢　正）

産の形態が存在する．

　わが国は東アジアモンスーン気候帯に属し，季節の変化が顕著である．国土の面積は小さいがほぼ南北に細長いので，気候には北の北海道と南の沖縄県とでは大きな相違がある．わが国の地質と地形は，環太平洋造山帯の激しい造山運動の影響などにより複雑である．また，国土を縦断する脊梁山地の影響などにより，気候は緯度が等しくても太平洋側と日本海側など地域によって大きく異なる．これらの影響を受け，土壌分布も複雑である．地域によって歴史的背景や経済的条件にも相違があり，政策による影響の受け方も異なる．社会的条件には国内条件だけでなく，諸外国との関係も含まれる．現在，わが国で行われている作物の栽培は，詳しくみればこれらのいろいろな要因が関与して成立している．本章では，これらの要因がどのようにわが国の作物生産に関与しているかをみることによって，作物の栽培にとっての立地を考えたい．

(1) 気 象 要 素

　気温などの温度条件，日射量や日長などの光条件，降水量などは作物の生長や発育に大きな影響を及ぼし，これらの気象要素によって作物の栽培可能地が規定される．また，同じ種でも地域によって栽培される品種の生態型が異なることがある．生育可能日数の長い地域では，生態型の異なる品種を組み合わせることによっていろいろな作型が可能となる．

　気象条件は年によって大きく変動することがあり，通常は栽培が可能であっても，年によっては生育を著しく阻害する条件となり，作物の生産量や品質が大きく低下する．このような気象災害には冷害など低温によって起こる障害，干ばつ害，湿害，風水害などがあり，地域によって発生の頻度と程度が異なる．

a. 温　　　　度

　気温は緯度，標高，海流などによって影響され，季節によっても変化する．温度条件に合わせて作物の種類や品種が選択され，栽培方法にも温度条件が関与してくる．1年生の夏作物だけでなく，永年生でも霜に弱い作物にとっては

II. 植物生産の場をつくる技術

無霜期間がその作物の栽培限界期間を制限することになる．作物が生育し，成熟するためには，一定の温度が必要との見地から作物の温度要求度を表す指標として積算温度が用いられる．基準温度を10℃とし，生育日数と日平均気温が10℃以上の期間の積算温度で表される有効積算気温は，作物によって大きく異なる．例えば，有効積算気温が約400℃・日以下ではカブ，レタスなど，約800℃・日～約1,600℃・日ではソバ，オオムギ，エンバクなど，約1,300℃・日～約1,900℃・日ではコムギなどが栽培され，イネやワタ，カンキツ類では，それぞれ2,600℃・日，2,800℃・日，4,000℃・日を越えるあたりから栽培が可能となる．なお，作物の種が同じでも，生育に要する積算気温にはある程度幅がある．これは，早・中・晩生種などの品種によって有効積算気温が異なるためである．有効積算気温から，それぞれの地域の温度条件によって栽培される作物の種，品種が制限されることがわかる．図II-1にわが国における積算気温の分布を示した．熱帯の作物であるサトウキビ，パイナップルは薩南諸島から南の無霜地帯で栽培が可能で，サツマイモ，チャなど生育適温が比較的高温側にある作物は，冷温多雨気候に属する北海道では栽培されない．栽培面積拡大に力が注がれてきたイネでも，北海道の全域に栽培されるには至ってい

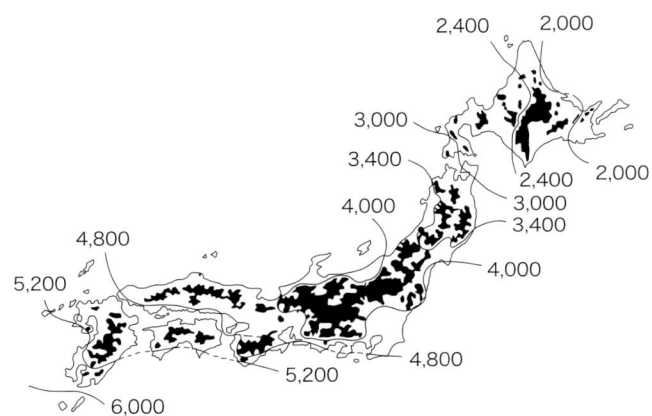

図II-1 平均気温が10℃以上の期間の積算気温の分布
単位：℃・日．黒く塗りつぶした部分は，標高500m以上の地域を示す．（朝倉　正，1982を内嶋善兵衛が引用，1987）

ない.気温は図Ⅱ-2のように大きな年変化を示し,夏は高くても冬は低くなるので,比較的冷涼気候を好む夏作物の場合は暖地でも春,秋あるいは冬に栽培することが可能となることが多い.ジャガイモは沖縄では冬に栽培され,テンサイは温暖なアメリカ合衆国カリフォルニア州で冬作として栽培される.

一生を完結するのに必要な温度条件が作物の種によって異なるのは,作物が葉,茎,根などの栄養器官を形成し,所定の機能を発揮したり,穂などの生殖器官が分化,発育したり,あるいは子実や塊茎,塊根などが肥大するのに必要な温度条件が作物によって大きく異なるためである.

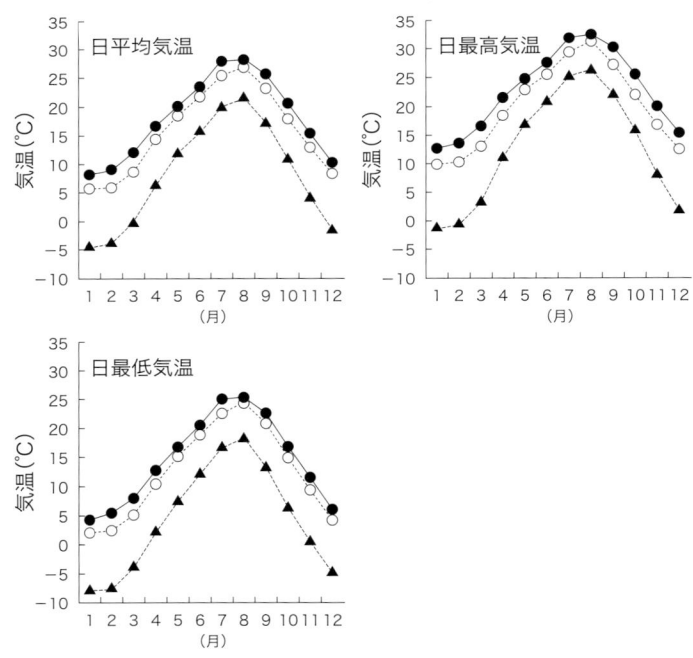

図Ⅱ-2 札幌,東京,鹿児島における日平均気温,日最高気温,日最低気温の月別平均値(1971〜2000年)

┄┄▲┄┄:札幌,┄┄○┄┄:東京,━●━:鹿児島.平年の無霜期間は札幌では4月24日〜10月21日,東京では2月27日〜12月13日,鹿児島では3月7日〜12月3日.(理科年表2005年による)

1）温度と茎葉，子実の生長

　茎葉，子実などの生長が温度によって受ける影響は作物の種によって異なり，それぞれ生長が最大となる適温がある．適温より温度が低くなっても，あるいは高くなっても生長は抑制される．夏作物のイネと冬作物のコムギを例としてあげると，次のようになる．

　①発　芽…適温はイネでは 30 〜 32℃，コムギでは 25℃前後である．

　②茎葉の生長…葉の展開，分枝などによって主要な同化器官である葉の量が増加する．イネでは葉の生長の適温は 31℃前後，分げつは昼温 30 〜 35℃，夜温 15℃の組合せで最も多くなる．コムギでは 1 枚当たりの葉の面積は 20℃（光強度 1,000 〜 12,000lx）で最大に，そして分げつの増加速度は 25℃で最大となるが，分げつ数が最大となるのはそれ以下の温度条件である．

　③光合成速度…個体あるいは個体群の光合成速度には，葉の量とともに葉面積当たりの光合成速度が大きく影響する．葉面積当たりの光合成速度の適温はイネでは 25 〜 35℃の範囲にあり，コムギでは 10 〜 25℃の範囲にある．

　④登　熟…登熟の適温はイネでは 20 〜 25℃で気温の日較差があった方がよいと考えられ，また，コムギでは昼 / 夜が 15℃ /10℃の条件は 21℃ /16℃，あるいは 30℃ /25℃の条件に比べて子実重の増加速度は遅いが，最終的な子実重は高くなるといわれている．

　光合成速度の適温と登熟の適温とが必ずしも等しくないのは，子実重が乾物生産量だけでなく，転流，分配，同化産物の受け入れ期間など，光合成過程とは異なる多くの過程によって決まることによる．また，分げつの発生や登熟に対する適温からわかるように，生長にとっての温度条件は，1 日を通じて一定であるよりも，昼の温度と夜の温度とが適当に組み合わされた条件で最もよい場合があることが多くの作物で認められている．

2）温度と花器の形成，発育

　温度は茎葉の量的生長だけでなく，栄養生長から生殖生長への生育相の転換や，その後の花器の形成，発育に大きな影響を及ぼす．例えば，イネは高温に

よって出穂までの日数が短くなる性質があり，わが国のイネの栽培品種においては，日長感応性の低い早生の品種でこの性質が顕著に現れる．日長感応性の低い，したがって，みかけ上高温によって出穂が促進される品種は北の方で多く栽培される．

コムギなどのように，一定の低温を経験しなければ花芽が分化しない作物もある．このような性質は，オオムギ，ライムギなどの禾穀類，ハクサイ，カブ，ニンジン，セロリなどの野菜類などにもある．花芽分化のための低温要求性はコムギなどでは品種によって異なることが知られ，わが国のコムギではその性質に応じてⅠ～Ⅶの7階級に品種が分類されている．番号の小さい品種ほど低温要求性が小さく[注1]，番号の大きい品種ほど低温要求性が大きい[注2]．一般に，春播性品種は西南暖地で栽培され，秋に播種される．秋播性品種は東北地方や北海道で栽培される．北海道では春播性品種が春に播種されることもある．低温によって花芽の分化する体制が得られたあとは，長日条件下で温度が高いと穂の発育が進む．種子や幼植物のときに低温を受けなければ，のちに花芽の分化や開花をしないような越年生の植物を，種子あるいは幼植物の段階において低温にあわせることをバーナリゼーション（春化処理）という．

イチゴにおいても温度や日長の変化が花芽の形成と発育に大きな影響を及ぼす．一季成り性品種[注3]では秋期の短日・低温条件で花芽の形成が誘導され，また，休眠も誘導される．休眠覚醒ののち，春の温暖・長日条件で花芽は急激に発育し，開花に至る．このような性質を利用して，普通栽培とともに促成栽培，半促成栽培，抑制栽培など，いろいろな作型が開発されている．

3）温度による障害

耕地では，生長や発育にとって常に適温条件で作物の栽培が行われているわ

注1）秋播性程度が小さいといい，このような品種を春播性品種という．
注2）秋播性程度が大きいといい，このような品種を秋播性品種という．
注3）自然条件では春に開花，結実する一季成り性品種に対して，長日条件でも花芽分化し，春，夏，秋にわたって開花，結実する品種を四季成り性品種という．

けではなく，むしろ温度によって何らかの阻害的な影響を受けていることが多い．さらに，温度の季節変化が年によっては平年値と大きく異なることがある．予期できない低温あるいは高温によって，茎葉の生長や花器の形成，発育，子実の肥大は大きな影響を受けることがある．したがって，平年値だけでなく，年による変動の大きさも作物栽培においては大きな問題となる．

わが国では特に低温による影響が大きい．表II-1に示すように，低温による作物の生育の遅延や登熟の不良が，作物の収量や品質にしばしば影響を及ぼす．しかも，低温の影響は全国的に現れている．低温となるときは通常，低日射条件も伴い，これによって病気の発生を引き起こすことも多い．特に栽培の北限に近い地域では，通常は栽培が可能であっても，年によっては低温によっ

表II-1 最近の異常低温による農作物への被害

年	被害発生の時期	被害面積 (ha)	被害発生地域
1971	7月～10月	1,465,000	全国（兵庫，徳島，長崎および鹿児島を除く）
1976	6月中旬～10月中旬	1,830,000	全国（沖縄を除く）
1979	7月中旬～9月中旬	166,700	北海道，東北
1980	7月中旬～9月下旬	2,886,000	全国（沖縄を除く）
1981	夏作期間	1,720,000	北海道，東北，関東（東京，神奈川および静岡を除く），北陸，東海，滋賀，京都，兵庫，中国（山口を除く），香川，愛媛，長崎，宮崎
1982	6月下旬～7月下旬	538,000	北海道，東北，関東（埼玉，東京および神奈川を除く），北陸，東海（三重を除く），滋賀，京都，兵庫，中国（山口を除く），愛媛，大分
1983	6月上旬～7月下旬	1,235,000	北海道，東北，関東（静岡を除く），北陸（石川を除く），岐阜，滋賀，京都，兵庫，中国
1988	6月下旬～10月上旬	1,624,000	北海道，東北，関東，北陸，岐阜，愛知，近畿，鳥取，島根，岡山，広島，徳島
1991	7月中旬～8月中旬	1,037,000	北海道，東北，北陸
1992	5月上旬～8月下旬	982,600	北海道，東北
	9月上旬～10月上旬	572,300	北海道，青森，岩手
1993	7月以降	2,624,000	北海道，東北，関東，北陸，東海，近畿，中国，香川，高知，福岡，熊本，大分
1995	5月中旬～7月中・下旬	745,200	東北，北陸
	8月上旬～10月上旬	560,800	東北，新潟
1996	6月上旬～9月上旬	596,000	北海道

平成4年産および平成10年産作物統計による．

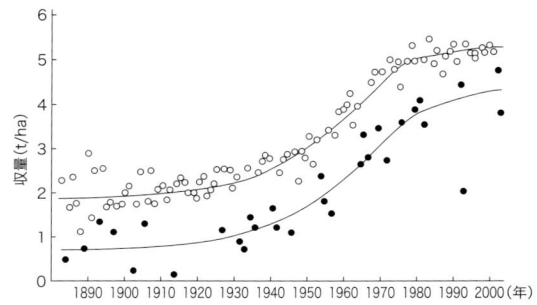

図 Ⅱ-3 北海道におけるイネの収量の推移
○：平常年, ●：冷害年. (佐竹徹夫, 1976；西山岩男, 1985 に追加)

て著しい障害を受ける．例えば，わが国の水稲栽培においては低温障害がしばしば問題となる．比較的高温側に適温のある水稲では，北海道での栽培面積の拡大は耐冷性を備えた新しい品種などによって可能となってきたが，現在でも冷害の発生頻度と被害の大きさは依然高い（図Ⅱ-3）．東北地方の太平洋側でも冷害はかなり高い頻度で起こる．水稲が直接低温によって受ける障害には，低温によって生育が遅れて出穂期が遅くなり登熟が秋冷によって不良となる遅延型冷害と，穂ばらみ期や開花期の低温によって正常な受粉，授精が行われなくなる障害型冷害とがある．冷害の年には両方の型が同時に起こったり，いもち病を併発して被害がいっそう大きくなることも多い．早期栽培に伴う作期の前進によって，これまでほとんど認められなかった地域に水稲の低温障害が起こるようになることもある．低温による障害は，北海道ではマメ類でもしばしば起こっている．

冬には凍害が果樹，チャなどで問題となることがある．また，春や秋に果樹，野菜，チャ，ムギ類，クワなどに霜によって起こる障害も大きな問題となり，関東北部や東北南部で最も発生頻度が高い．

b．光

光は温度と同様，作物の生長と発育に大きく関わる．

1）光と生長

　作物の乾物重のうちの約90％は炭水化物を中心とした炭素化合物であり，この炭素化合物は光エネルギーを利用した植物の光合成作用によっている．したがって，作物の乾物生産には作物が一生の間にどれだけ多くの光を効率よく吸収できるかが大きく影響する．光を多く吸収するためには，生育初期はできるだけ早く葉で圃場を覆うことが重要である．葉が圃場を覆い，個体群に到達する光の吸収が最大値に達したあとは，個体群を構成する葉がいかに効率よく光を吸収できるかが大きな問題となり，このときには受光態勢が重要となる．個葉のレベルでは光合成速度は，C_3植物では自然光のある強さで光飽和するが，C_4植物は自然光では光飽和を示さない．繁茂した個体群では，C_3植物でも自然光で光飽和しないことが多くの作物で認められている．したがって，作物の個体群の乾物生産にとっては，強い日射量が長時間あることが重要となる．

　わが国における月平均日照時間を地域間で比較すると（図Ⅱ-4），日照時間は，同じ緯度でも日本海側は太平洋側に比べて，冬は著しく少なく，逆に，夏はやや多い傾向がある．梅雨のない北海道はコムギの出穂期，登熟期に当たる6，7月に日照時間が多い．関東地方と東北地方の一部は梅雨期とともに，水稲などの登熟期に当たる9月も日照時間が少ない．このように，日照時間は地域間で大きく相違し，太平洋側の冬の長い日照は施設園芸などに効果的に利用されている．日照時間は温度と同様に年による変動が大きく，日照不足によっ

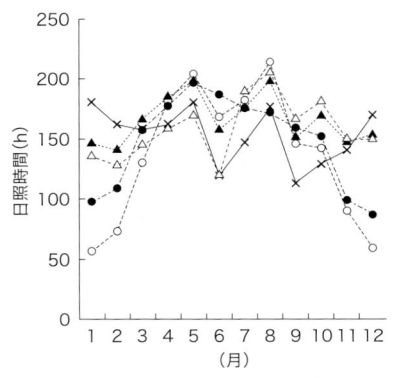

図Ⅱ-4　月間日照時間の月別平均値
（1971年〜2000年までの平均値）
・・・●・・・：札幌，・・・○・・・：新潟，—×—：東京，
・・・▲・・・：岡山，・・・△・・・：鹿児島．
（理科年表2005年より作図）

て収量や品質が大きく低下することがある．

2）光と発育

作物によっては，花芽の分化と発育が日長によって大きな影響を受ける．ある限界日長より短い日長で開花が起こったり，促進される短日植物には，イネ，ダイズ，トウモロコシ，キビ，アワ，タバコ，コスモス，キク，ダリア，アサガオ，サルビア，ホウセンカ，シソなどがある．一方，ある限界日長より長い日長で開花が起こったり，促進されたりする長日植物には，コムギ，オオムギ，エンドウ，エンバク，ダイコン，カンラン，ホウレンソウ，カブ，タカナ，アカツメクサ，オーチャドグラス，チモシー，アマ，シネラリア，ストック，アスターなどがある．

春分から秋分までの期間は，緯度が高い地域ほど日長が長い（図Ⅱ-5）．日長によって開花が促進される程度は，作物の種が同じでも品種によって大きく異なり，地域によって，あるいは同じ地域でも作型によって日長反応性の異なる品種が栽培されることがある．例えば，短日植物であるイネでは，赤道近くの熱帯地方では日長の年変化が少ないため，少しの日長変化に敏感に反応して出穂の可否が決まるような品種があるが，緯度が高くなるに伴って日長感受性の程度が低くなる．一般に，わが国で栽培されている水稲の品種は，九州などの南の地方では感受性が高く，北に向かうほど感受性が低くなっている．これは，日長感受性の高い品種を北で栽培すれば，出穂が遅くなって登熟が完了す

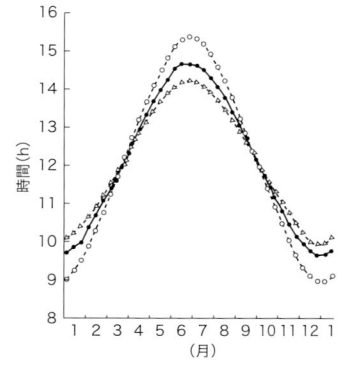

図Ⅱ-5 日の出から日の入りまでの時間の年間の推移
--○--：札幌，—●—：前橋，--△--：鹿児島．
（理科年表2005より作図）

る前に秋の低温の障害を受けることになるためである．北海道の早生品種では，出穂が日長に左右されない．日長感応性の低い品種を南で栽培するためには出穂の前に十分な栄養生長ができる基本栄養生長性の大きい性質が必要である．西南暖地での早期栽培では，このような性質を備えた日長感応性の低い品種が用いられる．

熱帯地方で栽培されるイネには，前述のようにわずかな日長の差に対して敏感に反応する感光性の高い品種とともに，感光性がないか，非常に弱い品種もある．熱帯のモンスーン地帯では雨期の到来とともに播種が行われるが，比較的高地にあって雨期が終わるとすぐに乾燥する地方では後者の品種が，そして低湿地にあって雨期が終わってもなお長い間水が滞っている地方では生育期間が長く，ほぼ定まった暦日上の時期に出穂する前者の品種が栽培される．水利施設などの条件が整っているところでは，感光性の低い品種を使って三期作が行われている地域もある．

このように，日長が開花までの日数に及ぼす影響の品種間差とこれに対応した品種の地理的分布は，ダイズやアズキ，ソバなど多くの作物種で認められ，品種の生態的特性に基づいて栽培される地域の条件と作期に適した品種の選択が行われている．

日長は作物の開花期だけでなく，塊茎や塊根の形成との間にも密接な関係のある場合がある．ジャガイモの塊茎，ダリアの塊根の形成は短日で促進される．タマネギの鱗茎の形成は長日条件によって促進される．日長はキュウリの花の性発現に影響することも知られている．

c．風

風は個体群の中や葉面における空気の停滞を減らし，光合成に必要なCO_2の葉への拡散を促進したり，植物の周りの空気湿度を低下させ，病気の発生を軽減させるなど，作物の生育に直接あるいは間接に重要な影響を及ぼす．しかし，風が強いときには作物にいろいろな障害をもたらす．

台風は暴風雨を伴い，作物の倒伏，茎葉枝梢の折損，落葉や落果，葉の擦傷

など大きな被害をもたらす．さらに，これに伴って海岸地帯では潮風害が起こったり，フェーン現象によって作物の脱水，枯死などの乾風害が発生する．水害も台風に伴ってしばしば起こる．年間の台風の接近数はわが国では5～6個で，沖縄では7～9月，九州・四国地方では8～9月，関東地方では9～10月に集中する．図Ⅱ-6は台風による農作物の被害が大きかった1991年の台風の襲来時期と進路を示したものである．とりわけ9月中下旬の台風で西南暖地の水稲やミカン，東北地方のリンゴなどをはじめ多くの作物に著しい強風害や潮風害が発生した．西南暖地では，台風襲来の頻度の高い時期が普通栽培の水稲の開花最盛期に当たったため，被害が大きかった．8月下旬～9月上旬までに刈取りを完了して台風の被害を回避することが，西南暖地で早期栽培が行われるようになった大きな理由であった．

冬の季節風は日本海側に雪を降らせたあと，太平洋側には乾燥した低温の風となって届く．この風は作物に強風害と組織の凍害や脱水による落葉，新梢，幼芽の枯死などの寒風害を引き起こす．寒風害は関東地方を中心に関東以西の

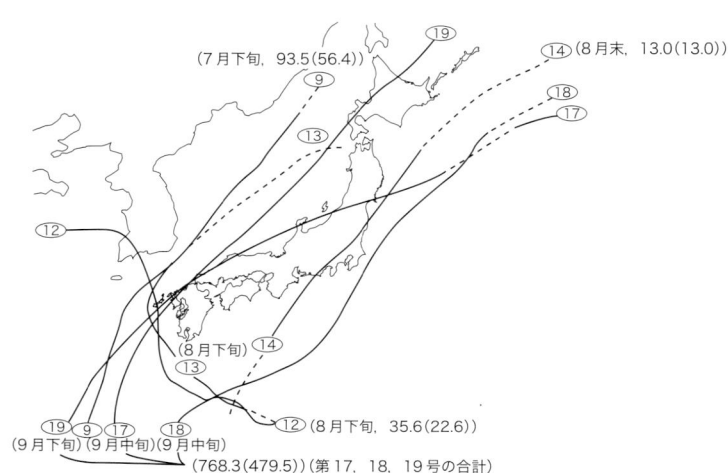

図Ⅱ-6 1991年にわが国に上陸または接近した主な台風の進路と農作物の被害面積

図中の○で囲まれた数字は台風名を示し，となりの（　）内は襲来した月旬，農作物の被害面積（うち水陸稲の被害面積，1,000ha）を示す．

太平洋岸で多く発生する．

d．雪

降雪や積雪は作物，果樹やクワ，樹木に対して幹や枝折れを生じさせたり，長期間の積雪は作物を衰弱させて病気を発生させたりする．これに加えて近年では急増した園芸施設の被害が大きい．80日以上の根雪期間を持つ地域は北海道，東北，北陸地方に多く存在するが，表Ⅱ-2に示すように，降雪による農作物の被害はこれらの根雪地帯だけでなく，かなり広範囲に起こっている．

(2) 水

水は，畑作物には主として気象要素の1つである降雨によって供給される．水が不足したり，過剰であるときには，灌漑や排水などによって圃場でも人為

表Ⅱ-2　最近の降雪などによる農作物への被害

年	被害発生の時期	被害面積(ha)	被害発生地域
1969	3月12日	16,600	関東（東京，神奈川，長野および静岡を除く），広島，四国（高知を除く）
1974	1973年11月下旬～1974年3月	30,600	北海道（札幌），東北，北陸，（富山を除く），長野，岐阜，滋賀，京都，鳥取，広島
1977	1976年12月下旬～1977年3月上旬	249,200（ほかに果樹の品質低下）	全国（沖縄を除く）
1980	2月上旬～下旬	5,410	東北（青森および岩手を除く），石川，長野
1981	1980年12月中旬～1981年3月上旬	187,300	全国（函館，帯広，北見および沖縄を除く）
1983	10月上旬～下旬	28,700	北海道（札幌）
1984	1983年12月中旬～1984年3月	394,500	全国（沖縄を除く）
1985	1984年12月下旬～1985年3月中旬	5,500	青森，栃木，埼玉，山梨，長野，北陸，岐阜，京都，兵庫，鳥取
1986	1985年12月～1986年3月	15,600	北海道（札幌，北見），青森，福島，関東，北陸，東海，京都，兵庫
1987	1986年12月～1987年3月	4,530	北海道（札幌，北見），宮城，福島，三重，大阪，奈良，山口，福岡，熊本
1998	1月8日および15日	1,210	宮城，福島，群馬，山梨，長野，静岡

平成10年産作物統計による．

的にある程度制御できる．このことが，温度や光，風などの気象要素と大きく異なる．

a．水分の不足

作物が使う水のうち，光合成などの代謝や生長に向けられるのはごくわずかで，ほとんどは蒸散によって大気に出ていく．土壌水分が減少するなどして吸水が蒸散に追いつかなくなって体内水分が減少すると，まず，生長が抑制され，次いで光合成をはじめいろいろな生理作用が影響を受け，その結果，乾物生産や収量が低下することになる．土壌水分や体内水分の低下に対する作物の反応は，作物の種の間や同一種でも品種の間で異なる．乾燥度指数（年平均蒸発散位に対する降水量の比）が 0.65 未満の土地を乾燥地という．世界の乾燥地の面積は約 61.5 億 ha で，全陸地面積の約 47％を占めるといわれている．乾燥地では，作物生産にとって水が主要な制限要因となり，灌漑がなければ作物の収量はきわめて不安定で低い．灌漑においては水の量，塩分濃度などの水の質に加えて塩類集積などによる土壌劣化も問題となる．水資源には限りがあるので，世界的にみれば，水は作物生産の量と安定性に影響を及ぼす最も重要な要因の1つである．

わが国の年間平均降水量は約 1,750 mm で，降水量が年間蒸発量を大きく上回っているので，年間を通してみれば湿潤であるといえる．しかし，降雨の総量は少ないところでは 1,000 mm 以下，多いところでは 2,500 mm 以上と地域によって大きく異なる（図Ⅱ-7）．また，年間の分布も地域によってかなり異なる．北海道，東北地方の太平洋側から長野県に至る地域，香川県や岡山県などの瀬戸内海側は降水量が少ない．このような地域には，少雨多照条件を適地としたり，品質が向上するホップやハッカなどの工芸作物の主産地となっているところもある．一方，台風が多く通過する高知，鹿児島，沖縄などの諸県や，冬でも降雨の多い日本海側では降水量が多い．北海道を除く他の地域はモンスーンの影響を受けて梅雨があるため，6〜7月は降水量が多く，梅雨直後の7〜8月は降水量が少ない．8月末から9月にかけては，台風や停滞前線など

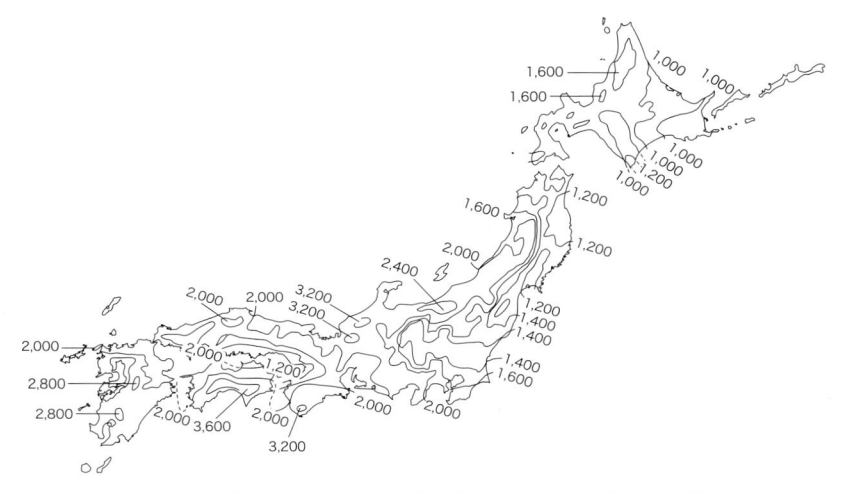

図Ⅱ-7 年降水量(mm)の分布(1941〜1970年の平均)
(尾崎康一, 1987)

によって多くの地域で再び降水量が多くなる.

このように, 年間を通してみれば十分に湿潤であるわが国でも, 地域や季節によって干害がしばしば問題となる. 1949年から1994年の46年間に10万ha以上の作付面積が干害を受けた年は9回であった. 5〜6年に1回の割合で干害が起こっていることになる. 干ばつによる被害は, 晴天が10〜20日 (果樹ではおよそ40日) 間続くと出始め, これを越えると被害が増大するといわれている. 干害の程度は作物の種類および品種, 生育時期, 土壌条件, 栽培法などによって異なる. 畑作物では, 干ばつによって受ける作物の被害には生育期間内の降雨の分布も関係し, 図Ⅱ-8に示すような季節による降雨の分布の片寄りが畑作物の干ばつ害を助長する. すなわち, 作物は土壌水分が徐々に減少していくときには根系が深く, そして密に発達するので, 干ばつ条件でもかなり耐えることができる. しかし, 梅雨期のように空気湿度が高く, 土壌水分も多い湿潤条件では, 茎葉は大きくなるが, 根は浅く張り, 根系の発達は劣る. このような条件から急激に夏の乾燥する条件になると, 根系がよく発達しないまま, 土壌水分が減少するので, 干ばつの影響を強く受けることになる.

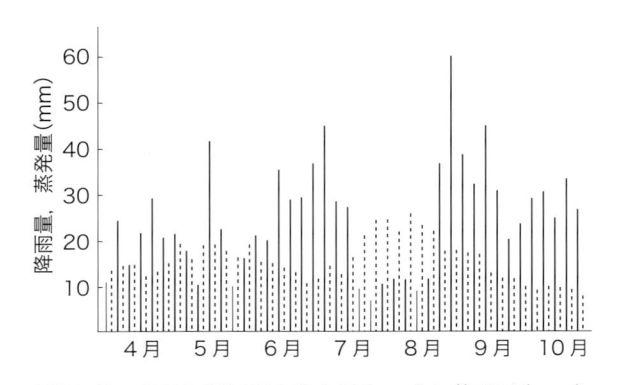

図Ⅱ-8 東京の半旬別の降水量(———)と蒸発量(……)
1967〜1976年の10年間の平均値(気象庁観測日表より作成).（平沢　正ら，1994）

降雨の多い条件では排水は後述の湿害に対してだけでなく，干ばつ害の防止にとっても重要となる．

b．水分の過剰

　湛水，冠水など，土壌中に水が過剰に存在し，大気から土壌中への酸素の流入量が土壌中に生存する生物の呼吸による酸素消費量よりも少なくなると，土壌は嫌気的状態となる．さらに嫌気的条件によって，Fe^{2+}，Mn^{2+}が土壌溶液中に溶出したり，酢酸などの有機酸，メタンやエチレンなどのガス状炭化水素，二酸化炭素，硫化水素などが発生したりする．土壌中に水が過剰に存在することによって受ける作物の障害を湿害という．湿害は土壌の酸素不足だけが直接の原因ではなく，嫌気的条件で土壌に発生するいろいろな物質も湿害の発生に関与する．発芽途中の種子は一般に湿害を受けやすい．湿害はその後の生育においても問題となる．湿害耐性は作物によって異なり，ムギ類は湿害の起こりやすい作物として知られ，播種期の発芽不良，幼穂形成期の根腐れ，登熟不良など，いろいろな形で現れる．コムギでは毎年作付面積のほぼ10〜30％が湿害を受け（図Ⅱ-9），特に関東・東山以西の地方で発生頻度が高い．

　降雨は土壌水分を通じて作物に影響するだけではなく，作物の地上部に直接

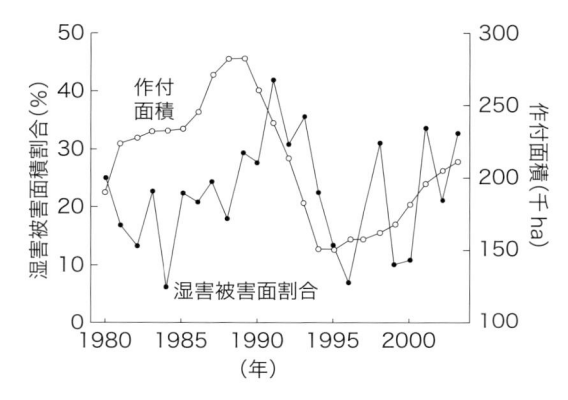

図Ⅱ-9 コムギの作付面積と湿害被害面積割合の年変化
湿害被害面積割合(％)＝(湿害被害面積／作付面積)×100．(作物統計より作図)

作用して,穂発芽や裂果などにより子実,果実の品質の低下を引き起こす．また，低日照と長雨が重なると作物の地上部は軟弱となり，病害を受けやすくなる．

(3) 土　　　　　壌

　土壌は作物の根や地下茎の生育する場となる．根は地上部の支持，水吸収や養分の吸収および同化，植物ホルモンの合成などの働きを通じて地上部の生育に大きな影響を及ぼす．作物の地上部がよく生育するためには，根もまた十分にその機能を発揮することが不可欠である．また，根には塊根にみられるように貯蔵器官としての働きもある．作物の根が生育する環境となる土壌の化学性，物理性，生物に関する諸性質は根，ひいては作物全体の生育に大きな影響を及ぼす．

a．土壌の化学性,物理性および土壌生物と作物の生育
1) 化　　学　　性

　土壌では,粘土と腐植成分がコロイド状態で存在している．この土壌コロイドと土壌溶液中に溶解しているイオンとの間でイオン交換反応が行われる．イオン交換反応,特に陽イオン交換反応は可逆的で反応が速い．イオン交換反応

の速度は，無機化，施肥，植物による吸収などに伴って起こる土壌溶液のイオン組成の変化に素早く連動して，イオン組成の変化を小さくする点で重要である．単位量の土壌あるいはコロイドが保持できる交換性陽イオンの総量を陽イオン交換容量（CEC）といい，土壌の植物養分供給能力，肥料成分の保持能力を評価するうえで重要な指標となる．モンモリロナイト，バーミキュライト，アロフェンなどの粘土鉱物や腐植はCECが大きい．土壌中には，Ca, Mg, K, Na, H, Alなどが交換性陽イオンとして存在する．降水量が多く，排水がよい条件では，土壌に吸着，保持されていたCa^{2+}，Mg^{2+}，K^+，Na^+がH^+やAlイオンによって交換され，これらの塩基が溶脱され，土壌が酸性側に傾く．逆に溶脱の少ない乾燥地域などの土壌では，Ca^{2+}，Mg^{2+}，K^+，Na^+の含量が多くなり，土壌はアルカリ性側に傾く．土壌におけるCu^{2+}，Pb^{2+}，Zn^{2+}，Co^{2+}，Cd^{2+}などの重金属イオンも土壌に吸着，交換される．土壌の粘土鉱物の種類によってはNH_4^+やK^+，あるいはリン酸イオンを強く固定し，これらのイオンの土壌溶液中への浸出を困難にしているものがある．黒ボク土壌を特徴付けるアロフェン，Al/Fe-腐植複合体およびフェリハイドライトのような非晶質物と準晶質粘土のイモゴライトはリン酸イオンの固定力が特に強く，作物によるリン酸肥料の吸収，利用を低下させる．

　土壌のpHは作物の生育に大きな影響を及ぼす．降雨の多いわが国では前述の理由からpHの低い土壌が多く，作物によってはこれが生育にとって問題となる．土壌のpHが低いとき時に受ける生育阻害は，①低pHの直接的障害，②低pHによって可溶化するAl, Mnなどの過剰障害，③Ca, Mg, Kなどの塩基の不足，④有効態Pの不足，⑤B, Zn, Moなどの微量要素の不足，⑥微生物の種類の変化や活性の低下などによる．酸性土壌によって受ける生育の阻害程度は，作物の種類，品種によって相違がある．例えば，耐酸性の高い作物には，ソバ，イネ，エンバク，ライムギ，イタリアンライグラスなどがあり，耐酸性の低い作物には，ナス，ゴボウ，レタス，テンサイ，ホウレンソウ，アルファルファ，ワタ，オオムギなどがある．

　土壌が可溶性の塩を多量に含むと，作物の生育は阻害される．これを塩害と

いう．塩害は乾燥気候下では問題となる．不適切な灌漑によって問題がいっそう深刻となることがある．わが国では，塩害は干拓直後の土地や海沿いの耕作地以外では認められないが，ビニルハウスなど降雨を遮断した施設では問題になっている．耐塩性はインゲンマメ，ニンジン，サツマイモなどは低く，テンサイ，オオムギ，ワタなどは高い．わが国では，児島湾や有明海の干拓地造成初期の土壌の塩分濃度の高い数年間はワタが栽培された．

排水の悪い土壌，地下水位の高い土壌，あるいは湛水している土壌などは，酸素が減少し，還元が進行する．このような状態になると，すでに述べたように畑作物では湿害が発生し，さらに植物養分の化学形態の変化によって吸収および利用が影響を受けたりする．一方，湛水状態が栽培に適している作物もあり，これにはイネのほかにハス，イグサなどがある．ワサビは清流や湧水を利用して栽培される．

2）物　理　性

大きさの異なる土壌粒子の割合によって決まる土性，土壌の固相，液相，気相の体積割合を示す三相分布，土壌粒子の相互配列，配置状態を示す土壌構造，土壌の力学的性質は，土壌の保水性，透水性，通気性，根の伸長の難易などを通じて根の生育に影響する．また，これらは耕うんの難易や土壌侵食の受けやすさなど，農作業や土壌保全にも影響する．

3）土　壌　生　物

土壌中には細菌，放線菌，糸状菌，原生動物などの微生物に加えて，藻類や土壌動物が多数生存する．これらの働きによって，各種物質の分解が起こったり，土壌の通気性，透水性などの物理性やpHや酸化還元電位などの化学性が変化したりする．これらの変化に伴って，土壌中の窒素化合物量が増加したり，減少したりする．また，イオウやリンなどの元素の形態が変化することにより，植物の養分環境が影響を受ける．土壌生物が作物に寄生するなどして，直接，作物の生育に影響を及ぼすこともある．

畑作物の栽培において問題となる連作障害は，土壌中の作物寄生性の病原菌や線虫の増殖，特定栄養素の欠乏などが原因となって起こる．

作物の生育に影響を及ぼす土壌の諸性質は，次章で述べるように，人間の手によってある程度かえることができる．多くの栽培管理作業，例えば，耕うん，施肥，灌漑，排水など，あるいは輪作は土壌の物理性や化学性，生物的環境などの改善を目的として行われる．

b．土壌の分類

土壌は気温，降雨など気候条件と，これによって影響を受ける植生など生物の影響を受けて長い時間の間に生成されるとともに，気候や生物の影響以外のほかの局地的因子（土壌の材料が特殊なもの，地形の影響が強く出るところ，人間による作用密度が高いところ）が強く働いて，比較的短い時間に生成されたりする．さらに，時間の因子の作用がきわめて小さく未発達のままの土壌もある．

土壌生成因子の組合せによって，作物生産からみてチェルノゼムのように腐植が多く，養分に富み，団粒構造のよく発達した肥沃な土壌，あるいは腐植，養分が少なく，酸性で排水のよくないラテライト性赤色土などのようないろいろな土壌が形成される．

わが国では地質的条件が複雑で，長い時間にわたる土壌生成作用を受けにくく，成熟した土壌ができにくい．「地力保全基本調査事業」に基づいて，わが国の農業土壌は320の土壌統[注]に分類され，さらに類似性によって16の土壌群にまとめられた（土壌保全調査事業全国協議会，1991）．その後，これらは24の土壌群，303の土壌統に分類し直された（農耕地土壌分類委員会，1995）．以下は，土壌保全調査事業全国協議会（1991）によるわが国の耕地土壌の実態である．

注）母材，堆積様式がほぼ同一と考えられ，生成学的にほぼ同一の断面形態を持った一群の土壌．

c. わが国の耕地土壌の実態

1）水田土壌

わが国の全水田面積に占める各土壌群の割合は，灰色低地土とグライ土が約67％を占め，これに多湿黒ボク土（約10％），黄色土（約5％），褐色低地土（約5％），泥炭土（約4％）を加えると約91％となる．全国を9つの地域に分けたときには，いずれの地域も灰色低地土とグライ土の割合が最も高いが，地域によって土壌群の構成が異なる．北陸と沖縄はグライ土の割合が非常に高く，逆に東海，近畿，中国・四国，九州では灰色低地土の割合が非常に高い．北海道では泥炭土，褐色低地土，東北，関東では多湿黒ボク土，東海と中国・四国は黄色土の割合も高い．

地力保全基本調査によると，水田土壌の約39％は水稲生産に障害となる要因を持つ不良土となっている．不良土の比率は土壌群によって大きく異なり，黒ボク土，グライ低地土はそれぞれ約77％，約67％で高く，グライ土，泥炭土で約53％，灰色低地土，多湿黒ボク土，黒ボクグライ土はそれぞれ約47％，約40％，約48％となっている．不良土の比率とその生産阻害要因も地方によって異なる．生産阻害要因別の面積割合をみると，根に障害を与えて秋落ちなどを引き起こす土壌還元の問題を持つ水田の比率が高く（全水田面積の約16％），次いで耕うんの困難さが高い（同約11％）．前者は東北，北陸で高いが，北海道を除く全国で問題となる．後者は特に北海道，北陸，沖縄で問題となっている．ほかに，中国・四国，九州，沖縄では，作土中の養分の不足している水田の比率も高い．

2）普通畑土壌

わが国の普通畑土壌は黒ボク土が圧倒的に多く，全普通畑土壌の約47％を占めている．次いで多いのが褐色森林土と灰色低地土で，それぞれ約16％と約13％となっている．不良土に類する土壌は全普通畑面積の約69％で，水田土壌に比較して比率が高い．不良普通畑土壌を生産阻害要因からみると，過大なリン酸吸収力，強酸性，低CEC，塩基欠乏および低養分含量などの化学性

が全国的に問題となっている．ほかに，関東，北陸，近畿，中国・四国，九州，沖縄では，干ばつによる危険性が高い．さらに，中国・四国では傾斜による作業管理の困難さと土壌侵食が，九州・沖縄では土壌侵食が問題となる畑の比率が高い．沖縄ではさらに有効土層が浅いこと，耕うんが困難であるなど，土壌の物理的・機械的性質が問題となる畑の比率も高い．

3）樹　園　地

わが国の樹園地では，褐色森林土が約37％，黒ボク土が約21％，黄色土が約19％を占め，全樹園地面積のうち約64％が不良土壌に分級される．問題となる生育阻害要因として，表土が薄い，有効土層が浅い，耕うんが困難，土壌乾燥，低肥沃度，低養分含量，傾斜，土壌侵食など多岐にわたっている．

(4) 雑草，病気，害虫

雑草，病気，害虫の中には，相互に寄生，寄主の関係を持つものもある．これらの分布は自然条件によって大きな影響を受け，したがって，地方によって作物が受ける被害の程度が異なるものも少なくない．これらによって作期が制限されたり，防疫上の理由で生産物の出荷が制約を受けたりすることもあった．防除法の開発などによって，近年は以前に比較してそのような制約は解除されてきている．しかし，これらによって作物生産の受ける影響は依然として大きい．雑草，病原体，害虫だけでなく，生態系を構成する生物全体を立地要因として考慮すべきであり，このことは総合防除などを取り入れた持続的な作物生産を確立していくうえで特に重要となる．

a．雑　　草

雑草は，作物に対して養水分や光などの競合，寄生，雑草の出すアレロパシーなどによる生育環境の悪化，病害虫の媒介などを通じて，作物の生育や収量に影響する．収穫物に混じって品質低下をもたらしたり，さらには家畜や人間にとって毒性を示すものもある．わが国における水田，普通畑の主な雑草は表Ⅱ-3の通りである．雑草の分布は気候，特に温度によって大きく支配されると

Ⅱ．植物生産の場をつくる技術

表Ⅱ-3　水田と普通畑における主要雑草

区　分	全国的に多い草種	寒地や寒冷地に多い草種	温暖地や暖地に多い草種
水　田	アゼナ，アブノメ，<u>アゼムシロ</u>，<u>ミズハコベ</u>，ミゾハコベ，キカシグサ，チョウジタデ，<u>セリ</u>，コナギ，イボクサ，<u>イヌホタルイ</u>，タマガヤツリ，<u>マツバイ</u>，イヌビエ，タイヌビエ，<u>ウキクサ</u>，アオウキクサ，アオミドロ	オオアブノメ，<u>オモダカ</u>，ヘラオモダカ，<u>サジオモダカ</u>，スブタ，<u>ヒルムシロ</u>，ホシクサ，ヒロハイヌノヒゲ，ハリイ，テンツキ，<u>ホタルイ</u>，<u>エゾノサヤヌカグサ</u>	タカサブロウ，アゼトウガラシ，スズメノトウガラシ，ミズマツバ，ミズキカシグサ，<u>ウリカワ</u>，ヒデリコ，コゴメガヤツリ，<u>ミズガヤツリ</u>，<u>クログワイ</u>，<u>コウキヤガラ</u>，ヒメタイヌビエ，<u>キシュウスズメノヒエ</u>，アゼガヤ，ミズワラビ，サンショウモ
畑　地	ヨモギ，ヒメムカシヨモギ，<u>ハルジョオン</u>，ヒメジョオン，ホウコグサ，<u>タンポポ類</u>，<u>オオバコ</u>，オオイヌタデ，イヌタデ，<u>ギシギシ</u>，アオビユ，ナズナ，エノキグサ，ツユクサ，メヒシバ，ヒメイヌビエ，アキノエノコログサ，スズメノテッポウ，<u>スギナ</u>	<u>エゾキツネアザミ</u>，<u>ジシバリ類</u>，<u>オトコヨモギ</u>，<u>ハチジョウナ</u>，ナギナタコウジュ，オオイヌノフグリ，ソバカズラ，<u>スイバ</u>，タニソバ，<u>エゾノギシギシ</u>，オオツメクサ，ツメクサ，ハコベ，シロザ，スカシタゴボウ，<u>カラスビシャク</u>，<u>シバムギ</u>，アキメヒシバ	タカサブロウ，<u>コヒルガオ</u>，<u>ヒルガオ</u>，ホトケノザ，<u>ワルナスビ</u>，ウリクサ，スベリヒユ，ザクロソウ，<u>ドクダミ</u>，<u>ムラサキカタバミ</u>，<u>カタバミ</u>，コニシキソウ，ニシキソウ，<u>ヤブガラシ</u>，<u>チドメグサ</u>，<u>ハマスゲ</u>，カヤツリグサ，コゴメガヤツリ，オヒシバ，チガヤ

下線は多年生雑草を示す．　　　　　　　　　　　　　　　　　　　　　　　　　（伊藤操子，1993）

考えられている．作物の種類，土壌，栽培管理の方法などによっても，雑草の種類，分布に差異があり，また変化する．

b．病　　　　気

　病気の発生とその程度は，気象条件，土壌条件，地形などの自然環境条件とともに，栽培条件によって影響を受ける．したがって，地域や季節によって異なり，さらに年によって異なる．病気の発生とその程度に影響を及ぼす気象要素には，温度，湿度，日照，風，降雨などがある．例えば，わが国のイネの病害の中で最も重要な病気の1つであるいもち病の発生は気象条件によって影響され，したがって年次変動が大きい．しばしば起こるイネの冷害にはいもち病の大発生による被害も大きい．紋枯病は北陸以南で発生が多い．白葉枯病は

表Ⅱ-4 主なイネ病害の発生面積率（1989年）

地方名	葉いもち	穂いもち	紋枯病	白葉枯病	ごま葉枯病	小粒菌核病	縞葉枯病	萎縮病	黄萎病	苗立枯病
北海道	2.2	2.2	11.5	—	—	—	6.8	—	—	8.6
東　北	13.3	6.1	27.9	0.2	3.0	0.0	0.0	0.0	0.0	3.2
北　陸	34.9	31.8	38.4	0.5	4.3	0.7	0.0	0.0	0.0	0.7
関東・東山	30.5	10.4	62.4	1.8	3.5	0.1	11.8	0.0	0.6	2.1
東　海	39.3	32.0	67.3	3.1	25.0	0.4	15.3	2.6	0.0	0.8
近　畿	45.0	38.9	63.4	1.7	27.4	4.0	20.6	0.9	1.3	0.1
中　国	43.3	55.0	71.5	2.2	30.8	0.1	16.7	3.6	0.2	1.2
四　国	34.8	41.2	50.9	0.9	26.0	0.0	19.9	3.6	0.0	1.8
九　州	31.8	31.4	62.2	1.1	15.4	0.4	9.1	3.7	0.9	1.2
沖　縄	4.2	3.3	16.2	0.5	72.2	—	0.2	—	—	0.3
全　国	27.7	22.0	47.9	1.1	10.8	0.5	8.3	1.1	0.3	2.2

育苗期間の病害発生面積は本田に換算した．　　　　　　　　　　　　　（農薬要覧，1990より作表）
面積率（％）＝発生面積／作付面積×100

台風の影響を受けやすい地域で，ごま葉枯病は秋落ちの発生しやすい水田でそれぞれ多く発生する．ヒメトビウンカが媒介する縞葉枯病は虫の越冬，増殖場所であるムギ類の栽培とも関係し，関東および近畿以南の西南暖地で多く，北海道でも多く発生する（表Ⅱ-4）．

c．害　　　　虫

害虫の分布，発生，行動は，地理的条件，気象条件，生態的条件などによって影響を受ける．わが国においては，害虫の分布や世代交代の回数は気温との関係が大きい．かつて西南暖地では，水稲の作期を規定するほどの害虫であったサンカメイチュウの分布の北限は年最低気温が−3.5℃の等温線にあるとされ，多発地の北限は年平均気温15℃，1月の平均気温5℃の地とされている．発生の程度にはこのような自然環境条件だけでなく，栽培方法も大きく関与する．早期栽培によって，ツマグロヨコバイとヒメトビウンカの成虫の水田への移動時期が早まり，それらが媒介するウイルス病を助長することになったことはその1つの例である．昆虫の種類によって発生面積は大きな年次変動を示したり，地方によって大きく異なったりする．わが国では越冬が困難なセジロ

II. 植物生産の場をつくる技術

表II-5 主なイネ虫害の発生面積率（1989年）

地方名	ニカメイガ第一世代	ニカメイガ第二世代	セジロウンカ	トビイロウンカ	ヒメトビウンカ	ツマグロヨコバイ	イネドロオイムシ	斑点米カメムシ類	コブノメイガ
北海道	0.7	—	20.0	—	42.9	—	51.0	52.0	0.4
東　北	0.6	0.5	12.9	0.0	4.8	9.8	9.3	4.0	0.7
北　陸	21.3	10.2	63.2	0.8	9.3	23.8	31.2	13.4	15.1
関東・東山	4.9	1.6	45.6	1.1	59.6	67.3	14.4	2.7	0.4
東　海	18.8	16.5	59.7	3.0	55.0	84.5	3.1	11.1	11.5
近　畿	3.5	11.6	69.1	11.9	49.9	74.2	7.0	14.9	40.3
中　国	12.1	10.3	78.3	26.7	36.6	59.1	9.8	19.0	62.6
四　国	1.5	3.7	73.7	16.5	42.8	70.2	0.0	16.4	30.0
九　州	0.3	0.1	76.8	46.1	41.1	75.6	0.1	15.0	68.5
沖　縄	—	—	29.7	0.0	2.2	26.7	2.4	0.9	33.8
全　国	6.8	4.5	47.8	9.7	38.4	44.9	13.8	12.5	20.2

（農薬要覧，1990より作表）

ウンカとトビイロウンカは，毎年中国大陸から気流に乗って飛来する．発生はその年の気象条件によって影響されるので，年次変動が大きく，また気流の通過する地域で発生が多い（表II-5）．発生の年次変動が大きいコブノメイガも，これらのウンカと同様，大陸から飛来する．イネドロオイムシは北海道，北陸地方に発生が多い（表II-5）．

(5) 社 会 的 条 件

栽培される作物の種や品種は，以上述べてきた自然条件や生物的条件によって規定されるだけでなく，社会的条件によっても大きな影響を受ける．わが国では，かつては水稲の栽培されうる耕地はほとんどすべてが水田とされ，畑作物は水稲の作付けが困難な耕地，あるいは水稲の後作などで栽培されてきた．二毛作や二期作などによって耕地の利用率は高かった．しかし，農産物の輸入の増加と「選択的拡大」政策，国民の食生活の変化（図II-10）などによって1960年以後，わが国で栽培される作物の作付面積は大きく変化した．

作物の最近約40年間における作付面積の推移をみると（図II-11,12），一貫して減少しているもの，一時増えたあと減少を始めたもの，増加したものなど，作物によって推移が大きく異なる．作付面積が減少した作物の中

Ⅱ．植物生産の場をつくる技術

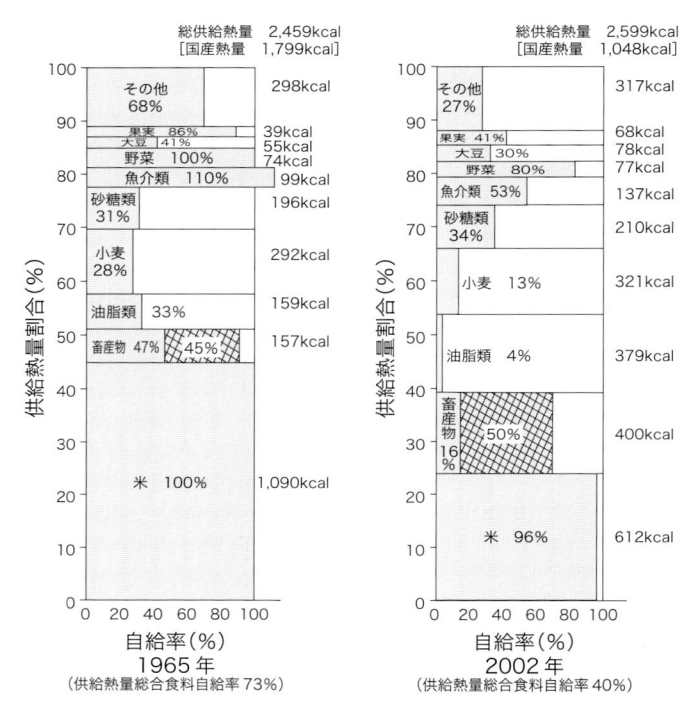

図Ⅱ-10 わが国における作物，畜産・水産物の国民1人1日当たりに供給される熱量と熱量自給率

図中の％，kcalはそれぞれ，各品目の自給率と供給総熱量を示す．☐，☐はそれぞれ，国産，輸入による部分，畜産物における▨▨の部分は輸入飼料によって生産される部分を示す．（図説食料・農業・農村白書（平成15年度）を一部改変）

には需要が減少して作付面積が減少したものだけでなく，需要が著しく増えているにもかかわらず，作付面積が大きく減少しているものもある．後者の場合には，外国からの輸入によって需要が満たされていることになる．輸入されている作物には，需要にかなった品質の作物がわが国では生産することが困難なものも一部あるが，安価な外国産の輸入の増加に伴って作付面積が減少しているものが多い．作物別にみると，イネは単位面積当たり収量（単収）が増えて，生産過剰となり，1970年以後作付面積の縮小政策がとられた．1人当たりの米の消費量が大きく減少したことがこれに加わり，以後作付面積の減少傾向が

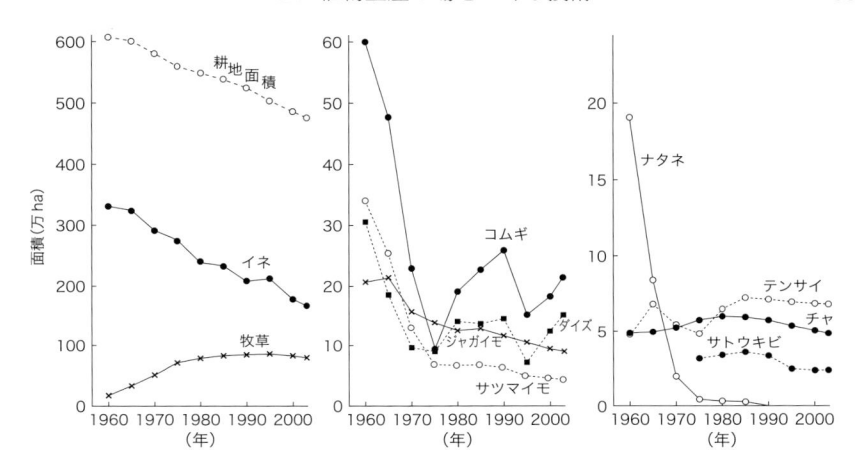

図Ⅱ·11 耕地面積と主な農作物の作付面積の推移
（作物統計より）

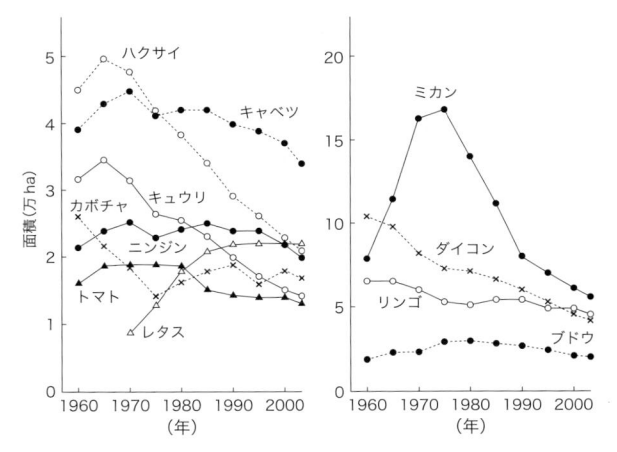

図Ⅱ-12 主な野菜と果樹の作付面積の推移
（作物統計，園芸統計より）

続いている．サツマイモは食用としての需要の激減と，デンプン原料としての需要が安価な外国産のトウモロコシにとってかわられたことによって作付面積が大きく減少した．一方，コムギ，ダイズなどは総需要量がかなり増加したにもかかわらず，作付面積が大きく減少し，需用の大部分を輸入によってまかなっ

ている．オオムギと雑穀は食用としての需要は大きく減少したが，飼料用としての需要が著しく増えた．しかし，需要の大部分は輸入によってまかなわれ，国内の作付面積は著しく減少した．工芸作物はテンサイのように作付面積の増加したものもあるが，葉タバコは減少している．ナタネに至っては激減し，需要のほとんどを輸入に依存している．ほかにアイなどの染料作物，アマなどの繊維料作物は化学染料，化学繊維などの開発によって著しく減少した．一方，飼料作物の作付面積は家畜の飼養頭数の増加に伴って大きく増加した．

　野菜の産地形成には自然条件とともに，社会・経済的条件が大きく関与する．都市近郊の地価の高いところでは，単位土地面積当たりの収益のあがる野菜などの作物が選択されなければ経営が成立ちにくい．ミツバなど土地を高度に利用した野菜の栽培が行われている．消費地との距離は，輸送や鮮度保持の手段の発達に伴って従来ほどの重要性はなくなり，野菜などでは遠隔地に新しい産地が形成されるようになった．この場合には，生産物の質とともに生産費に影響する自然条件と規模も経営に大きく関わってくる．同じ品質のものが多く生産されることも産地を形成するために必要となる．野菜では需要の周年化に伴って，新たな条件が産地としての立地に加わった．例えば，レタスやキャベツの温帯野菜の栽培が長野県，群馬県などの高冷地で多く行われるようになり，施設を利用したキュウリやトマトなどの果菜類の生産が関東以西の冬に日射の多い太平洋側の諸県で多くなった．食生活の変化に伴って1人当たりの野菜消費量は，最近の40年間でみると，果菜類，キャベツ，レタスなどの葉茎菜類では増加したが，ダイコン，ゴボウなどの根菜類はかなり減った．野菜の自給率は1980年代初めまでは100％近くであったので，作付面積は消費量の推移を大きく反映していた．しかし，最近はわが国の需要にあった品質のものを生産する技術を導入して作られた外国産の輸入によって，野菜の自給率は80％近くに低下し（2003年），野菜生産も外国の影響を大きく受けるようになっている．

　果樹の1人当たり消費量はこの40年間に大きく増加した．ミカンの作付面積は1960年代に大きく増加したが，ほかの果実との競合などによる国内消費

量の減少によって，1980年代から大きく減少した．リンゴの自給率は1990年代から低下している．

わが国の作物の価格が外国に比較して高いことには，わが国の農業者当たりの耕地面積の狭さからくる生産性の低さが大きく関係している．しかし，自然の立地や農業者1人当たりの耕地面積，したがって生産性は国によって大きく異なる．国民への食料供給，地域や国全体の生態系を考えたとき，農業にはほかの産業と同等に考えることができない重要な面のあることを指摘できる．わが国では，食料自給率が先進諸国に比較して著しく低く，農地の面積と耕地利用が大きく低下している状況下で，食料の安定供給，国土の保全など農業の多面的機能の重要性などを踏まえて食料自給率の向上，食料の安定供給の確保，農業の持続的発展，農村の振興に関する施策が近年講じられている．食料生産，農業に対する国民の意識が，国の政策にきわめて大きく影響することはいうまでもない．

(6) 立地と栽培技術

以上，作物生産に関わる立地について述べてきた．最後に作物生産の技術と立地との関係を考えてみたい．水稲の単収は過去120年の間に2.5倍以上に増加してきたが，急激に増加する時期と増加が非常に緩やかに，あるいはほとんど増加しない時期とがあった．川田（1976）は，単収急増期においては，それぞれ立地による制約をある範囲まで打ち破る新しい技術が確立されたことによって安定した単収の増加が達成されたとし，このような技術はいずれも，①品種，②作物の管理，③施肥，④土壌環境のすべてにわたっての変化，改良が体系的に組み立てられることによって初めて確立されると指摘している．社会・経済的条件などの変化に伴って新しい作物の導入，新しい作型や栽培法，輪作システムの開発など，これまでになかった栽培技術の確立が求められることがある．立地をよく認識し，作物生産に関わる諸要因を独立してではなく，総合的に体系化して改善し，新しい栽培技術を作ることが重要である．現在の作物栽培では，単収，品質，生産性の向上とともに，環境に負荷をかけない栽

培技術，換言すると環境保全型の栽培技術の確立が重要な課題となっている．農薬などの投入を可能な限り少なくし，持続的農業を確立するためには，畑作物では輪作が重要となる．1つの経営体で主要作物を中心とした輪作を実施できる耕地の条件が得やすいかどうかが，この場合の立地の1つとして考慮する必要が出てくる．米の需要が減少している現在，水田に水稲と畑作物とを組み合わせて輪作していくこと（田畑輪換）も有効な方法と期待されている．耕地の中だけでなく，耕地からの生産物の畜産への供給と畜産から出される堆肥の耕地への還元など，地域内の物質循環をはかっていくことが生態系を考えたときには重要であることも指摘されている．立地を十分に認識し，作物生産に関わる諸科学をいっそう発展させるとともに，これらを総合化して体系化し，新しい栽培技術を作っていくことが求められる．

2．圃　　　　　場

(1) 圃　場　と　は

a．圃場の基本的性格

人類は誕生以来その長い歴史を通じて，自然の1つである大地に働きかけ，そこにおけるエネルギーと物質の循環過程を利用することにより作物を栽培し，自分たちの生活に必要な食糧をはじめとする，さまざまな生産物を得るために努力してきた．農地はその場である．農地には，直接作物を栽培する圃場のほか，農道，灌漑排水のための用地，防風林などが含まれる．農地はその利用形態に従って，水田，畑に大別され，さらに畑は普通畑，樹園地，草地に分類される．

農地は，自然法則に逆らって造られる面がある．自然生態系は，さまざまな要素から構成され，それらは相互に関連し，しかも，絶えず変化している．その基になっているのは，自然界におけるエネルギーと物質の流れである．農地を作ることは，自然生態系を特定の作物を作るために破壊し，エネルギーと物

質の新たな流れを人工的に造り出し，利用することである．例えば，森林から農地を作るには，森林の植物をいったん取り除き，すなわち森林を破壊し，土地を耕やし，すなわち自然土層を攪乱し，作物を栽培する．一度破壊された農地は，自然の法則に従い，安定な元の植物相へ遷移しようとする．耕作放棄された水田に，まずヨシやガマが生え，やがてヤナギなどの木本類が生えてくるのはこのためである．そこで，農地を維持するために自然の遷移を抑える必要がある．雑草防除は，その1つである．また，農地で作った作物を外へ持ち出せば，そこに保持され循環利用されていた養分を収奪することになり，物質循環の主要な流れをかえることになる．この結果，そのままでは再び同じ農地から同じ量の生産物を得ることはできなくなる．生産を引き続き行うには，収奪した分の養分を再び農地に戻す作業，すなわち堆肥や肥料の施用が必要となる．このように農地では，自然が本来持っている生物の相互作用と物質循環という自然の法則をよく理解し，それらを活用して，植物生産の場として独特の人工的な「農業生態系」を成立させているのである．したがって，持続的に生産を維持していくためには，自然の法則性にできる限り従った方法によって農地，圃場をよりよく管理していくことが必要である．また，誤った管理をすることにより，農地として利用できなくなる事態も避けなくてはならない．半乾燥地帯における過剰な灌漑による塩類化は，誤った管理の1例である．

　人類は，長い年月をかけて，人工的自然ともいうべき農業生態系である農地を造り，管理する多くの技術を持つに至っている．科学の起源の1つが農業にあったことが示すように，科学技術の発展とともに農業技術は進歩してきたし，今後も進歩し続けるであろう．ここでは，その1つである農地を造る技術についてみてみることにする．

b．わが国の農地の特徴

　わが国では，農地面積は，1960年代には約600万haあったが，現在では，510万haにまで減ってきている．この原因は宅地など他用途への転用，植林，耕作放棄などである．国土面積の約14％であり，諸外国に比しても少ない（表

表Ⅱ-6　世界主要国の土地利用の状況（％）

国　名	総面積 （百万 ha）	農地			山　林	その他
		耕地および樹園地	草　地	合　計		
旧西ドイツ	25	33.1	23.5	56.6	29.1	14.3
フランス	55	36.9	24.9	61.8	23.3	14.9
イタリア	30	50.5	16.2	66.7	20.3	12.9
イギリス	24	30.4	49.6	80.0	7.3	12.7
旧ソ連	2,240	10.8	16.6	27.4	40.6	32.0
アメリカ合衆国	783	18.8	27.7	46.5	31.6	21.9
日　本	37	15.5	2.6	18.1	69.2	12.7

アメリカ合衆国は 1964 年，フランスは 1966 年，ほかは 1967 年の数字．

表Ⅱ-7　日本の耕地面積

	耕地面積（千 ha）
田	2,556
畑	2,136
普通畑	(1,173)
樹園地	(332)
牧草地	(630)
合　計	4,692

（農林水産省：農林水産統計，2005）

Ⅱ-6)．山岳地帯が多く，耕作に適さない傾斜地が多いことが理由にあげられる．

立地の項でも述べたが，アジアモンスーン地帯にあるわが国は，降水量が多く，夏期の気温が高い．このため，水稲生産に適している．さらに，困難な条件を技術によって克服し，今では寒冷な北海道の留萌付近まで水稲が作付できるまでになっている．表Ⅱ-7 に示すように，農地のうち水田が約半分を占めている．わが国では，水が得られ，気候条件が適する所はほとんどが水田として利用されてきている．これに対して畑は水田に比較して条件の悪い傾斜地で，灌漑水の得にくい所，ないし，気候条件が水稲の生育に適さない所に立地している場合が多い．

(2) 水　　　　田

a．水田は人工の湿原

水田は，文字通り水をたたえた農地であり人工の湿原である．ラムサール条約や釧路湿原の国立公園化を契機として湿原への関心が高まっているが，私たちの身近にも広大な湿原が存在する．湿原の特徴の１つは，生産性が非常に高いことである．これは，植物が利用できる水が常に存在すること，植物が必

要とする養分が灌漑水に溶け込んでいること，水の熱容量や蒸発潜熱が大きく圃場の温度が安定していることなどがあげられる．このほか，水田では連作が可能なこと，畑に比べて雑草が少ないこと，侵食の防止，水質の浄化，貯水および地下水涵養など多くの有利な点を持つことが明らかにされている．縄文後期に始まった水稲作が2000年以上の時を経て定着してきた背景には，水田によって栄養価の高い米を毎年安定して生産できることはもちろんであるが，同時に，自然環境に対して悪い影響を与えてこなかったという点も見逃せない．

b．水田の進歩

わが国の稲作に関する遺跡の発掘調査が進むに従い，稲作の歴史が明らかになりつつある．これまでの結果によれば，縄文後期頃から主として沖積平野の後背湿地で始まったと考えられている．わが国を古くは別名「豊葦原瑞穂国（とよあしはらみずほのくに）」といったが，これは葦（ヨシ）の生える湿原に豊かに稲穂が稔る様子を指しており，この言葉通り，ヨシなどが生えていた場所からイネの栽培が始まり，水田の肥沃さに支えられて人々の生活が安定し，集落が形成され，わが国の社会基盤が確立されてきたのである．古代の水田遺構からは，水田一枚の面積は小さく，数m^2のものが多くみつかっている．これは，水管理を容易にするためと考えられている．また，水田遺構の多くが度重なる洪水に見舞われたことを示している．（図Ⅱ-13）．河川の氾濫による洪水から水田を守るため，河川が管理できるようになるまでには何世代にもわたる努力が必要とされたのである．

このように，水田は水の管理が不可欠であり，圃場そのものだけではなく，水利施設があって初めて有効になる圃場である．水を供給できる後背地としての森林，水を貯める溜池やダム，川から水を取り入れる頭首口，用水路，排水路など，一連の水管理施設が必要である．このため，水稲生産は施設農業であるということもできる．

古代における水管理は，灌漑用の溜池をつくることや小河川の制御が中心であり，これによって奈良時代にはすでに100万ha以上の水田があったと考えられている．しかし，大河川の制御には手が付けられず，ののち700～

800年間は水田面積の拡大は停滞した．戦国時代以降，築城術を応用した堤防の構築，大河川の付替えと新田開発が進み，明治初期までに200万ha近く

図Ⅱ-13 東大阪市池島・福万寺遺跡
弥生時代前期から現代までの水田跡．何層にもわたる土層が，たび重なる洪水の跡を示している．（写真提供：宮地直道氏）

表Ⅱ-8 日本における稲作の発展と人口の変化

時代区分	水田面積（万ha）	米総生産量（万t）	10a当たり収量（kg）	人口（万人）	人口1人当たり米生産量（kg）
奈良時代末〜平安時代初期（729〜806）	105	106	101	370	287
天文〜慶長（1532〜1615）	105〜120	180〜185	150〜170	2,230	81〜83
享保〜延享（1716〜1748）	163	315	193	2,650	119
天保	155	300	194	2,700	111
明治11〜20年	256	477	186	3,745	127
昭和41〜大正6年	299	794	265	5,098	156
昭和13〜17年	315	953	302	7,327	131
昭和34〜40年	310	1,238	399	9,342	143
昭和46〜49年	262	1,170	448	10,709	109

（安藤広太郎：日本古代稲作史研究，農林統計協会，1959に加筆）

II. 植物生産の場をつくる技術　　　*43*

に拡大した．明治以降は，それまでの人力にかわり機械力を用いた作業が可能となり，水田の造成や整備が急速に進んだ．特に太平洋戦争以後は，石狩平野にみられるように，大きな機械力を用いて水利施設の建設や客土による水田開発が行われてきた．最近では，広域の水管理にコンピュータを利用した計測・制御システムも導入されてきている．漏水が多く水稲ができなかった土地に対しては，大型機械を利用した破砕転圧工法の開発などにより開田，整備が可能となった．水田の構造にも大きな進歩があり，最近では用排水分離，暗渠の設置，大型機械の導入に耐える大区画圃場化と地耐力の確保，農道の整備が行われる

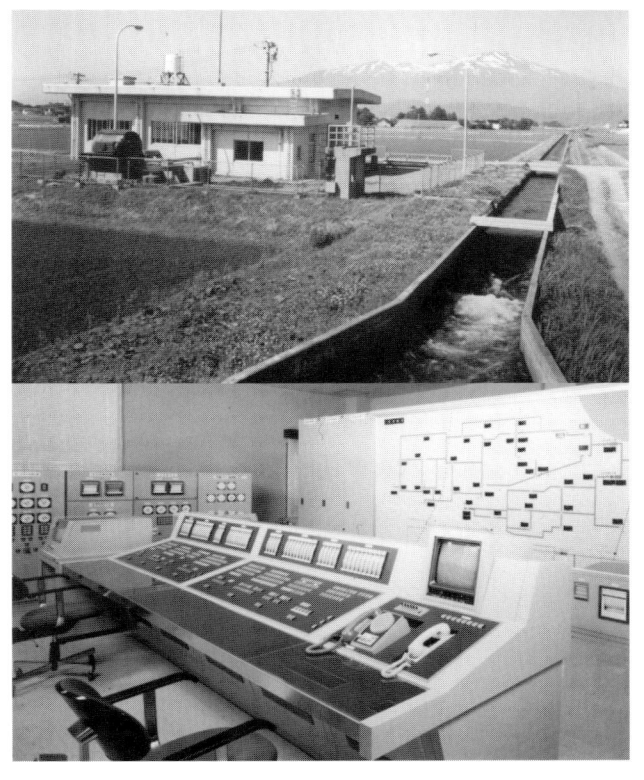

図II-14　近代化された水田用水管理施設
山形県日向川．

ようになってきている．このように，近年は作付面積の拡大よりも，より使いやすい水田としての機能面の整備が急速に進んだといえよう（表Ⅱ-8，図Ⅱ-14）．

c．水田の構造と機能

　水田の一般的な構造を図Ⅱ-15に示す．水を貯めるために圃場の周囲を小さな土手で囲む．この土手のことを，畦畔または畦という．用水を取り入れる所を取水口または水口といい，余剰の水を排出する所を排水口または水尻という．1枚の圃場（一筆ともいう）は，1960年代までは10aに満たないものが多かったが，最近では1haあるいはそれ以上のものが造られるようになっている．水田作業の大型機械による効率化が求められているからである．また，レーザー・ブルドーザ（☞ 図Ⅲ-10）などにより，水田に不可欠な均平作業が容易になったこともその背景にある．均平度については，圃場全体で±2.5cm程度がよいとされる．すなわち，水の取入れ口では中央部より2～3cm高く，逆に排水口近くでは中央より2～3cm低いことが望ましい．各圃場ごとに，用水と排水とが別になっているのは，水を均一に圃場に給排水しやすくするためだけでなく，各圃場ごとに汎用利用（汎用化）ができるようにするためである．

　水田は，イネの生育期間中のほとんどを湛水させる必要がある．このため，水が土中にあまり浸透しない方がよい．しかし，全く浸透しないでよいというわけにもいかない．ある程度の浸透がないと，根などを起源とする有害な腐食物質が蓄積するなどして，イネの生育に悪い影響を及ぼす．一方，浸透があり

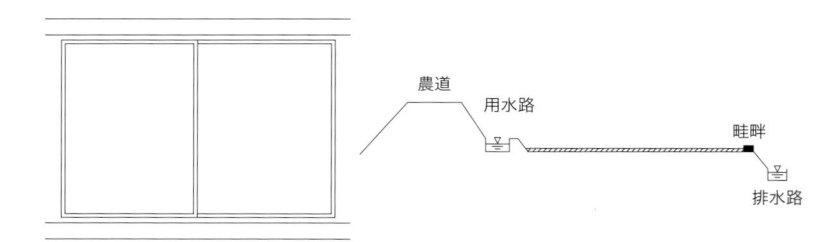

図Ⅱ-15　水田の構造

すぎると，水がいくらあっても間に合わないだけでなく，水温の低い生育初期には低温障害が発生したり，せっかくまいた肥料が系外に流れ去るなどの悪い影響が現れる．どの程度の浸透がよいかというのは，条件により異なり一律に決められない．畦畔からの漏水や地下への浸透，イネによる蒸発散を合わせた1日に必要とする水を深さで表したとき，これを減水深といい，経験的にはこの減水深が20mm前後がよいとされている．しかし，最近の多くの水田では，この値以下の所が多くなってきている．これは，代かきに加えて，大型機械による土の転圧や耕深の浅いロータリー耕などにより，下層土が緻密になったためと考えられている．

かつての人力で耕作されていた時代とは違って，現在では機械作業が中心となり，機械が圃場に入れることが前提となる．このために，水田には機械を支える力「地耐力」がなくてはならない．機械走行が可能なためには，15cmまでの層の地耐力は $4 \sim 5 \mathrm{kg/cm^2}$ が必要である．暗渠（☞ 図Ⅱ-17）は，主として速やかな排水と乾田化を目的として設置される．水甲（開閉弁）は湛水時には閉め，排水するときにのみ開ける．収穫期にはコンバインなどの収穫作業機が入るが，収穫の期間が限られているため，水田から速やかな排水が行われなくてはならない．暗渠排水は，このとき威力を発揮することになる．

水田は乾田と湿田とに分けられる．湿田は，灌漑期に地下水位が地表よりあまり下がらず作土を乾燥させることができない水田をいう．地耐力も小さく機械作業が困難な場合が多く，灌漑期には下方への水の浸透がほとんどなく，生産性の低い水田といえる．これらの多くも近年の圃場整備事業による排水路や暗渠の整備により，ほとんどみかけられなくなった．

機械を圃場に持ち込み，収穫物を輸送する道路や，機械が容易に圃場に出入りするための導入路なども水田に不可欠である．また，北海道などの寒冷地では，春先の強風が蒸発散を過度に促し気温や水温を下げるため，防風林や防風ネットが必要となる．

d．水田土壌の特徴

水田として利用されている土の種類は多い（表Ⅱ-9）．「水田は土を選ばない」といわれるほど，ほとんどの土が水田に利用されているといっても過言ではない．畑としては利用しづらい粘土分の多い土も，水田には適している．造成初期に表層に礫がある場合も，代かき作業などによりふるい分けられ下層に移動し，表層には粒子の細かい土だけが残り，移植が容易な土となる．水田には不向きと考えられてきた火山灰土も，透水性の抑制工法の開発とリン酸資材の多量施用による土壌改良とによって良田にかえることができるまでになっている．透水の激しい砂土では，下層にビニールシートを埋設して透水を抑える「ビニール水田」も造られている．

水田および畑に共通して造成に適さない唯一の土に，酸性硫酸塩土がある．わが国では干拓地や第3紀丘陵地の一部にあり，海外では熱帯や亜熱帯のマングローブ林下などに分布している．主成分はパイライト（FeS_2）であり，空

表Ⅱ-9　水田土壌の種類（日本）

土壌群	面積（ha）	％
岩層土	0	0
砂丘未熟土	0	0
黒ボク土	17,314	<1
多湿黒ボク土	278,584	10
黒ボクグライ土	43,408	2
褐色森林土	5,353	<1
灰色台地土	79,183	3
グライ台地土	39,561	1
赤色土	434	0
黄色土	148,125	5
暗赤色土	24	<1
褐色低地土	145,135	5
灰色低地土	1,061,233	37
グライ土	882,376	31
黒泥土	73,692	3
泥炭土	113,144	4
計	2,887,566	100

II. 植物生産の場をつくる技術

気に触れると硫酸を生成し，その結果，きわめて強い酸性を示し，収穫皆無となる場合もある．このため，出現することが予想される場所では事前に土壌調査を十分行い，作土から取り除く．やむをえず混入した場合には，多量の石灰資材の投与による中和が不可欠となる．

湛水下の水田の土は，表面から数 mm を除いて下は酸素が欠乏しているため還元的になる．表面の水を通じて入った酸素が土の中の微生物によって消費されてしまうためである．酸素がない状態では，微生物は酸素のかわりに鉄などを還元してエネルギーを消費する．鉄イオンは 3 価から 2 価にかえられる．これに伴い土の色は酸化層の黄褐色から青みがかった灰色にかわる．酸化層と還元層を合わせて作土層という．この層は軟らかく，根は主としてこの層に分布する．作土層の下には，耕うん機などによって踏み固められた硬い鋤床層がある．耕土層は 18～20cm が必要とされている．しかし，最近の調査によると，実際に耕されている厚さは，10cm 内外が多い．これは前にも述べたがプラウをかけずにロータリーで耕うんされているためである．鋤床層の存在は機械走行を可能にし，水の浸透を妨げることになる．水の通りやすさの尺度である透水係数は，10^{-5}cm/s あるいはそれ以下のオーダーであり，畑の 1/100 程度で，きわめて小さい（図II-16）．

水田の土壌有機物は，高温の夏期には酸素のない還元状態におかれるため分解が抑えられ，冬期には落水により乾燥し酸化状態となるが，低温のため分解が進まない．このように水田では土壌有機物の減耗が抑えられる．

水田では，窒素の無機化によりかなりの窒素分が供給される．無機化とは，土壌有機物に含まれている有機態の窒素が微生物の作用により植物が利用できる無機態にかえられることをいう．普通，窒素肥料を全く施さない無窒素栽培を行っても，250kg/10a 程度の

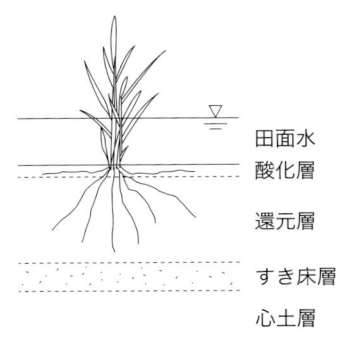

図II-16 水田土壌

玄米収量が毎年得られる．これは，約 4 ～ 5kg/10a 程度の窒素分が自然に供給されたことを意味している．畑では考えられないことである．また，リン酸も利用されやすい形態に変化する．すなわち，リン酸は移動性が小さく，わが国で特徴的な火山灰土では利用できない形に変化する．これをリン酸の固定というが，水田の還元状態では固定されたリン酸が植物に利用されやすい形に再び変化する．

e．水田の汎用化

　水田として利用し続けるのではなく，畑にも利用することを水田の汎用利用または汎用化というが，この汎用利用に適したところでは，畑作物や牧草の生産が行われている．水田と畑とを輪作のように交互に使用することを田畑輪換というが，作土層の構造化や施肥の効率化など，有利な点の多いことが知られている．このため，適切な田畑輪換を行うことにより，生産のいっそうの向上を可能にすることもできる．ただし，どこでも可能ではなく，事前に十分な検討が求められる．すなわち，泥炭地水田のように畑地化のための排水により地盤が沈下し，再度水田に戻すには多くの労力と経費が必要になるような所や，粘土分の多い重粘土で過湿および過乾になりやすい所，また，排水が十分できない湿田などでは汎用化は困難である．このように，その土地の特性を生かした土地利用を行う必要がある．

f．水田の造成および整備
1）灌　漑　施　設

　これまでみてきたように，水田として整備するには，まず水の確保が不可欠である．水田としての約 4 カ月間に及ぶ作付期間中に約 1,500mm の水が必要である．これに加えて，春先の耕起，代かき時にも多量の水が必要となる．わが国の年間の降水量は 1,200 ～ 2,000mm であり，作付期間における降水量だけでは，まかなえきれない．このため，ダムや溜池，川などから水を引き込むための施設が必要となる．また，春先の冷水はイネに低温障害を起こさせるた

め，溜池や長い流路などにより温めて使用することも必要となる．

2）水田の造成

開墾，干拓，埋立などにより，まず水田用地が作られる．次に，水田の造成は，①基盤造成，②畦畔造成，③耕土造成の3つから構成される．

i）基盤造成　水田となる土地の均平化を行うため，基盤の切盛りを行う．普通これに先立ち，表土はぎ（表土扱い）を行う．これは肥沃性の高い表土をはいで，いったん外に置き，最後に戻して表土として利用する作業である．深さは普通，20〜25cm程度である．均平作業はブルドーザーで行う．透水性の大きい火山灰土の台地などでは，切盛り（☞ p.54）を行った基盤をローターベーターで耕起したのち，ブルドーザーでなどで締め固める．この工法を，破砕転圧工法という．開発した岩手大学の名称を用いて「岩大工法」ともいう．

ii）畦畔造成　畦畔造成は，ブルドーザーの転圧によって行われる．これは畦畔からの漏水を少なくするため注意深く行われる．

iii）耕土造成　耕土造成は，表土扱いでいったん別の場所に確保しておいた表土をまく作業，小石の除去，場合によっては客土などを行ったあと，均平作業を行う．田面均平度は±5cm以内とする．漏水がひどい砂土の場合には，すでに述べたがビニールシートを下層に敷込むことが行われる．有機物が卓越する泥炭土では，客土が行われる．客土材としては，粘土含量の多い土が用いられる．客土は大量の土を必要とする．10a当たり1cmの厚さを客土すると10m^3となる．普通一度に5cm程度を客土する．石狩平野の水田には総計で約7,000万m^3の土が客土されたと推定されている．大型の10tダンプカーで700万台に相当する．このため，周辺の山がいくつも消えた．現在の石狩泥炭地では，平均で約20cmの厚さに客土され，わが国最大の水田地帯になっている．

iv）暗渠の埋設　暗渠の埋設は最後に行われる．暗渠は図Ⅱ-17に示すように，普通幅30cm，深さ60〜100cm程度の溝を排水路に直角にトレンチャー（溝掘機）などで掘削しその下部に水を集める集水管として土管またはプラスチック製のコルゲートパイプを敷設する．集水効果を高め管内に土砂

図Ⅱ-17 暗渠

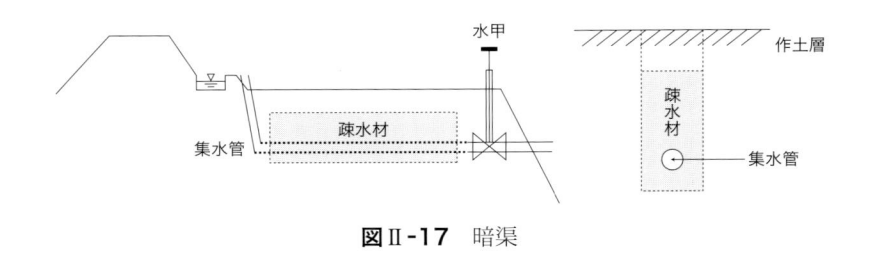

などを入りにくくさせるため，管の周辺をモミがらなど透水性の大きい材料（疎水材という）で埋め戻す．暗渠の間隔は 10m 内外で，勾配は，普通，1/300 程度である．集水管の末端は何本かにまとめられ水甲（水の流れを開閉する弁）を経て排水路に接続される．排水効果を高めるために，これに直交して弾丸暗渠を入れる場合がある．

　最近では，大型機械による基盤整備が行われたこともあり，漏水が激しい水田は少なく，かえって浸透が小さい水田が多くなり，所によっては縦暗渠といって縦方向に表層と下層をつなぐ穴をあけ疎水材で埋め戻し，透水を促進させているところも出てきている．

　ⅴ）農道の敷設　　最近における大型機械の利用による耕作，施肥，田植え，農薬散布，収穫が進むにつれて，機械の搬入や回転のしやすい農道なども不可欠となっている．

　近年わが国では水田を新たに造成することは，ほとんど行われなくなってきている．開田可能な場所の多くがすでに開田されたこと，水稲の生産過剰などによる．

3）新たな水田農業への挑戦

　地球上では多くの人が飢えに苦しみ，今世紀半ばには人口が爆発的に増大するという予測，地球環境の温暖化による農業生産の停滞など，食糧増産への需要は増え続けている．その一方で，化石エネルギーを多投し，除草剤，農薬，化学肥料への依存を強め，生産性を重視したあまり，環境への負荷を増大させただけでなく，人間の健康への悪影響も懸念されてきている．その中で，「安心，

安全な農産物を食べたい」という消費者の健康重視志向と，自然生態系と農業生態系との調和をできる限り進めたいという意向とが結びついた運動も進みつつある．水田はこれまで，最も環境調和型の土地利用形態であるといわれてきた．しかし，かつて水田にいた多くの動植物が，現在の水田から激減していることからも明らかなように，現在の水田農業のもつ負の側面への直視とその改善が不可欠である．

このように，低コスト，生産の増大，環境との調和，安全で安心な農産物の生産という，きわめて困難な課題に水田農業も直面しているといえよう．わが国でこれまでに培ってきた水田に関する科学技術を，新たな要請に応えて進歩させることが，わが国の水田農業の今後の発展に不可欠な課題である．

(3) 畑

a. 畑の歴史

最近の研究によると，わが国では，畑による栽培「畑作」は水田より早く，縄文期から栽培が行われていた証拠が，土壌中のプラントオパール[注]や花粉の分析などによって確認されてきている．「縄文時代は狩猟漁猟の時代であった」といわれてきた歴史は書き換えられつつある．

わが国では，ハタには「畑」と「畠」の漢字が用いられ，普通は前者を用いている．これは，火へんに田と書くように，わが国の畑作のルーツの1つは焼畑であることを示している．現在でも，山形県，富山県，宮崎県などの山間部の一部には焼畑の伝統が残されている．一方，「畠」は白い田を意味し，田，すなわち水田を畑地化することにより，表面が乾燥して白くなったことを指しているといわれている．なお，「畑」と「畠」のいずれの文字も，国字（和製文字）であり，中国で作られた「漢字」ではない．ちなみに田は，中国ではもともと水田を指すものではなく，区切られた農地を指し，お隣の韓国では，「田」

注）プラントオパールとは，イネ科などの植物の細胞組織に含まれるガラス質の成分で，長年月を経ても分解されずに土壌中に残る．古環境を推定する手段として利用される．「花粉」も同様である．

は畑を意味し，水田は「畓」と書き表されている．

わが国の農業は，水田が中心と考えられがちだが，歴史的には，畑作は水田よりはるかに長い歴史を有しているだけではなく，畑地面積は水田面積にほぼ匹敵し，畑地の持つ意義は，水田では得られない多様な農作物を生産する場として，水田に勝るとも劣らない．

b．畑の持つべき機能

普通畑では水稲以外のすべての作物，すなわち，陸稲，麦類，イモ類，野菜，花卉などが栽培される．畑では水田の場合以上に，土の持つ性質が栽培に大きな影響を及ぼす．土が作物栽培に不可欠な水分を必要十分に貯留しなければならないこと，養分を保持し，根に空気を与えるなどの機能も持たねばならないからである．保水性と通気性という，お互いに矛盾する性質も合わせ持たねばならない．透水性は水田に比べて格段に大きいことが要求される．普通，水田の約100倍である10^{-3}cm/s程度が適している．このためには，土の構造が発達していることが必要である．すなわち，水田と異なり土が団粒化している必要がある．土の構造を発達させるためには，堆肥などの有機物の施用が不可欠である．畑における「土つくり」が重要といわれるゆえんである．このことからも，造成したあとの土の管理が大切なことが理解できるであろう．

この畑のうち50％以上は，火山灰土に覆われた台地に作られている（表Ⅱ-10）．

畑は水田と異なり，一般に連作できない．これは，前作の根などの植物遺体に特異的に病原微生物が繁殖し，毎年同じ作物の栽培を続けることにより被害が大きくなるためである．このほか，連作することにより生じる要素欠乏や塩類集積なども障害の原因となる．畑作が中心であったヨーロッパでは，連作障害を避け，圃場の養分や水を確保するために三圃式などの輪作体系が発達した．すなわち，三圃式では2年間麦を作り1年は休閑させる方式である．このように，畑にあった利用法が開発されてきた．しかし，わが国ではまだ十分輪作方式は確立されていない．

表Ⅱ-10　土壌群別畑および樹園地面積

地目・面積 土壌群	普通畑 実面積（千ha）	割合（%）	樹園地 実面積（千ha）	割合（%）
岩屑土	7	<1	8	2
砂丘未熟土	22	1	2	<1
黒ボク土	851	47	86	21
多湿黒ボク土	72	4	3	<1
黒ボクグライ土	2	<1	0	0
褐色森林土	287	16	149	37
灰色台地土	67	4	6	2
グライ台地土	4	<1	0	0
赤色土	20	1	20	5
黄色土	99	6	76	19
暗赤色土	13	<1	6	2
褐色低地土	228	13	35	9
灰色低地土	75	4	10	3
グライ土	13	<1	2	<1
黒泥土	2	<1	<1	<1
泥炭土	32	2	<1	<1
計	1,795	100	403	100

　畑は，水田のように均平でなくともよい．しかし，圃場の勾配が8°以上の急傾斜となる場合は，作業上だけでなく，侵食が生じやすく適さない．水田と異なり畑で最も問題となるのは，土壌流亡すなわち土壌侵食である．降雨量の多いわが国では，特に傾斜地における水食が問題となる．また，平坦地においては，火山灰土地帯では春先の風食が問題となる．水不足に対しては，灌漑施設が必要となる場合がある．排水不良な所では，暗渠が必要となる．

　普通畑，樹園地，草地では畑の利用方法が異なる．すなわち，普通畑では1年生の作物が主体であり，1作ごとに耕うんが行われる．樹園地では耕うんが行われない永年性の作物が主体であり，一般に，深根性である．草地は数年ごとに更新され，比較的根圏が浅いものが多い．これらを反映して，造成方法にも違いが生じる．除礫については普通畑では十分除去する必要があるが，樹園地では栽培管理上支障となるもの以外は除去しなくてよい．草地では特に採草作業の機械化のため，表面に凹凸が少なく，かつ礫などがないようにする必要がある．耕起深については，樹園地が最も深く（ただし植栽部分），次いで普

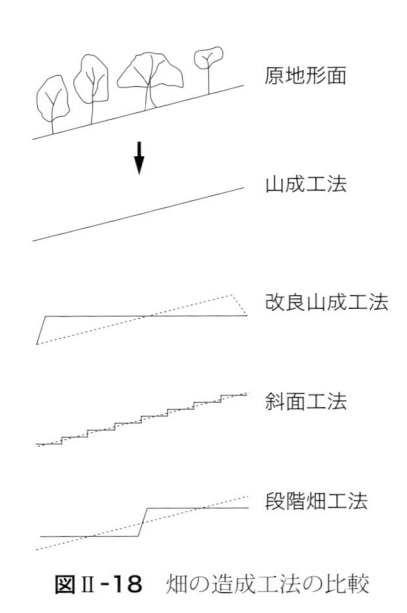

通畑，草地の順で浅くなる．

c. 畑 の 造 成

畑を造成する前に，まずその土地の土壌が畑に適しているかどうかの土壌調査を行う．土層の厚さや土壌の理化学性の良否は，土地の生産性を大きく左右する．また，改良山成工法などのように大きく土量が動く場合，表層だけでなく下層の土壌の影響も大きい．このため深い下層も含めた十分な調査が必要である．表層については，表土層の厚さ，有効土層の厚さ，土壌の理化学性など，下層土については礫含量，不透水層の有無，酸化還元層の有無などを調査する．調査の結果，そのままでは畑として不適と判断される場合に，その改良が可能かどうかを検討しなければならない．造成工法としては山成工法，改良山成工法，斜面畑工，段階畑工がある（図Ⅱ-18）．

図Ⅱ-18 畑の造成工法の比較

i）山 成 工 法 山成工法は，ほぼ現況の地形のまま開墾し，農地を造成する方法である．造成面積に対する作付面積の割合が高く，切盛りによる土の移動が少ないので造成費が少なくて済み，農地保全上も優れている．

ii）改良山成工法 改良山成工法は，複雑な原地形の傾斜面を切盛りによって修正し，全体として傾斜の緩い大きな圃場を造成する．これによって，機械化が十分可能な畑となる．造成後の畑の勾配は最大で8°程度が限界となる．しかし，実際にはこれより勾配が小さい方が，作業能率などの点で望ましい．造成勾配は原地形勾配，営農計画，導入作物などを考慮して決定する．

iii）斜 面 工 法 斜面工法は，現況の傾斜度が比較的急な山林などをわずかな切盛土によって修正し，主として樹園地を造成する方法である．この方法は，現況地表面がそのまま畑面として利用されるなど有利な点が多い．

iv) 段 階 畑 工　　段階畑工は，主として急傾斜地に適用され，斜面地を段階状に畑面を造成し，平坦な畑面とこの畑面を維持する法面(のり)で構成される．この工法は，改良山成工法よりは土工量が少なくて済むという長所がある反面，造成面積に対する作付面積が少ないことや，機械作業に制約があるなどの短所もある．

すべての工法に共通していえることは，農地保全とりわけ侵食防止に十分な配慮が必要なことである．特に水食は畑の表土を流亡させるだけでなく，下流にも被害を及ぼす．水食を防止するには，①地下への浸透を促し，場合によっては暗渠を施工すること，②地表流出させる場合は流れの途中に畦や草地などの障害を設けて流速を小さくすること，③排水路を整備すること，④できる限り傾斜を小さくすること，⑤圃場から流出した土砂を下流に流さないような土砂だめなどを配置すること，⑥造成時の土の移動量をなるべく少なくすることなどに配慮する必要がある．また，農法的にも等高線栽培を行う，マルチをする，土壌への有機物の投入を多くするなどが，農地としての管理上重要である．

d. 土 層 改 良

できあがった圃場について，作付けする前に土層改良を行う．畑としての利用形態，すなわち普通畑，樹園地，草地によっても異なる．これには，心土破砕，除礫，客土，反転客土や深耕などによる混層耕，硫酸酸性土などの排除，暗渠の設置などがある．

i) 心 土 破 砕　　パンブレーカーなどにより，堅密で難透水性の下層土を破砕し膨軟にする．透水性と保水性の両者の改良になる．心土破砕の効果は，数年は持続する．

ii) 心 土 耕　　心土のみを耕起し表土と混合させない．下層に不良な土層を持つ場合，深耕して表土と混合するとかえって悪くなる場合がある．このようなとき，チゼルプラウなどによって，まず下層を表層と混合，撹拌することなく下層（心土）だけを反転させずに破砕し，表層は別のプラウで反転する方法である．こうして下層土を改善したうえで，耕起する．

ⅲ）混層耕　　表層より下層に良好な土層があり，その土層が比較的浅いところにある場合，深耕して表層と混合させる．これを混層耕という．

　ⅳ）反転客土　　下層が表層に比べてはるかに良好な場合には，上下層を撹拌せずに反転させる．これを反転客土という．混層耕および反転客土とも60〜100cmくらいの深さまで可能である．

　ⅴ）除　礫　　表層に礫が多いと機械作業を妨げるだけでなく，播種や苗立ちなどが十分できなくなる．このため，礫を取り除くため，ストンピッカー，ロックピッカー，レーキドーザーなどが用いられる．また，場合によっては，その場で礫を小さく砕くストンクラッシャーが用いられることもある．

e．土壌改良

　土層改良とあわせて土壌改良も行われる．改良目標としては，土壌や地域によっても異なるが，①塩基置換容量20me/乾土100g，②リン酸吸収係数700以下，③石灰飽和度50％以上，④pH（H_2O）6以上，有効リン酸10mg/乾土100g，などとなっている．わが国の場合，畑として利用される土壌として，火山灰土が多い．開畑されたばかりの火山灰土では植物に有効なリン酸が少なく，施肥されるリン酸も固定され利用できなくなる．そのため，特にリン酸については土壌改良材として最初に多量に加えられる．資材としては，熔性リン肥が用いられることが多い．量としては，普通，リン酸吸収係数の5〜10％相当量を入れる．これによりわが国で古くから「火山灰土は不毛の土地」といわれる原因となっていたリン酸不足問題は一挙に解決されることとなった．1960年代以降のことである．

f．灌漑施設

　野菜生産が大規模で行われるようになって以降，灌水施設が設置されるようになってきている．特に，ビニールハウスを用いた施設栽培による野菜や花卉の栽培では灌漑施設が不可欠である．

　灌漑方法としては，畦間灌漑，スプリンクラー灌漑，マイクロ灌漑などがあ

Ⅱ．植物生産の場をつくる技術

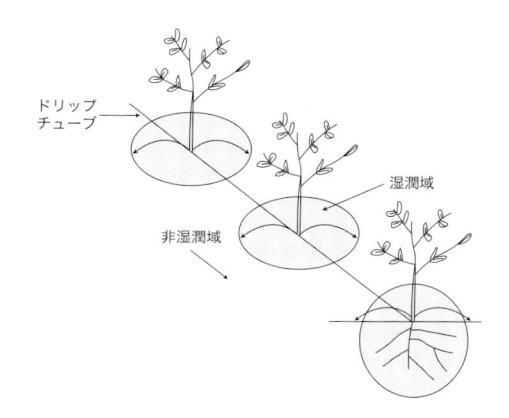

ドリップチューブ
湿潤域
非湿潤域

図Ⅱ-19 点滴灌漑の例

る．畦間灌漑は畦の間に水を流す方法で，古くから行われてきた最も経費が少なくて済む方法である．スプリンクラー灌漑は特殊なノズルを使い広範囲に散水でき，水だけでなく薬液もまくことができるなどの特徴を持ち，これまで広く用いられてきた方法である．マイクロ灌漑（点滴灌漑，ドリップ灌漑ともいう）は作物の根元に水を滴下する方法で，作物が必要とする量だけ作物個体ごとに調節して供給でき，液肥も併せてまけるなど最も進んだ灌漑方法である（図Ⅱ-19）．

灌漑は，降雨が少ない所で最も効果が高いのはいうまでもない．その意味で乾燥地帯の農業に不可欠な技術である．これらの地帯で注意しなければならないのは，過剰な灌漑による塩類化である．過剰な灌漑は，地下水位を上昇させ下層の塩類を表層に集積させる．その結果，農地を栽培不能にさせることもしばしば生じている．

(4) 施 設 栽 培

灌漑の項でも触れたが，わが国では野菜や花卉栽培を中心にビニールハウスによる施設栽培面積が広がっている．ビニールハウスの主目的は加温と水管理にある．雨を避けることになり，灌水施設が不可欠となる．また，作物の吸収

量を越える多量の施肥が行われることが多く，その結果として土壌の塩類集積も問題となる．土の面からは，人工の乾燥地農業ともいうことができる．このほか，最近では，土を用いない養液栽培も行われるようになってきている．根を液に浸す水耕栽培のほか，固形培地としてロックウール栽培や礫耕栽培などがある．ロックウールは高炉鉱さいを高温で溶解し，繊維状にして成形したものである．固相率が3％程度と小さい．これらは，連作障害が回避できる，省力・機械化できるなどの長所がある反面，土のように緩衝作用がないため養液管理が難しく経費がかかるなどの短所もある．野菜や花卉栽培に用いられてきている．これらは，将来的にも土を用いた栽培（土地利用型農業）と入れかわることはないが，収益のあがる作目に限定して利用されていくであろう．また，制限された条件下での栽培から得られる情報は，土地利用型農業への新たな技術的展開をもたらす可能性も持っているといえよう．

(5) 農地と環境問題

わが国でも農地の管理から派生した深刻な環境問題が生起している．肥料や農薬などによる地下水汚染とそれによる飲料水への影響である．特に，砂礫地帯に立地する畑地や集約的な畑作地帯における灌水と施肥が問題となっている．これらは農業と生活環境の調和という視点から不可欠な課題であるが，深刻な問題でもある．最適な施肥，水管理の必要性とそのための農業技術の進展が求められている．

III. 作物栽培の技術

1. 種　　　苗

(1) 種 苗 の 種 類

　作物の栽培は繁殖体を耕地に播く，あるいは移植するところから始まるが，この作物の繁殖のために用いる種子および栄養繁殖体を種物または種苗と呼ぶ．作物栽培における最も一般的な繁殖体は，有性生殖による種子である．しかし，気象などの条件により種子が得られない場合，季節外れの栽培あるいは種子自体の発芽力が十分でないことなどが原因で初期生育の確保が困難な場合には，種子繁殖作物でも，種子を人工環境下で発芽させ苗とし，環境耐性を高めたうえで耕地に移植する．また，永年性作物，栄養繁殖性作物においては塊根，塊茎，ほふく茎，挿し木，苗木などの栄養体が繁殖に用いられる（表III-1）．
　種苗は，本来，繁殖のためのものであり，繁殖体として良質であることが望

写真：棚田における田植えの様子（写真提供：鈴木正司）

表Ⅲ-1 種苗の種類

種子	有性生殖による胚	
	1. 有胚乳種子 自殖性	イネ，ムギなど
	他殖性	トウモロコシなど
	2. 無胚乳種子他殖性	ダイズなどマメ科作物，十字科作物
苗	1. 本来は種子繁殖であるものを苗とする	イネ，サトウダイコン，キュウリ，トマトなど
	接ぎ木苗	キュウリ，園芸作物
	2. 無性繁殖（自然に発生する栄養器官の不定胚を利用）	
	葉	園芸作物の葉挿し
	茎	サトウキビなど
	塊茎	バレイショなど
	塊根	カンショなど
	珠芽，肉芽	ヤマイモ，ユリなど
	挿し木，取り木	カンショ，園芸作物など
	ひこばえ利用（再生イネ）	水稲
	3. 組織培養（人為的な不定胚の誘導と再分化個体の培養）	
	ウイルスフリー苗	ユリなど園芸作物
	人工種子	実用化はされていない

ましい．しかし，作物において繁殖体は，多くの場合収穫の対象ともなることが多く，収穫物として経済的価値が高いこと，収穫量が高いことなどが求められる．このため，作物の繁殖体は必ずしも種苗としての質を優先して選ばれているわけではない．したがって，園芸作物，施設野菜など集約管理が行われる場合には，種子には依存せず，苗によることが多い．一方，圃場で栽培する作物では，収益性が比較的低いため，苗というコストのかかる繁殖体を使いにくい．このため，種子による発芽や出芽が良好な場合は自然条件下と同じように種子によるが，例外的に，イネやテンサイにおいては苗を用いる場合がみられる．最近は，これらの作物においても，生産コスト低減のため，あるいは労力不足のため，種子のまま播種する直播栽培に高い関心が寄せられている．さらには，最近のアメリカ合衆国やアジア諸国で行われるように，水稲のひこばえのような栄養繁殖体を利用する場合もある．このように，同じ作物であっても事情により異なる繁殖様式がとられる場合もあり，作物の繁殖様式は自然条件

下のそれとしばしば異なる.

a．種　　　子

　植物の一生は卵細胞の受精によってできた接合子から始まり，これが分裂を繰り返し，1個の幼植物体を形成し，一時的に生長が停止したものが種子中の胚である．種子は，この胚部分と胚の生長に必要な基質とエネルギーの貯蔵・供給組織からなる．この貯蔵組織には，イネ，ムギ類，トウモロコシなどのように胚乳をつくる場合と，無胚乳種子と呼ばれるマメ科，アブラナ科などのように胚乳は退化し，胚の一部である子葉や胚自体に養分を貯えるものがある．また，胚と胚乳は珠皮に由来する種皮に包まれているが，種皮は比較的丈夫にできており，胚や胚乳を保護する．胚，胚乳は重複受精により形成され，両親からの遺伝情報を持つが，珠心由来の外乳および種皮は母方由来である．このように，種子は遺伝的起源を異にする組織が混在する複雑な構造を持っている．胚は，発芽する前は水分含量も低く，休眠状態にあるため，長期にわたり厳しい環境ストレス下でも生存が可能であり，移動も容易となっている．発芽直後の植物体は直ちに光合成による自立栄養生長ができないため，初期生育に必要なエネルギー，炭素骨格となる物質を胚乳あるいは子葉などに貯蔵した物質によっている．

　種子には，イネ，ムギ類などのように自殖性のものと，トウモロコシなどのように他殖性のものがある．作物栽培においては，常に一定の品質のものを一定の時期に収穫したいという人間の欲求に従って，農産物種子は，遺伝的に変異が小さいものが選抜されてきた．このため，有性生殖を行う植物の中では自殖性植物が最も多く作物化され，他殖性の植物で有性生殖による場合には遺伝的変異を一定の幅に抑えられるものが作物として選ばれてきた．有性生殖により得られた農産物種子は，植物学用語の種子と同一ではない場合があるので注意を要する．イネやムギなどでは，1子房中に種子が1つあり，果皮の付いたもの，すなわち植物学上の果実を農産物種子として用いている．これに対し，マメ科やウリ類では1つの子房からなる果実中に複数の種子が入ってお

り，農業用語として利用している農産物種子は植物学用語上も種子である．有性生殖による種子の長所は，水分含量も少なく軽量であり播種作業が容易である，また，子孫を多数，長期にわたって保存が可能であるところにある．しかし，自殖性のものでも突然変異などはある程度起こるうえ，他殖性のものは採種が複雑であり，遺伝的純度の維持が困難である．さらには，種子はいったん発芽すると環境ストレスに対して最も弱くなり，種子からの初期生長速度が小さく，雑草などとの競合に弱い．また，鳥害などを受けやすいなどの短所を持つ．圃場には鳥以外にも多様な生物群集（バイオーム）が存在しており，作物はそれらとの競合下にある．これらの厳しい条件を克服し，栽培目的にかなった生育を確保するには，種子自体の繁殖体としての質，活性もさることながら，除草，殺虫・殺菌剤などの栽培管理技術による他のバイオームの制御が不可欠となる．これまで，発芽の改善の過程においてもこれらの種子を取りまく環境の改善に主たる努力がみられ，種子自体の繁殖体としての品質の改善は必ずしも十分ではない場合も多い．しかし，種子という繁殖体をいかなる栽培環境下でも使用できるということは，栽培の省力化，安定化に不可欠であり，今後は種子自体の質を積極的に改善するための努力が強く求められている．例えば，最近のわが国の水稲栽培においては，これまでの移植栽培より低コストな直播栽培に関心が寄せられているが，直播栽培を定着させる最大の要因の1つに，発芽・苗立ち性の改善がある．

近年，多くの農産物種子が一代雑種により作られるようになっているが，ヘテローシス利用の最大の利点は初期生長速度の早さにあり，種子としての質が優れているところにある．他殖性でヘテローシス効果が出やすく，収穫物として品質上の問題の小さいトウモロコシや野菜，園芸作物などでは成功しているが，イネ，ムギのように自殖性作物では種子生産のコストがかかるうえ，収穫対象としての種子の品質が思わしくないなど実用上の問題が残されている．

b．苗

栄養繁殖作物でも種子を利用して栽培する場合もあるが，多くの場合，栄養

体の一部が繁殖体として用いられる．環境変動のより小さい土壌中に繁殖のための栄養器官，塊根，塊茎を形成するカンショ，バレイショなどでは，根あるいは塊根から生じた苗あるいは塊茎を直接利用する．このほかにも，株分けによるもの，サトウキビなどのように茎部分を利用するもの，葉挿しなど葉を利用するもの，果樹などの接ぎ穂，挿し芽など，さらには培養増殖した芽，カルスを再分化させて得た茎葉，幼植物，人工種子などの無性生殖による栄養体の一部を利用した苗など多様である．なお，花粉も繁殖体の一種であるが，この場合には花粉管が幼植物に相当する．

栄養繁殖作物では，特定の栄養器官に大量の貯蔵物質を集積することにより，初期生長速度を高め，環境ストレス耐性，競争力を強めている．これらの繁殖体は無性的に作られるため，親のコピーあるいはクローンであり，遺伝的性質は親と同じであることが大きな利点である．近年，組織培養技術が進歩し，生長点培養などによりウイルスフリーの苗，あるいは接ぎ木など，良質の苗を量産する技術も普及定着している．

以上述べたように，自然条件下での繁殖様式が栄養繁殖体であるものを苗と呼ぶが，自然条件下では原則として種子で繁殖するものであっても，種子が作物栽培のための繁殖体として十分な質を備えていない場合には，耕地に移す前に苗床など耕地と別の制御環境下で播種，一定期間生育させたものを苗と呼ぶ場合も多い．この場合，苗は耕地に移植するまでにかなり大きくなっており，移植してからの生長は活着さえすれば非常に早く，不良環境，病虫害に対する耐性，雑草との競争に強く，栽培適地が拡大される，遺伝的純度が維持しやすいという大きな長所を持つ．しかし，水分含量が高く，休眠がないために貯蔵に不向き，育苗という余分な作業が加わり，植物体が大きいため定植，移植において特殊な機械を要するなど，生産のための管理労力が増えるなどの短所を持つ．近年，育苗などのコストがそれほど大きな問題とならない収益性の高い野菜，園芸作物などにおいては，セル成型苗など苗の実用化が進んでいる．また，将来的には，生殖を経ないで組織培養法により大量に増殖した微小なクローン植物をカプセルに封じた人工種子なども検討されている．

(2) 種苗の良否

　種苗の良否は，かつては苗半作といわれたほど，それ以後の作物の生育，収量，品質，栽培管理技術などに大きな影響を及ぼす．種苗としての最大の条件は，まず，その品種が本来持つとされる諸形質に遺伝的変異がないことである．次に，生理的活性が高く，均一で旺盛な初期生育を示すことが求められる．特に，初期生育の速度は，耕地生態下に存在するほかのバイオームとの競合に負けないために重要な形質である．種苗の良否の判定には，種子の場合は発芽，初期生長速度，苗の場合は活着に関与する諸形質，次いで，種苗の生産が容易であり，低コストで，量産できることも大切な実用上の条件となる．

a．種　　　子

　種苗としての種子の良否は出芽の良否によるが，この判定には，出芽における生理的機構についての理解が不可欠である．したがって，質の判定の根拠である出芽の機構を要約したのち，良否の判定基準に触れる．

1) 発芽，出芽の機構

　種子の良否の判定には，発芽，出芽の生理的および形態的な機構についての理解が不可欠である．種子は非常に複雑な構造から成り立っており，種子を構成するそれぞれの組織や器官が持っている遺伝情報も違えば，生理的機能も大きく違っている．しかし，発芽に当たっては，これらの組織の生理的機能が一定の秩序のもとに発現するように調節されている．種子は受精し，胚が生長しつつある時期にも発芽は可能となるとされ，未熟の種子であっても発芽はする．ただし，通常は成熟後，休眠物質の生成あるいは乾燥により一時的に休眠状態になり，成熟後はかなりの期間は発芽しない．種子が休眠状態にあると，たとえ吸水過程が終わり温度，酸素が十分に与えられても，生長過程には移れない．したがって，発芽に当たっては，まず穎に含まれる休眠物質が不活性化されたのちに，適度な温度，水分，酸素濃度が与えられると発芽が始まる．発芽の過程は，吸水過程と胚の生長過程に分けて捉えられ，前者は物理的に吸水する非

生物的過程であり，途中で再乾燥しても発芽力を失うことはない．吸水過程は実際の栽培においては浸種と呼ばれ，一定期間低温下で十分に吸水させる方法がとられるが，マメ科作物のように吸水をさせると急激な体積膨張により胚が破壊され，かえって発芽障害を生じる種もあり，種の特性に応じた浸種法が必要となる．これに対し生長過程は，一度始まると再乾燥などの処理によって発芽ができなくなる非可逆的な生物的過程である．この生長過程は，さらに発芽の初期段階，発芽後の初期生長段階に分けて捉えられ，発芽の初期段階では，胚で植物ホルモン，ジベレリンが誘導され，この物質が果皮に内接した種皮およびその内側に位置する胚乳の最外層である糊粉層に移動し，アミラーゼ，プロテアーゼ，グルカナーゼなどの加水分解酵素の生成が促される．次いで，これらの酵素が胚乳内部に移動，そこに貯蔵されているデンプン，タンパク質，脂肪などを糖類やアミノ酸に分解，これらの諸物質は胚での必要に応じて胚盤を通して生長中の幼植物に渡される（図Ⅲ-1）．また，これらの膜透過性の高い物質は種皮を通して種子外にも浸出し，種子表面の微生物の生長を促進するエネルギー，炭素源ともなる．したがって，この菌の繁殖量の多少により発芽自体が阻害される可能性もある．また，この発芽の初期段階は，浸透物質の種類や量，各種の植物ホルモンによっても強い影響を受けることが知られており，発芽にとって非常に重要な段階である．

　発芽初期段階を終えると酸素が十分にある場合には，その後の生長は比較的単純な拡大再生長の様式をとるものが多い．ただし，水稲などのように湛水土壌中のような酸素濃度が低い条件下で発芽する場合には，この生長過程は酸素が十分にある場合の発芽と多少異なり，茎葉の伸張に先駆けて鞘葉や中茎を特異的に伸長させるものがある．このような鞘葉や中茎を伸長させ，酸素濃度の十分に高い地上にこれらの器官を到達させると，これらの器官を通じて体内への酸素の取込みが開始され，以後の生長は好気的条件下での発芽と同様な生長過程をとる．このような場合には，これらの特定の器官の伸長が出芽を支配することとなる．このような初期生長過程では，新たな植物体である芽の生長に必要な構成物質とエネルギーを必要とし，これは呼吸作用によっている．貯

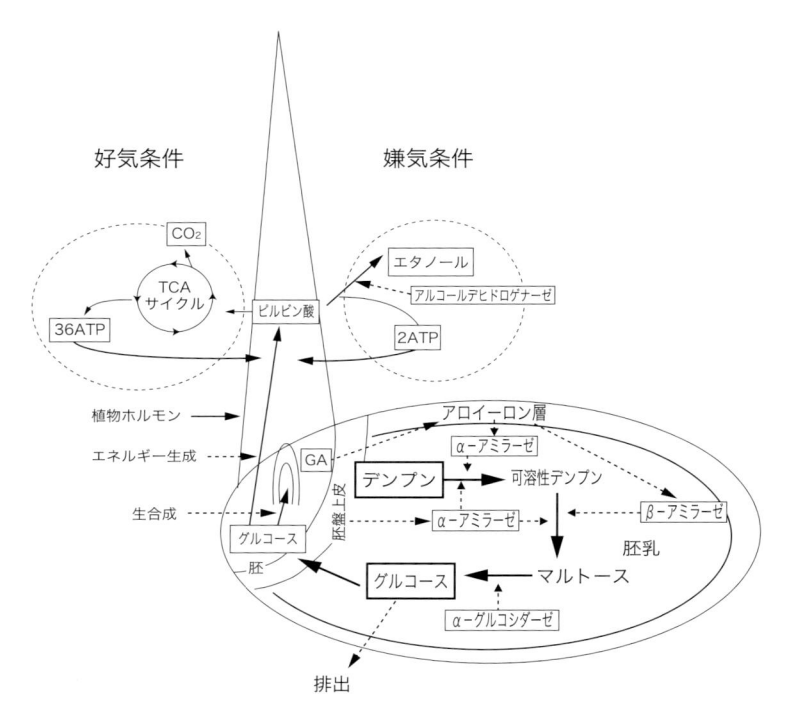

図Ⅲ-1 発芽の初期段階における炭水化物の代謝過程

蔵中の種子は休眠物質を生成する，あるいは種子の形成過程で水分を排除するなどの呼吸の自己制御系を備えている．しかし，休眠中でも最低限の生命維持のための生物活動を行っており，乾燥種子においても，胚は通常の組織の約1/1,000以下というごく低い値ではあるが呼吸を行っている．このため，低温，乾燥，低酸素中，あるいは二酸化炭素濃度の上昇など，呼吸速度を抑制させる方法により胚の中の基質消耗を減少させ，種子の寿命を長くすることができる．発芽に好適な条件が与えられると呼吸速度は2日前後で急激に高まり（初期昂進），以後徐々に低下，6日後頃には一定の低い値に戻る．発芽に当たってのエネルギー源，あるいは新しく生長する幼植物の生成のための体構成物質をつくるための物質源として貯蔵物質を使用するが，その利用量と新たに生長する

植物体の量の比はしばしば転型率あるいは生長効率と呼ばれ，作物の貯蔵物質の種類，酸素濃度などにより異なるが，温度の影響は受けず一定の値をとることが知られている．デンプン主体の種子の場合は，この生長効率は 0.6 前後の値を示す．

　好気条件下での生長過程は，主として胚重および生長効率に支配され，発芽一定時間（t）後の生長量（Wt）は，初期値，すなわち胚重（Wo）と相対生長率（r）から次式により与えられる．

$$Wt = Wo \cdot e^{rt}$$

発芽に当たって，胚は発芽後の植物体となっていくのであり，環境に対する反応特性を左右する最も主要な部位である．このため，胚重が大きいことは発芽にとって有利な条件である．それにもかかわらず，現実には種子の良否の判定に胚重は使われず，種子重，比重など種子全体の形質を用いることが多い．この理由は，胚重が測定しにくいことと同時に，胚重と胚乳重の間にある程度の相関が存在するため便宜的に胚乳重が用いられるものと考えられよう．

2）種子の良否

　繁殖体としての種子の質は遺伝的な均一性が最大の要件であるが，次いで，生理的活性が高いことが重要である．すなわち，前述した発芽の各段階に関わる多くの形質の総合評価である発芽歩合，発芽の斉一性，発芽率などにより良否が判定される．休眠・乾燥状態にある播種前の種子は，最も環境変動に対する耐性が強いが，いったん発芽すると環境に対する耐性は最も弱くなる．このため，種子は発芽・出芽直後に環境の変動に十分対応できる能力を備えることが求められる．特に，土壌という複雑な生態系の中で，細菌などの他のバイオームとの競合に打ち勝つためには，初期の生長速度の大きいことと同時に，病虫害などのバイオームに対する耐性が，発芽の特性を決めるうえで重要な形質となる．本来，種子の良否は実際の圃場条件下，すなわち，無滅菌状態下において播種したときに，一定の時間内に芽が土壌表面まで達した個体の割合を示す出芽率と斉一性で評価する．しかし，実際の圃場に播種した場合の発芽の良否は，種子自身の特性と同時に，採種法，保存法，病虫害の発生状況，自然条

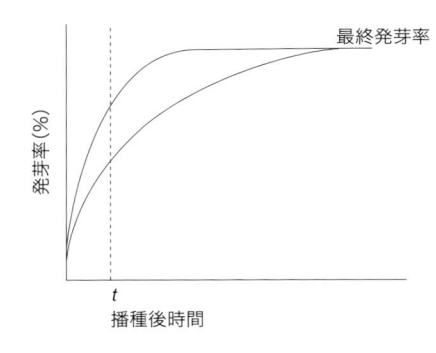

図Ⅲ-2 種子の発芽歩合および発芽勢
A, B両品種の間では発芽率は同じであるが, 時間 t における発芽率, すなわち, 発芽勢が異なる. 種子の良否を判定する発芽歩合とは発芽好適条件下での最終発芽率のことである.

件下の温度（一般に初期は低温），土壌中での酸素濃度，圃場水分などにより大きな影響を受ける．したがって，このような実際の栽培条件すべての場合の出芽の調査は不可能であるため，流通上の農産物種子の評価は，この出芽率と比較的高い相関を示すとされる一定の条件下での発芽試験の結果により判定されている．すなわち，農産物種子の良否は，適温，必要十分な水分，滅菌，大気中酸素濃度のように，理想的な条件下での供試した種子数に対して最終的に発芽した種子数である発芽歩合，および一定時間後の発芽率に当たる発芽勢によっている（図Ⅲ-2）．また，農産物種子の良否を判定するに当たって，しばしば，種子の大きさなどの形態的特性が判定基準とされる．前述したように，これは科学的な根拠を持つわけではないが，胚乳は胚の大きさ，生長速度などとある程度の相関を持つ場合が多いために，種子全体の重さや比重などが種子の良否の判定基準として便宜的に使われている．また，農産物種子としては，雑草種子，異品種の種子などの夾雑物の混入がないことは当然として，病原菌などの種子を介して伝染するものや，害虫の卵などを持たないことが条件となる．

b．栄養繁殖体（苗）

栄養繁殖体の良否は，圃場に移植，定植した際の活着，初期生長速度の大きさにより判定される．栄養繁殖体の場合，活着，初期生長速度はサツマイモのようにシュートを用いる場合，ジャガイモのように塊茎あるいはその一部を用

いる場合，サトウキビのように茎を用いる場合など，栄養繁殖体の種類により大きく異なる．したがって，活着のための条件についても，それぞれの作物に応じて異なる．多くの場合，窒素含量が高く，苗の蒸散量が大きくなる徒長気味な苗あるいは栄養繁殖体よりも，窒素含量の低いものが高い活着を示す．

(3) 種 苗 の 生 産

a．農産物種子の生産

　種子生産のためには，作物が開花，結実することが不可欠である．このためには，開花特性が非常に重要な種子生産上の形質となる．また，コムギなどの作物では，一定期間の低温が与えられないと開花しないものもあり，バーナリゼーションあるいは秋播き性程度と呼ばれる温度感受性が種子生産にとって重要な形質となる．

　種子生産に当たっては，種子の量を確保すると同時に，種子としての品質が重要である．この品質には，外観や夾雑物，水分含量などの外的形質と，遺伝的純度，耐病虫性，初期生長性などの種子自体の質がある．特に，遺伝的純度の維持は基本的な条件となるが，実際には自殖性作物であっても自然交雑，突然変異などを防ぐことは不可能であり，変異個体（異型）を除去する作業が必要となる．また，農産物種子は自家採種を繰り返すと，いわゆる「品種の退化」により実用形質の劣悪化をきたす場合がある．これを防ぐには，栄養繁殖の利用，隔離栽培，原々種栽培を利用する．このように，種子としての品質を保ち，病害虫を避け，品質のバラツキを小さくするために，栽培に当たっては施肥量の調節，病虫害防除など，特別な管理が不可欠となる．さらに，種子の生理・形態的特性が採種地により大きく異なる場合があり，種子生産の適地，すなわち「種場」を選定し，そこで種子が生産されるのが一般である．原々種栽培は種子の遺伝的純度を保つために行われ，最近では，一度に大量に採種し，低温貯蔵し，長期にわたって特性が維持されるように配慮されている．原種栽培は種苗会社や採種組織などにより行われ，原々種を増殖するために行われる．一般採種は種苗業者や委託農家で行われ，市販を目的とした種子の増殖である．

十分な配慮のもとに生産した種子であっても，多くの種子の中には規格に達しない種子が含まれるため，採種種子の中から夾雑物を除き，遺伝・生理的条件の優良なもののみが選ばれる．このような異物，ほかの種，品種の種子などは，篩(ふるい)，風力を利用した唐箕，肉眼観察，水選，塩水選あるいは比重選別機，光電管による色彩選別機などを利用して除かれる．

　種子は，休眠している場合には特別な処理をしなくても一定期間の貯蔵が可能であるが，休眠があっても短時間であったり，休眠のない種子では，呼吸などの生理作用が進行しており，貯蔵期間が長くなると種子が急速に劣化する．一般に，種子は成熟するとともに水分を失い，乾燥種子となるため，呼吸は抑えられている．しかし，呼吸は完全には停止しておらず，徐々に進行している．このため，採種後の種子の貯蔵温度，水分含量，空気中の湿度などの貯蔵条件は種子の寿命に大きな影響を及ぼし，長期貯蔵のためには低温あるいは炭酸ガス濃度を高めるなど，呼吸をより強く抑制する処理が有効となる．

b. 苗 の 生 産

　かつては，栄養繁殖体の更新は，遺伝的組成の変動が小さいため農家自身が行うこともできた．しかし，近年は組織培養法を利用したウイルスなどの感染回避，接ぎ木などにより生理的活性を高めることなどが可能となり，多くは種苗業者により供給される．栄養繁殖体については，体内の水分状態が種子の場合より高く，呼吸，生合成などの代謝は活発に進行しており，一般に貯蔵は困難であるが，近年，液体窒素などによる極低温保存法などが開発され，技術的にはある程度の長期貯蔵が可能となりつつある．また，本来は種子で繁殖するものでありながら，作物栽培上は苗を用いる水稲やテンサイなどの作物については，4.「播種，育苗，植付け」を参照されたい．

c. 種 苗 の 改 善

　発芽の良否が収量などに大きな影響を及ぼす畑作物においては，種苗自体の発芽・活着能力を改善する努力もなされてきたが，イネなどではこのような努

力は払われることが少ない作物もみられ，また，出芽，活着の改善の努力も，加温，殺菌，殺虫などの種子環境の制御技術に主たる関心がおかれてきた．しかし，近年，イネなどの圃場で栽培する作物においても，これまで以上に生産コストを低減させる必要が生じ，直播栽培への関心が高まり，特に，低温・湛水条件下での種子自体の発芽・苗立ち性の改善に高い関心が寄せられるに至っている．これからの発芽，出芽などの促進技術，苗の活着技術としては，これまでのような殺虫・殺菌剤によるほかのバイオームの制御技術，浸透物質，化学調節物質の利用に加え，組織培養による幼植物をカプセルに封じ込めた人工種子などの耕種的技術，さらには，ヘテローシス利用にみられたような育種的技術による種子自体の発芽・苗立ち性の改善などがある．

2. 耕起，整地

(1) 耕起，整地の意義

作物の栽培のためには，畑や水田において，作物の種子を播き，苗を植えるために好適な土壌表面の状態を作り出し，出芽，定着したそれらの作物が健全に育っていけるような良好な土の中の物理的，化学的，生物的な環境を形成しなければならない．

そのための一連の土壌管理作業の中で，最も基本となるのは，作物栽培のための管理諸作業の最初に行われる，畑における［耕起－砕土－均平－鎮圧］，水田における［耕起－砕土－（均平）－代掻き］である．「耕起，整地」は作物根域の主として物理的環境を形成する作業であり，作物を栽培するための一連の農作業体系の出発点である．

国語辞典によると，「耕」は「たがやす」と読み，字義は「鋤や鍬で田畑の土をすき返す」こと，ならびにそれから発展した「働いて生活の資を得る」ことである．英語では「cultivate」（v；to prepare land for the growing of crops/to plant, glow, and raise a crop by preparing the soil, providing water, etc.）/「cultivation」(n),「till」(v)/「tillage」(n),「plow ＝ plough」(v, n；to break up or turn over land with a plough) などが当てはまる．「culture」(「文化」) は「cultivate」に由来している．このように,「耕」は文字通り農業を象徴する言葉である．

(2) 耕　　　起

　耕起 (plowing) は，畑や水田に新しく作物を作付けるのに先立って，鍬（人力），犂（畜力），プラウ（トラクタ）などを用いて，土壌を鋤き起こす作業である．
　耕起用の道具，作業機とその発達過程は，それが用いられている地域，時代の土壌や気象，作られている作物，農業のあり方，生産力の水準などをよく表している．
　鍬は湿潤で重粘な土が多く，深く耕すことによって収量が高まるイモ類や水稲を主作物とする地帯で，小面積栽培に対応した人力労働に依存する農具として発達してきた．鍬の刃の材質，形態（幅，先端の形状，1枚か分岐かなど），柄の取付け角度や長さによって，土に深く打ち込む「打ち鍬」，地面を浅く手前に削る「引き鍬」などがあり，また対象とする土の性状，作物の種類などに対応して，その種類はきわめて多様である（図Ⅲ-3）．
　一方，犂はインド北西部のオオムギ，コムギ，ヒエ類，ソルガムなどの穀物を主作物とする冬雨型の半乾燥地帯において，ウシやラクダなどの大家畜に引かせる大形農具として誕生し，ヨーロッパ，アフリカ，アジアへと広く伝播した．この伝播の過程で，それぞれの地域における気象，土壌，作物などに対応して，形態や機能を変化させながら，また時代に応じて多様な発展型が作り出された．
　すなわち，誕生地の乾燥地帯では，少ない降水を土壌中に吸収させて保存し，その一方で蒸発を防ぐようにすることが土壌管理の最大の課題であった．したがって，ここでの犂には，広い面積にわたって，表層の土を浅く撹拌して吸水しやすくしながら，下層からの毛管水を切断する作用を素早く実施する機能が必要とされる．そのために犂を軽量にし，土と接触する部分には長い床を設け

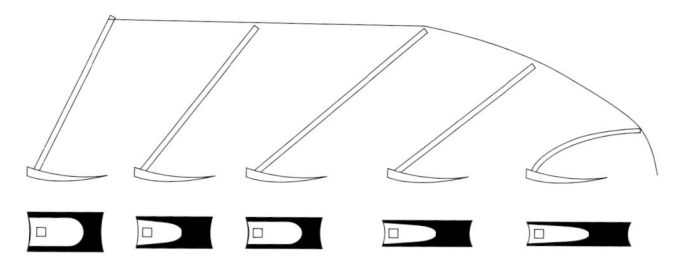

III. 作物栽培の技術

図III-3a　きわめて多様な鍬の種類
柄の長さ，刃の角度，幅が用い方によってかわる例．鍬は，図のように鋳鉄で作った刃先を木の枠（風呂という）にはめて柄を付けて作られる．

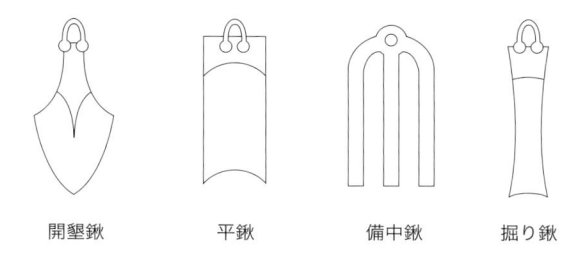

耕起用の打ち鍬　→　土寄せに使う引き鍬

開墾鍬　　平鍬　　備中鍬　　掘り鍬

図III-3b　用途によって刃の形がかわる例
開墾鍬は畑の開墾，平鍬は一般の水田や畑の耕起や土寄せ，備中鍬は重粘な土の田起し，掘り鍬はヤマイモやユリ根を掘るために使われる．

て犂先が深く土に入らないように安定させ，家畜に引かせた．保水には耙(まぐわ)を引かせて地表面を均しながら鎮圧した．

　降水量も多く，土壌が重くなる北西ヨーロッパでは，有機物を鋤き込み，雑草を抑えることが土壌管理の課題となり，土を深く起こして反転させるために，車輪付きの重くて撥土板(はつどばん)（後述）を備えた，今日のトラクタ用プラウの原型となる犂が作られた．

　さらに，湿潤で雑草の多いわが国の水田の場合には，深耕ができるように犂床を短くし，狭い区画の水田の中でも作業しやすいように軽量化した和犂である短床犂が開発された（図III-4）．

　耕起作業によって固くなっていた土（作土）は，強い力を加えられて早い速

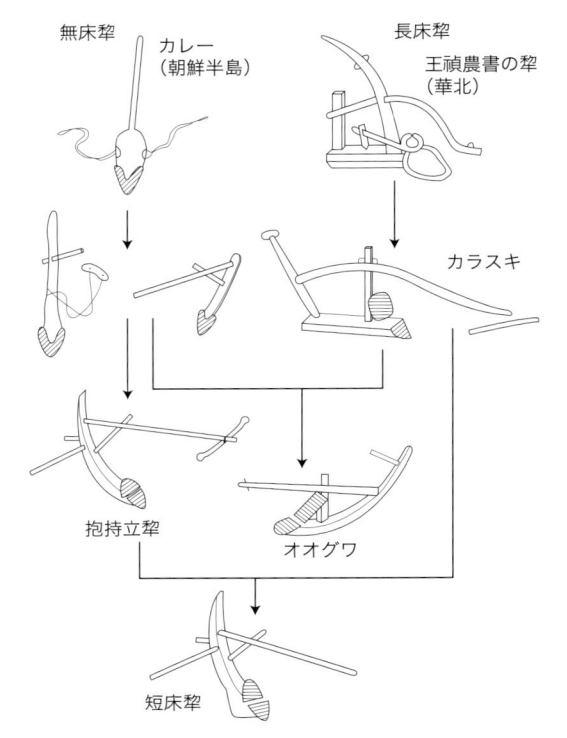

図Ⅲ-4 日本における犂の系譜
（飯沼二郎・堀尾尚志，農具，法政大学出版会，1976）

度で運動するそれらの農具や作業機の刃先によって，表面からある深さで大きな土塊として切り取られるようにして引き上げられ，農具や作業機のへら状の曲面を滑りながら，その土塊の地表面が下側になるように捩りながら粗く崩壊し，反転され，再配置される（特に撥土板プラウや鋤の場合，図Ⅲ-5）．この作業を「土を鋤き返す」あるいは「土を鋤き起こす」という．

また，このような土壌の挙動に伴って，前作作物の残渣や雑草，ならびに土壌改良のために土壌表面に散布しておいた苦土石灰や堆肥などは土壌中に埋め込まれる．

耕起作業の必要性は次のように整理される（Phillips, R.E. and S.H, 1984）．

III. 作物栽培の技術

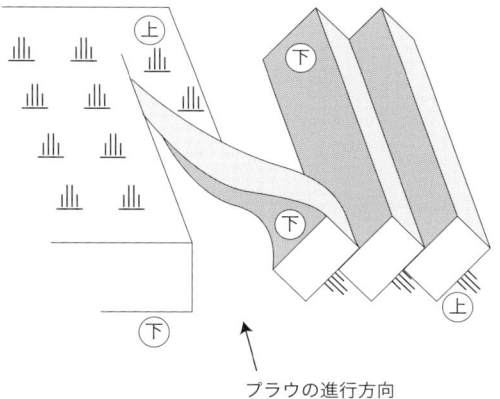

図III-5 プラウによる土の動き
草や堆肥，肥料がのっている⊕が捩られ崩壊しながら斜め⊕に配置される．写真はスガノ農機提供．

①雑草を防除すること
②出芽苗立を良好にするために土壌表層をきれいに整理すること
③硬化した土壌の通気性をよくすること
④病虫害の温床となる作物残渣を鋤き込み，それらの発生を抑制すること
⑤圃場の均平と整形をはかること
⑥肥料を混入すること

⑦地温の上昇を促進すること

⑧根の生長を助長すること

耕起の深さ，土塊の大きさや状態，反転の程度などは作業の目的，手段とその使い方，対象とする土壌の種類や状態によって異なる．

トラクタ用の耕起作業機であるプラウには，撥土板プラウ（mouldbord plow, bottom plow），円板プラウ（disc plow），チゼルプラウ（chisel plow）がある（図Ⅲ-6）．撥土板プラウは深耕性，土の反転性に優れる．ただし，トラクタには大きな牽引力が必要とされる．ボードの材質，形態，捻りの程度などによって各種のものがある．その大きさは耕幅×連数で表される（例えば50cm×2）．耕深は耕幅の1/2～2/3程度で，一般に25～30cmである．円板プラウは球面を持った円盤型で，耕深や反転は劣るが，砕土性があり，高速で作業ができる．大きさは円盤の直径と連数で示され（65cm×3），耕深は直径の1/3～1/2である．チゼルプラウは耕土を反転せずに，チゼル通過

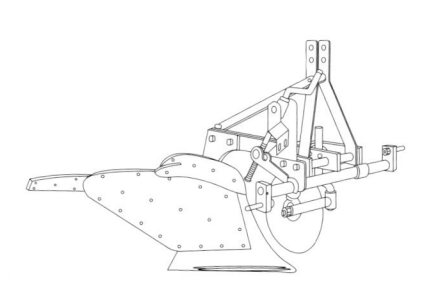

撥土板プラウ

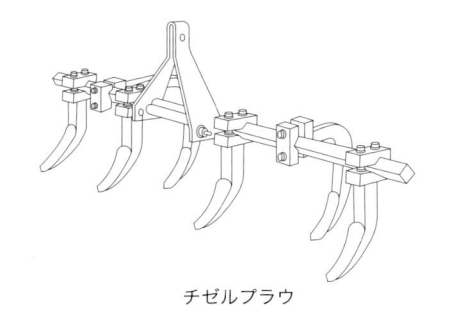

円板プラウ

チゼルプラウ

図Ⅲ-6　各種のプラウ

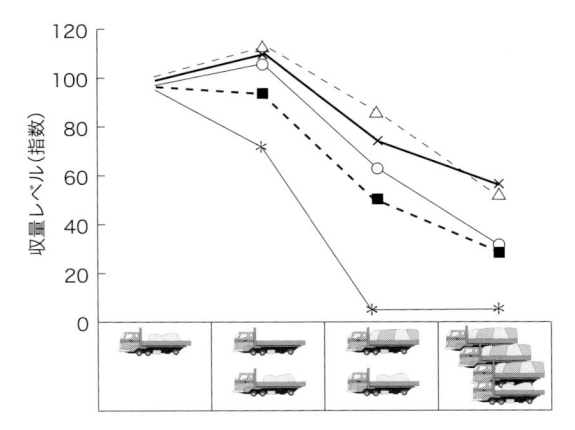

図Ⅲ-7 作物別の播種までの圃場への機械入場回数と収量との関係
×：オオムギ，○：エンバク，△：コムギ，■：テンサイ，＊：エンドウ．（スウェーデン・VÄDERSTAD 社の資料を改図）．

部周辺の土を破砕する作用をする．作物残渣などを地表に残す保全耕うん，ミニマムティレージ（後述）に用いる．乾燥地や土壌侵食を受けやすい地域で利用が増えている．

　耕起の際に加えられるトラクタなどの重量を受けて，耕起された作土の下に緻密な土の層（鋤床，耕盤）ができる．一般に，土壌の密度が増すと作物の根の発達が妨げられる．機械の走行回数が増すと作物の根の伸長は耕盤に遮られて根域が浅く狭くなり，これに伴って生育および収量が悪化する．作物によって影響の受け方が異なる（図Ⅲ-7）．広い根群を形成させるためには，有機物を施用しながら深耕して深く肥沃な作土層を作ることが重要である．

（3）砕　　　土

　耕起に続いて，大きな土塊を細かく砕く「砕土（harrowing, soil crushing）」作業を行う．砕土には，人力作業では鍬，畜力利用の場合は馬鍬，トラクタ利用の場合はディスクハロー（disc harrow），ツースハロー（tooth harrow），ロータリーハロー（rotary harrow）などを用いる．

　砕土作業を通じて，雑草は細断され，それ以前に施してあった堆肥，土壌改

良資材，肥料などが作土上層の中に分散される．また，砕土によって土の中に空気が供給されて，地中温度よりも外気温が高い場合は地温が上昇し，土壌有機物の分解が進んで作物の養分として利用される無機成分の放出量が増え，土壌に吸着されていた養分の利用率も高まる．

　土壌の種類や水分状態によって，土壌の砕け具合（土壌の粒度）が異なるので，目的とする砕土状態を実現するために，用いる作業機の種類や作業の回数が異なる．

(4) 耕うん（耘）

　耕起と砕土を，牽引機械（トラクタ）から取り出した動力で駆動させた爪の回転による撹拌作用（耕うん爪の縦軸回転による水平撹拌と横軸回転による上下撹拌がある）によって1工程で同時に作業をすることを「耕うん（rotary tillage, tilling）」といったが，最近では耕起と耕うんを区別せずに「耕うん」ということも多い．現在では横軸回転のロータリ（rotary）が普及している．耕うん爪が土に打ち降ろされる方向で回転する正転（ダウンカット）型が一般的である．ロータリ耕によって作土全層が均等に細かく砕かれる．こうして形成された作土は水田には好適である．近年，爪が逆方向に回転するレーキ付き逆転（アップカット）ロータリも用いられるようになった．逆転ロータリは，プラウ＋ハローの作業によって形成される土塊配置と同様に，大きい土塊，前作残渣や堆肥を下層に，小さい土塊を上層に配置する（図Ⅲ-8）．このことによって，作土層内での透水性が高まり，雑草発生が抑えられ，播種した種の覆土や出芽がよくなり，畑作物や野菜の栽培に好適である．

　わが国では，欧米において畑の耕起用作業機として発達してきたプラウよりも，わが国の水田において牽引動力機械と耕うん用作業機が一体となって開発された「耕うん機」から発達してきたロータリの方がよく用いられている．その理由は，水田が畑におけるような土壌の構造形成を必要とせずに，後に続く代掻き（後出）作業，田植え作業を容易にするために均質的に土壌を細かくする必要があること，また，田植えや管理作業のために土壌の表面だけでなく

III. 作物栽培の技術

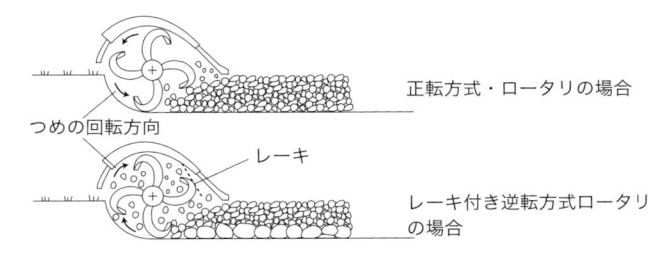

図III-8 耕起－整地の機械化作業体系によって形成される土壌環境（模式図）
（日本作物学会（編）：作物学事典，朝倉書店，2002）

耕起底面の均平が重要であること，耕起と砕土を1工程作業で行えるために1つの作業機で済み，作業が容易であることなどである．

なお近年，作物の要求するよりよい土壌の物理的な環境を作り出すために，さまざまな土壌条件と土作りの目的に対応できる各種の耕うん用作業機の開発が進められ，重粘土壌を深く粗耕うんできる駆動型ディスクプラウ，根菜類栽培のために60cmぐらいの深さまで耕うんできる深耕用ロータリなど，新しい機能を備えた各種の作業機が作り出されている．

(5) 均　　平

続いて，必要に応じて，次の工程として行われる播種や移植に備えて，圃場の表面を平らにするための「均平（leveling）」作業を行う．人力作業では均平用の各種の農具を，畜力利用では角材や板，あるいはそれにササやシバを取り付けたものを引かせ，トラクタ作業の場合には作業幅の広いツースハロー（tooth harrow），スプリングハロー（spring tooth harrow），円板ハロー（disk harrow），回転ハロー（rotary harrow）などを用いる（図III-9）．

特に均平が問題になるのは水田においてである．イネが2～3葉，草丈10cm程度の幼植物のときから水田に水を張って湛水状態にするので，圃場に傾斜があったり，表面に凹凸があったりすると，イネの苗が水中に没してしまったり，逆に土壌表面が水上に露出して雑草が生えやすくなったりするから

である．1枚の圃場の面積が大きくなるほど均平が難しくなる．近年増えてきている今までの30a区画を越える1ha（1万m^2）以上の大区画圃場では，均平作業精度を高めるためにレーザーを利用したドーザが用いられている（図Ⅲ-10）．耕うん後の凹凸の許容限界は±5cmとされている．水田の均平は次に述べる代掻き作業によって行われる．

図Ⅲ-9　ハローによる均平作業

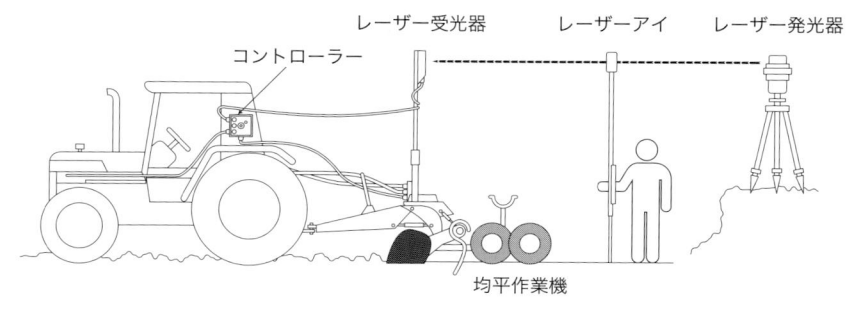

図Ⅲ-10　レーザーを利用した圃場均平作業の仕組み
（スガノ農機による）

Ⅲ．作物栽培の技術　　　　　　　　　　　　　*81*

(6) 代　　掻　　き

　水田の場合は，砕土，均平を圃場に水を湛えた状態（湛水）で「代掻き」作業によって行う．以前のように，泥田の中を歩き回りながらエブリなどの人力農具を使って代掻きを行うのは重労働であった．馬に櫛型の代掻き具や刃車型回転砕土機を引かせて作業する場合にも，また耕うん機（歩行用トラクタ）に篭型車輪を装着して均平板やロータリを用いて代掻きをするようになっても歩行を伴うために労働負担は大きかった．しかし，現在ではトラクタに乗ってロータリや作業幅の広い水田ロータ，代掻き用均平機を駆動させながら，高速作業で短時間のうちに楽に代掻きを済ますことができるようになった（図Ⅲ-11）．

　二毛作田でムギ類の収穫後に水稲を作付ける場合には，田植えまでの作業期間が短いために，「うないがき」といって耕うん前に田に水を入れて，ロータリで耕うんと代掻きを同時に行うことがある．

　代掻きには，水中で土を撹拌することによって土壌の粒子を分散させ，柔らかい苗を挿しやすい土壌状態を作り出し，また，人畜の足や機械の走行部によっ

図Ⅲ-11　水田の代掻き作業

て耕起底面を踏み付けて，雑草を埋没させ，水田の水が必要以上に漏れないように土壌に不透水層を形成させる作用がある．水中に懸濁した土は移動して田面の均平化を進め，また細かい土壌の粒子は沈殿して土壌の孔隙を埋めていっそう漏水しにくくする．なお，代掻きより前に肥料が施用してある場合には，代掻きを通じて肥料は均等に分散され，土壌粒子によく吸着される．ただし，代掻き後に田植えのために落水する際に，肥料成分も排出され，河川などの豊栄養化をもたらすことがあるので作業方法に気を付ける．近年では，環境への負荷をかけないように，田植えと同時にあるいは田植え後に施肥する方法も行われている．

　粘土分の多い土では不透水層が形成されやすいので代掻き回数は少なくともよいが，砂分の多い土ではよく代掻きをして漏水を防ぐようにする．

　なお，漏水を防ぐためには水田周囲の畦畔の亀裂，小動物の作った穴をふさぐために十分に畦畔を締め固め，畦塗りすることが必要である．鍬などの農具を用いて水田の泥をすくい上げて畦畔に塗り付ける．トラクタ作業では畦畔造成機が用いられる．

（7）鎮　　　圧

　整地作業の最終工程として，土の状態によっては畑の表面を鎮圧（tamping, pressing）することが必要になる．均平までの作業が終わった段階で，土壌表層が膨軟過ぎて次の工程である播種作業のための機械の走行や播種深さの均一性の維持に支障がある場合，あるいは下層からつながる毛管水が切れて土が乾き過ぎてしまい播種した種子の吸水発芽や初期生育に障害が発生しそうな場合は，鎮圧して土壌の緻密度を高めるようにする．また，作土の過湿化による湿害を防ぐために，表面を固めて雨水の浸透を抑制しようとする場合にも鎮圧する．土壌の状態と気象の変化を判断して作業する必要がある．播種後に鎮圧する場合もある．

　人手で済むときは足で踏み付けたり，鍬の背で叩いたりする．広い畑ではトラクタでローラをかける．ローラには平滑型，ソロバン玉を並べたようなケン

(8) 耕起,整地の作業体系

このようにして,作物の生育に好適な土壌環境が形成され,種子を播き,あるいは苗を移植するために好適な播種床が準備される.耕起,整地の方法によって,土壌の通気性,透水性,保水性などが異なり,また雑草の抑制の程度にも違いがあり,作物の生育に大きな影響を及ぼす.

各種の作業機の組合せによる耕起,整地の代表的な作業体系の事例を図Ⅲ-12に示した.

(9) ロータリによる水田の浅耕をめぐって

以上に述べてきたことからわかるように,耕起・整地作業の機械化が作業者の労働負担の軽減と作業能率の向上に果たした役割は著しい.しかし,機械を労働生産性の向上のためだけの手段としてだけでなく,作物の健全な生育と収量を向上させるよい環境の形成のために活用することを忘れてはならない.そ

工程 耕地	土層改良	耕起	砕土,整地		(均平)	鎮圧
水田	サブソイラー (弾丸暗渠機)	プラウ	ロータリ	代かきハロー	(レーザー 均平機)	(直接 の場合 ローラ)
			ロータリ			
		ロータリ				
畑	サブソイラー	プラウ	円板ハロー	ツースハロー	(レーザー 均平機)	ローラ
			ロータリ			
		ロータリ				

挽土板プラウ→ディスクハロー→ツースハローの場合

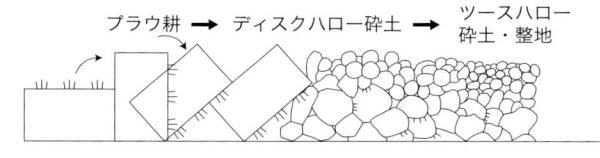

プラウ耕 → ディスクハロー砕土 → ツースハロー砕土・整地

図Ⅲ-12 耕起,整地(播種,移植床造成)のための作業体系(作業機組合せ)の例

の使い方を誤ると，逆効果をもたらしてしまうこともある．例えば，耕うんに関して次のような問題が起こった．

　過去の収量の高い水田には作土層が10～12cmの深いところが多い．ところが，水田で機械構造的に深耕のしにくいロータリによる浅耕が続いているうちに，作土の深さがそれ以前の15cmから13～14cmへと浅くなり，また作土層直下に固い鋤床層（耕盤）が形成される．このことが，水田への有機物施用の減少などと相まって，水稲の生育を不安定にしている1つの要因ではないかと問題視されるに至った．ロータリによる浅耕は省力的であり，あとに続く田植え作業も容易になる．しかし，作土層が浅くなることは土壌からイネに供給できる肥料成分の生成量が減少することを意味する．窒素の生成量を乾燥土壌100g当たり10mg，10a当たりの乾土が100tと仮定すると，作土深15cmでは15kgであったものが，10cmになると10kgに減少することになる．また，硬度が高く，還元状態が続くと鋤床層はイネの根の伸長，発達を妨げる．したがって，水稲の健全な生育を確保するためにはロータリによる耕うんに当たっては，トラクタの走行速度を少し落として，田植え作業にも支障が少ない14～15cm程度に深耕し，また水稲を作付けしていない晩秋から春先にかけての期間において土を十分に乾燥させ，エンバクやライムギなどの冬作緑肥による土層改良やすき込み，堆厩肥など有機物の施用などを組み合わせて，深く肥沃な作土を培養することが必要である．

（10）ミニマムティレージ

　逆にその一方で，土を耕起することが，作物を栽培するためにどうしても必要なことなのかという耕起の再評価を求める声が，近年になって高まってきている．特に土壌侵食や早魃による被害の大きいアメリカ合衆国では，これらの災害を防止し，また生産コストを低減しようという観点の下に，1970年代後半以来，簡易耕起（redused tillage）から不耕起（no-tillage）まで，耕起を簡略化するミニマムティレージ（minimum tillage）が広まってきている．ヨーロッパや中南米にも普及が拡大してきている．

耕起した状態の土は降雨や乾燥時の強風などによる侵食を受けやすい．特に長い傾斜面を持つ畑では，流水距離が大きくなるにつれて侵食溝が発達するので被害は大きくなる．これに対して，ミニマムティレージには侵食を防ぐ効果がある．また，ミニマムティレージには土地利用上の有利性も備えている．すなわち，土壌水分の保持力向上，蒸発量の減少などにより乾燥しやすい条件の場所の作付け期間が拡大し，その一方で，降雨や湿潤のために耕起できない場所，あるいは時期における作物の作付けを可能にする．また，耕起作業時間が短縮された分の時間を収穫や作付作業に当てることによって，作付面積を拡大することができる．耕起，耕うん作業は農作業の中で最も大きな動力馬力を必要とする重作業である．したがって，この作業の省力化あるいは省略をはかることは，農業生産の省資源・低コスト化にとって大きな意義がある．さらに，不耕起がある程度継続されると土壌の表層は固くなるが，中下層には土壌の収縮，残根，ミミズなどの作用によって透水性，通気性，団粒安定性の高い構造が形成され，作物の根系発達にとって優れた条件が形成される．

ミニマムティレージには，播種する部分だけを起こす帯状耕うん（strip tillage），土を反転，撹拌しないチゼルプラウを用いた溝切り耕（chisel plow planting），前作残渣で地表面を覆っておいて耕起せずに直接播種する不耕起直播（no-tillage stuble mulch direct planting）など，気象，土壌，地形，栽培する作物と作物の作付けの順序などの条件に応じてさまざまな方法がある．ミニマムティレージによる栽培を行っても作物収量は低下せず，条件次第でむしろ収量が向上する場合もある（表Ⅲ-2）．

表Ⅲ-2 耕起栽培と不耕起栽培におけるダイズおよびコムギの収量

年次	土壌	ダイズ			コムギ		
		耕起 g/m²	不耕起 g/m²	対耕起 (%)	耕起 g/m²	不耕起 g/m²	対耕起 (%)
1994年	重粘土	422	457	108	464	482	104
1995年	重粘土	325	329	101	663	600	90
1996年	泥炭土	359	343	96	627	624	100
1997年	灰色低地土	331	337	102	617	638	108

坪刈り収量のデータ．対耕起は不耕起区の収量の耕起区に対する比率．（農研センター，1997）

わが国では，ミニマムティレージが広がりつつある諸国に比べて，降雨の機会，量ともにはるかに多く，また水田農業が中心で，大規模な畑作が少ないために，地形が急峻であるにもかかわらず土壌侵食や干害があまり問題にならないこともあって，ミニマムティレージの必要性は小さかった．わが国において不耕起栽培の実施例が多いのは，寡雨で急傾斜地や乾きやすい花崗岩マサ土の畑の多い瀬戸内沿岸地域である．しかし，最近では，省エネルギー的で，耕地生態系を維持した有機的農業生産に適した方法であるという観点から，不耕起栽培やミニマムティレージが注目されている．

　ところで，ミニマムティレージの欠点として，雑草，害虫，病気，ネズミなどの発生による障害を防止しにくい，土壌温度が低い，土壌表面のpHが低下するなどがあげられる．なかでも最大の問題点は雑草防除である．アメリカ合衆国でのミニマムティレージの急速な普及は，有効な除草剤の開発と符合している．また，耕起しない方が，土壌中の雑草種子を覚醒させないので雑草発生を抑えやすいという報告もある．わが国は欧米諸国よりも一般に温暖，湿潤であるために雑草の種類も発生量も多いので，ミニマムティレージの実施に当たっては欧米以上に雑草防除対策が重要になり，除草剤の活用に限らず輪作，被覆作物の導入，機械的除草などを組み合わせた総合的な雑草防除対策が不可欠となる．

3．施　　　　　肥

(1) 施　肥　と　は

　植物は生命活動を維持し，生長するうえで不可欠なタンパク質，核酸，脂質などの物質を，光合成産物である炭水化物に種々の無機塩類を結合させて生合成する．これらの無機塩類は，主として土壌から根を通じて吸収される．これらの天然から供給される無機塩類の量は，多収や良質という栽培目的のためには十分ではないことが多いため，不足する無機塩類あるいはこの供給源となる

Ⅲ. 作物栽培の技術

物質を作物に与えることを施肥という.

かつては,焼畑のように,樹木などを焼き払い,草木灰に含まれる無機塩類を施肥していた.しかし,耕地では収穫物が持ち去られるため,これらの無機塩類は年々減少し,作物収量もこれに並行して低下する.したがって,草木灰を与える以外の施肥技術を持たなかった当時は,数年ごとに新たに森林を焼き,耕地とする農耕形態をとらざるをえなかった.やがて,このような耕地を移動することができない諸事情が生じ,定着して作物栽培を行うに至ると,この不足する無機塩類を何らかの方法で耕地に供給することが不可欠となった.こうして,家畜や人間の糞尿,山の下草などの有機物を主体とした施肥から,その後,近年の「化学肥料万能」の時代へと変化した.最近は,食糧需要の急速な増大に伴って,本来は栽培に不適な不良土壌にまで作物栽培が拡大され,酸性土壌,アルカリ性土壌における鉄,アルミニウム,マグネシウム,塩化ナトリウムなどの過剰による生育障害が問題となった.また,農産物貿易の増大,人口増に伴う環境への窒素,リン酸などの過剰排出,過剰蓄積が問題となるに至った.これに伴い,施肥という技術の内容も,かつてのように単に不足する栄養塩類を供給するだけではなく,利用不可能な無機塩類を吸収可能とするための土壌の酸性度の矯正,耕起,除草などの圃場管理,過剰な無機塩類を除去するための資材投入,中干しおよびかけ流しなどの圃場の水管理,さらには作物による養分収支,土壌微生物相の変化を活用する輪作など,広範な内容を含めて考慮することが必要となっている.

(2) 施肥の対象となる栄養塩類

植物の生育に必須とされる元素のうち,窒素,リン酸,カリは大量要素と呼ばれ,ほとんどの栽培において天然供給量だけでは十分ではなく,施肥の必要度が高い塩類である.これ以外の土壌鉱物から供給されるカルシウム,マグネシウム,硫黄などは,前者ほど大量には必要とされないが,比較的多くを必要とされるため,中量要素と呼ばれ,さらには微量要素と呼ばれる鉄,亜鉛,マンガンなどの無機塩類がある.作物によっては13の必須元素以外にも,ケイ素,

ナトリウム，ヨウ素，アルミニウムなど，施肥による効果が認められる場合がある．

　中量・微量要素の多くは，環境から十分に摂取可能である場合も多く，また，施肥の必要があっても，その量は小さい．また，十分に与えても過剰にならないため，生育の初期あるいは欠乏症状の現れたときにわずかな量を施肥すれば十分である場合が多く，不足する無機塩類の種類が同定されれば，施肥管理も比較的単純である．ただし，微量要素でも，土壌の酸性度と関連し，過剰供給が問題となる塩類については土壌の酸性度の調節などによる制御が必要である．したがって，施肥の主たる対象は，必要量が大きい大量要素にある．大量要素は，その供給により作物の生長量が大きく変化すると同時に無機塩類の施用量に適値があり，施肥法は複雑となる．リン酸の場合は，わが国の水田では比較的供給量も多い．しかし，畑作においては無効化するため不足しており，施肥の効果が高い．カリは，灌漑水，土壌からの天然供給量もかなり多いが，生育期間を通じて必要とされるため，施肥される必要がある．窒素については，過剰濃度そのものによる生育阻害，過剰吸収による過繁茂などの生育障害がみられ，栽培環境ごとに必要量に適値が存在するため，精度の高い制御を必要とする．このため，施肥といえば窒素というほど，窒素についての施肥法が作物栽培管理技術の中心となってきた．

(3) 施 肥 と 肥 料

　施肥に用いる肥料には無機質肥料と有機質肥料があり，栽培目的，経済性に応じて使い分けられる．化学肥料がない時代には，前述したような草木灰，あるいは自給的な有機物，マメ科植物のような緑肥，海産物，油かす，骨粉などの農業以外から供給される有機質肥料を用いた．稲わらなど植物の有機物は，炭素率（炭素と窒素の比）が約70，あるいはそれ以上と高いため分解が遅い．したがって，これらを直接耕地に施用するよりも，無機窒素や家畜糞尿などの有機物分解を助ける微生物の生長に必要な窒素源を加え，炭素率15〜20に調整，あらかじめ有機質分解を促進させ，堆肥として与える方が肥効が現れや

すい．また，堆肥，厩肥は，有機物分解の中間生成物である腐植を土壌に供給する．このため，無機塩類の供給という直接的効果と同時に，土壌物理性を改善し，間接的に施肥効果を高めるために重用された．しかし，このような有機質肥料は水分含量が高く，散布が容易ではないうえ，栄養塩類の濃度調節という人為的制御がほとんどできないなどの欠点があり，より簡便で効率的な施肥技術が求められた．近年，肥料工業の発達により各種の化学肥料が利用可能となり，持ち運びが容易で，必要なときに必要な量だけ施用することが可能となった．化学肥料には形状により，液肥，固形肥料，ペースト状肥料，また，単肥，複合肥料（配合肥料，化成肥料），さらには，緩効性肥料などのさまざまな形態のものがある．化成肥料と同じように袋詰めされた有機肥料も出回っており，酸性度の矯正のための石灰，苦土石灰など各種の土壌改良剤も肥料の1形態である．

(4) 施 肥 の 方 法

作物による無機塩類の吸収速度は，そのときどきの日射量や温度により刻々と変化する．一方，無機塩類の種類，例えば，アンモニア態窒素のような場合には，与える濃度が高いと根の生長を阻害するものもあり，本来は，そのときどきの無機塩類吸収の速度に応じた量を施肥することが望ましい．最新の自動水耕装置のように，変化する無機成分要求量に応じて施肥する装置，あるいは，必要量に応じて無機塩類が溶出する特性を持つ緩効性肥料のような技術が理想的ではある．しかし，経済性を考えると圃場での作物栽培に直ちに使える状況にはない．また，無機塩類は，その必要量が生育の前期，あるいは後期に限られるもの，過剰に与えても障害のないもの，過剰に与えると生育を阻害するものなどがあり，施肥の対象となる無機塩類の種類によって異なる．そこで，圃場で作物を栽培する場合には，経済性，無機塩類の吸収特性，肥料としての扱いやすさなどを勘案して，できるだけ少ない施肥回数で効果の高い施肥方法が用いられている．

播種や植付けに先立って行われる施肥は基肥，作物の育ち具合をみながら生

育途中で行われる施肥を追肥と呼ぶ．特に，早生品種のように生育期間が短い品種では，追肥は省かれることも多いが，晩生品種のように生育期間が長い品種では，基肥が吸収されたのち，穂が形成されるまでの時間が長いため追肥の必要度が高くなる．追肥は作物の種類により，また，与える時期により特有の呼び方がされる場合もある．例えば，水稲の場合には分げつ期に与える追肥を分げつ肥，つなぎ肥，穂が分化，生長する時期に与えるものを穂肥，穂が出てしまってから与えるものを実肥と呼ぶ．基肥は栄養器官の生長促進のため，多くの場合，生育中期には消失する程度が与えられる．追肥は収穫対象器官の形成・生長期に与えられ，収穫対象器官の大きさを確保し，収穫対象器官へのエネルギー供給に不可欠な光合成速度の低下を抑制するために与えられる．有機物が肥料の主体であった時代には，基肥重点の施肥が一般的であったが，化学肥料の発達，耐肥性品種の出現などにより，追肥重点の施肥法への移行と並行して，作物生産力が飛躍的に向上した．

さらに施肥には，①土壌の表層部分に与える場合，②土中深く与える場合，③移植をした条の側から一定距離のところに与えるなどの方法がみられ，それぞれ，表層追肥，深層追肥，側条施肥などと呼ばれる．

(5) 作物の種および品種，栽培目的と施肥

施肥のタイミング，施肥量および与え方は，作物の種類，栽培の目的によって大きく変化する．これまで，栽培目的には多収を目的とする場合が多かったが，最近は品質を重視するもの，有機栽培のように付加価値を重視するものなど多様である．

a．作物の種および品種と施肥

作物の無機塩類の吸収量は，生長につれて増大する．しかし，生長量は無機塩類の吸収量に比例するとは限らず，一般に，吸収された無機塩類の量当たりのバイオマス生産量は，生育が進むと低下する．この吸収された無機塩類一定量当たりのバイオマス生産量および収量は，しばしば無機塩類利用効率（NUE）

III. 作物栽培の技術

と呼ばれる．この値には，種および品種により明瞭な違いがみられ，施肥法の選択に当たって考慮されるべき重要な生理的指標である．

作物収量も生長量の場合と同様に，無機塩類吸収量の増大につれ大きくなるが，生長量の場合と異なり，一定の吸収量を超えて施肥をすると，収量は逆に

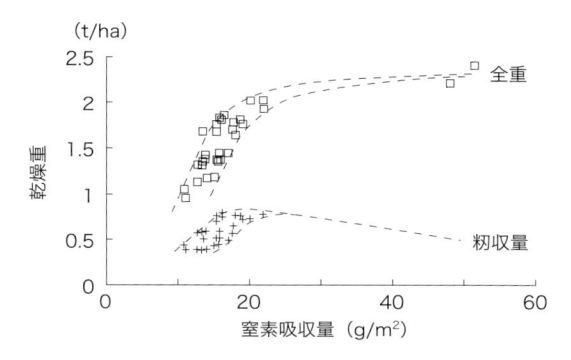

図Ⅲ-13 水稲の吸収窒素量と全乾物重，籾収量の関係

試験に用いた品種は生育期間が比較的長いIR29723-143-3-2-1であり，1984年から1988年にかけて国際稲研究所で行われた種々の試験結果をプールしたものである．かけ離れて大きい窒素吸収量は乾季において高窒素濃度の水耕下で得られた結果である．

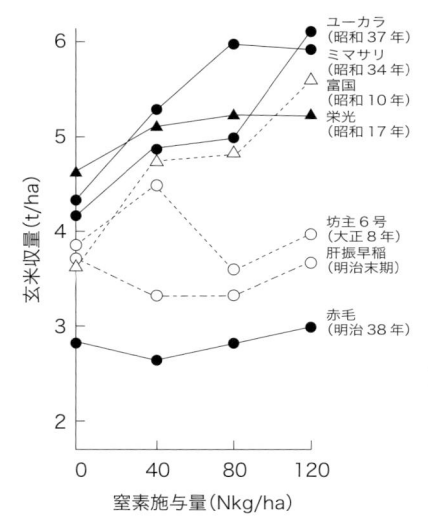

図Ⅲ-14 水稲の品種による耐肥性の違い

北海道における奨励品種の窒素に対する反応性をみたものであり，（ ）は奨励に移された年次．（田中 明，1971）

低下する．すなわち，収量に極大値をもたらす吸収量がみられる（図Ⅲ-13）．特に，窒素の場合にこの適値が明瞭にみられ，この適値は作物あるいは品種により異なる．この吸収窒素の高低は高い窒素施肥に対する耐性を示す指標であり，高い窒素吸収量まで過繁茂現象を伴わず，収量が増加する場合に耐肥性が高いという（図Ⅲ-14）．この耐肥性，窒素固定速度，あるいは NUE などの種および品種による違いに応じて施肥の方法が異なる．また，窒素固定を行う作物では他の作物に比べて窒素の施用量を減らすことが可能であり，塊根を収穫するカンショではカリ肥料の施用効果が高く，集約管理の可能な野菜などでは全般にどの無機塩類も施用量が高いなど，特徴ある施肥が行われる．

b．多収栽培

近年の作物生産力の向上は，施肥量をこれまで以上に増やしても多肥による弊害が現れず，増収につながる栽培法が確立されたことによる．実際に提案された多収穫栽培技術には，「V字型稲作」，「への字型稲作」，「深層追肥稲作」，「○○式稲作」など無数のものがあるが，それぞれ気象，品種，作季，土地改良・基盤整備状況の違いに対応して提案されたものがほとんどであり，有効性も特定の条件の組合せのもとでのみ成り立つものが多い．例えば，深層追肥技術は関東から東北の稲作の多収化に大きく寄与した技術であるが，暖地，北海道では有効性を報じたものはほとんどない．また，かつての伝統的な背の高い品種に「V字型稲作」技術を導入しても倒伏を助長し，多収とはならない．これらの多様な多肥多収栽培技術の成立をもたらした原点は，生育期間が短く，半矮性の耐肥性品種の開発にあった．このような品種開発に伴い，施肥の体系も基肥依存性の強いものから，生育後半の収量形成期を中心とした追肥重点型への変化が可能となった．このように，後期追肥が有効となった背景には，結果的に登熟期間の積算日射量を高めた作期移動技術がある．登熟期間の積算日射量を高めることは，過繁茂を避けて十分なシンク量を確保すること，登熟期間の光エネルギー固定量の増大という多収に不可欠な条件の改善に非常に効果的であった．また，このような多肥下では病虫害が多発し，これを防除する技術の

開発が不可欠となるが，このような防除技術も化学工業技術の進展と並行して開発された農薬により解決され，作物生産力の飛躍的向上がもたらされた．関東地方の水稲を例にすれば，昭和40年代半ばまでは，麦作，普及品種の早晩性，灌漑水利用との関係で，出穂期は9月に入るのが一般的であった．しかし，早生品種，早植え技術の開発，麦作の減少などにより，これが8月初めに移動することが可能となった．その結果，登熟期間の積算日射量が飛躍的に向上し，施肥効果も高まることとなった．このように，早生品種の開発，早植え，後期追肥重点型施肥などの栽培技術の進歩により，まず登熟期の日射量を高められるような作期の選択が可能となったことが多収の根底となった．したがって，現在でも，登熟期の日射量が小さい9月に出穂するような栽培においては，いかなる施肥法を用いようとも，施肥法をいかに改善しようとも現在の水準を超えて多収となることはない．要は，気象による生産ポテンシャル（気象生産力[注]）を引き出すための最善の施肥法を与えられた栽培条件や地域に応じて確立することであり，いつでもどこでも成り立つ特定の多収栽培技術が存在するということはない．このように，多収のためには単に施肥法のみを改善する効果はそれほど大きいものではなく，品種の選択，作期の移動などの栽培技術と連携して初めて，施肥法の改善が作物生産力に反映される．

c．高品質・高付加価値栽培

作物栽培における収益性は，収量と品質の積で与えられるのであり，施肥量は収益性を最大化するように決められる．したがって，園芸作物のように収益性の高い作物の栽培，また，圃場で栽培する作物でも生産過剰傾向になり，品質のよさ，味が強く求められる場合には，必然的に収量よりも質を優先させる栽培法がとられる．良質かつ多収を満たす施肥法があれば理想的ではあるが，

[注] 各地で最善の管理法を用いて栽培された水稲の収量は，登熟期の気象条件，特に日射量と温度に強い関連性を示すことから，地域ごとの水稲生産力ポテンシャルを求める方式が村田により提案された．この方式の有効性はその後の研究者により実証され，現在はコンピューター技術の発達により，水稲生産力の地域性の検討などに有効活用されている．

収量性と品質の間には往々にして負の相関がみられる．また，多くの場合，作物の品質は無機塩類の含量と負の相関を示すため，高品質を目指す場合には多収栽培の場合と異なる施肥法がとられる．多収のためには生育後期に多量の追肥を与えることを前述したが，イネの場合のように収穫対象となる器官の窒素濃度の増大は，しばしば品質や味の低下をきたす．このため，品質や味を優先する場合には，収量は犠牲にしても，生育後期の施肥量を控え，品質や味の低下を防ぐ．このために，深層追肥などのような技術は，よほど適したところでない限り使われなくなっている．また，採種あるいは有機栽培のように高い付加価値を目的とする栽培においても，施肥法は多収栽培，良食味栽培の場合と異なる．

d．安定栽培と施肥

一般に，作物生産力とその安定性は相反する動きをする．高い生産力を求めれば，種々の環境ストレスに対する生産の安定性は低下する．環境ストレスに対して安定性の高い栽培を目指すには，生育量を抑制気味に育てればよい．しかし，これでは収量があがらない．したがって，栽培地における種々のストレスの程度と，期待する生産量を勘案して施肥水準を決めている．作物栽培に当たって特に問題となる点は，通常，収量をできるだけ高めることが求められ，生育期間を通じて良好な生育をさせるべく管理がなされる．このような状況下にある作物に，あるとき突然に環境ストレスが加わると，作物の被害が大きくなる．したがって，これらの突発的なストレスに遭遇することが予期される場合には，これらのストレスに対応できるように，灌漑設備の整備，低温抵抗性品種の開発，温室，病害虫防除技術などを整備することが必要となる．このような技術がない場合には，施肥量を控えることにより，収量水準を下げてでも被害の軽減をはかるところとなる．地球規模的に異常気象は頻発しており，作物生産をより高位安定化させる施肥管理システムの開発に期待が寄せられているが，当面，気象の予測技術確立の見通しはなく，施肥管理による農業生産の安定化にも限度がある．

(6) 施肥量の求め方とその根拠

　作物による無機塩類の吸収特性は，前述した無機塩類利用効率（NUE）と同時に，時間当たり吸収速度（NUR, $g/m^2/day$ または期間）と，この積分値である一定期間中の無機塩類の吸収量とにより把握することができる（☞ 図Ⅲ-17）．作物がある栽培目的のために必要とするNURから，天然からの無機塩類供給速度（NSR, $g/m^2/day$ または期間）を差し引いた値が不足している無機塩類の供給速度（NDR, $g/m^2/day$ または期間）となり（Ⅲ・1）式，この値をもとに施肥量が推定される．水耕や砂耕のような培地では，単純にNURとNSRの差から求められるNDRに対応する量を与えればよい．しかし，耕地のように土壌という複雑な培地を介して無機塩類が供給される場合には，実際に与えるべき無機塩類量はNDRよりはるかに大きな値となる．これは，耕地では作物に利用されずに失われる無機塩類の量が大きいためである．多くの無機塩類が利用されずに失われる理由は，施肥した肥料が，土壌粒子や腐植の電気的性質，土性，水分条件などの土壌の物理化学的性質，さらには，微生物による有機物分解作用の強弱，作物自体の根域の発達程度などの生物的諸要因など，さまざまな要因によりその多くが失われるからである（図Ⅲ-15）．あらかじめ与えた無機塩類の量と，このうち有効に利用された量の比，すなわち，無機塩類有効利用率（f）がわかれば，NDRをfで除して実際に施肥すべき無機塩類の供給速度（NFR, $g/m^2/day$ または期間）が（Ⅲ・2）式で求められる．しかし，実際には，このfはあまりに複雑で計算では求めにくかったため，施肥試験の結果に基づいて，経験的に求められてきた．最近は，このような土壌中の無機塩類の動態もシミュレーション技術の進歩により少しずつ定量的扱いが可能となりつつある．具体的な肥料の施用量（FRR, g/m^2）はNFRを与える肥料の無機塩類含量（e）で除した（Ⅲ・3）式により与えられる．

$$\text{NDR} = \text{NUR} - \text{NSR} \qquad (Ⅲ・1)$$

$$\text{NFR} = \text{NDR}/f \qquad (Ⅲ・2)$$

$$\text{FRR} = \text{NFR}/e \qquad (Ⅲ・3)$$

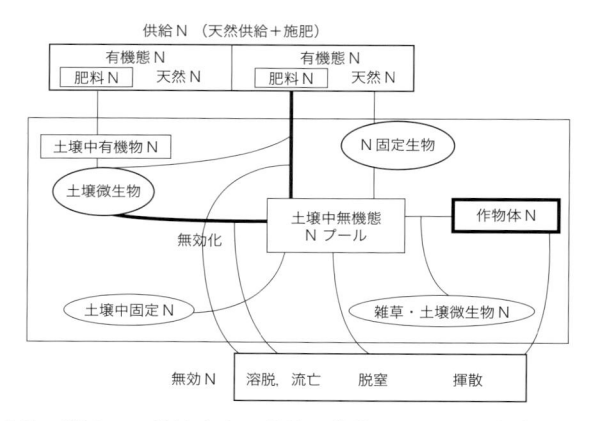

図Ⅲ-15 耕地への供給窒素の動態と作物による吸収窒素の模式図
（野々山芳夫・吉沢孝之，1989）

（7）施肥量の決定過程に関与する諸要因

　前述した耕地における施肥量の決定過程で実際に関わる要因は非常に多く，その主なものについて具体的な関与の方法を以下に要約する．

　作物による無機塩類の必要量は，栽培目的と同時に，耐肥性，窒素固定速度，あるいは無機塩類利用効率（NUE）のような作物自体の要因により決まってくる．したがって，特定の栽培目的が決まり，気象条件などの情報が与えられれば，過去に蓄積された経験をもとにして生育時期ごとの無機塩類必要量が推定可能となる．このように，無機塩類の必要量は仮に得られたとしても，これを供給する過程に関与する要因が多く，また，要因間には相互作用もある．

a．天然からの無機塩類供給速度

　天然から作物に供給される無機塩類には，耕地の土壌自体から供給されるものと，耕地を取りまく環境から耕地に流入してくるものがある．前者は，作物に利用可能な土壌中の無機塩類であり，肥沃度（地力）とも呼ばれる．後者は，生活排水，畜産廃棄物など，灌漑水を通じて耕地に供給される無機塩類である．

1）土壌からの供給

　土壌からの無機塩類の供給源としては，前作において使われずに残存した無機塩類，土壌の母材となる粘土鉱物，根粒菌やラン藻など微生物による固定，土壌中の有機物などがある．しかし，これらの無機塩類の供給源に存在する無機塩類すべてが，作物により吸収可能とはならない．作物に利用可能な無機塩類の量は，土壌の酸性度，土壌中の微生物活動，耕起や除草などの栽培条件によって大きく変化する．供給源のうち，前作物の栽培による残存無機塩類量や根粒，ラン藻などによる窒素固定量を推定することはそれほど困難ではない．しかし，作物により利用可能な量は理論的に求めることが困難な場合が多い．この理由は，土壌においては土壌の物理化学的特性のみではなく，微生物の繁殖速度などの生物的要因が関与し，これらに影響を及ぼす土壌温度，炭素と窒素の比率，土壌 pH，栽培条件などによっても利用可能量が変化するためである．

　i）土　壌　要　因　　土壌には，酸性，アルカリ性程度が作物の生育に適当な範囲にないもの，特定の養分が著しく欠乏しているもの，さらには有機物含量，腐食の量が異なり，土壌中の好気性・嫌気性細菌，放線菌，糸状菌，土壌病原菌，ソウ類，線虫，ミミズなどの小動物などの活動度の違うものなど，実に多様なものがある．したがって，土壌の理化学的性質，土に共生するバイオームの種類などが大きく異なり，土壌からの天然供給量，施肥された塩類の吸収率が変化する．

　土壌の物理化学性に関わる諸要因としては，例えば，わが国のように多雨地帯ではカルシウム，カリウム，マグネシウムなどの塩基が溶脱されやすく，土壌が酸性となり，土壌中の微生物の活動は一般に弱くなり，有機物の分解や硝酸化成が抑えられ，アルミニウムやマンガン過剰を引き起こし，ひいては，リン酸などの無効化が進む．また，大陸の内陸部のような乾燥気候下では溶脱された塩類が集積し，過剰な塩類や，高アルカリによるほかの無機塩類の吸収阻害がみられる．土性については，粘土が多く，陽イオン交換容量の大きい土では肥料塩類の保有量が大きく，溶脱しにくいため，施肥量，施肥回数ともに少なくてすむ．一方，砂質土壌のように透水性が高い場合には，施肥した肥料の

流亡が大きく，施肥量は高くなる．

　土壌からの供給可能な無機塩類の量を求める過程の中で，特に複雑なのは窒素の有機化，無機化に関わるものである．例えば，有機態の窒素は，無機化過程を経てアンモニア態窒素となり，漸次，硝酸態窒素に酸化され（硝化作用），作物に利用可能となる．また，当初から土壌中に存在した無機態窒素量は加えた有機物量に応じて，一度，微生物体中に取り込まれ（有機化），この微生物が死滅して初めて無機態の窒素が放出される（無機化）ため，一時的に土壌中の無機態窒素量は低下する（☞ 図Ⅲ-15）．このように，土壌中の窒素を有機化する微生物活動，微生物のバイオマス，これが死滅して無機態窒素として放出される過程に関与する諸要因により，土壌からの窒素供給速度は大きく影響を受ける．

　ⅱ）栽　培　法　最近話題となっている不耕起栽培においては，土壌を攪拌しないため，土壌細菌の繁殖量が少なく，生育の初期には利用可能な無機塩類の量は小さいが，生育後半には温度の上昇とともに蓄積されている有機物の無機化が急速に進み，土壌からの供給量が大きく異なるため，追肥量を軽減することが可能となる（図Ⅲ-16）．また，休閑，輪作，田畑輪換などの耕地の管理の方法により無機塩類供給速度は変動し，水田から畑への転換初年目には急速な無機化により窒素過多を引き起こすこと，同じ時期に栽培する場合でも，それ以前の耕地の使用状況によって土壌からの無機塩類の供給速度は大

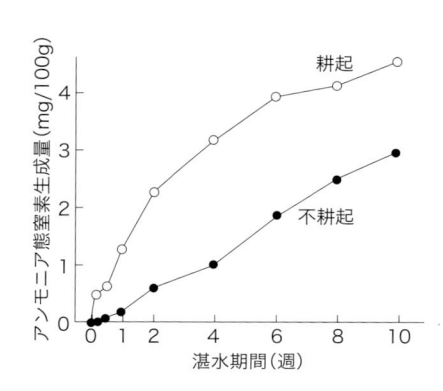

図Ⅲ-16　耕起条件の違いによるアンモニア態窒素生成量の推移
神辺土壌を30℃，湿潤条件下でインキュベートした．（野々山芳夫・吉沢孝之，1989）

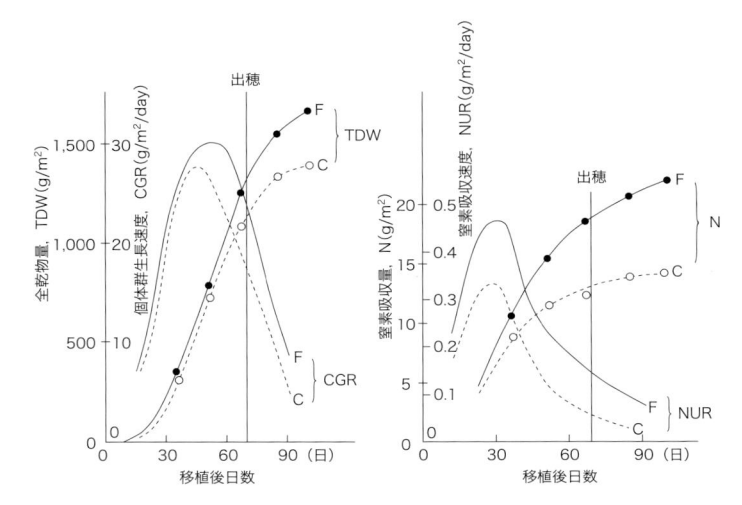

図Ⅲ-17 水稲品種IR64を雨季に半年間休閑したあとに作付けした区（F）と休閑をせずに雨季にも連続して作付けした区（C）における乾季の生育量と窒素吸収量の関係

試験は1987年乾季に国際稲研究所（IRRI）で行われ，施肥量は基肥70kgN/ha，追肥1（移植27日後）40kgN/ha，追肥2（出穂25日前）40kgN/haであった．

きく変化することなどが知られている（図Ⅲ-17）．さらには，水田作か畑作かにより無機塩類の供給速度は大きく異なる．水田では，ラン藻，光合成細菌などによる窒素固定が活発となるうえ，嫌気的条件下にあるために有機物の分解速度が遅く，畑に比べて無機塩類の天然供給量は高いため，施肥量は少なくてすむ．

2）環境からの流入

かつて，化学肥料がなく，地力の低い時代には，輸入された農産物は最終的に環境に排出され，耕地の地力増強に寄与するとされ，農産物の輸入は地力の増強のためにも歓迎された．しかし近年，事情は一変し，輸入農産物は急増し，環境への莫大な無機塩類の排出を伴い農業生産の安定性を損なう水準，同時に人間生活の障害となる水準にまで達している．作物栽培には施肥すべき無機塩類の量に生育時期ごとに適値があり，制御の困難な天然からの供給速度がこの必要量を上回る場合には，生産に悪影響が出る．したがって，これを抑制，あ

るいは除去する技術開発が求められるに至っている．このような無機塩類の環境からの供給量には立地による違いが大きく，施肥に当たっては，いつの時期にどのような種類の栄養塩類が環境から耕地に供給されるのかということを把握する必要がある．

b．施肥された無機塩類の有効吸収率

前述した，土壌中に存在する吸収利用可能な無機塩類量に対する，実際に作物により吸収される無機塩類量の比，すなわち，無機塩類の有効利用率（f）に影響を及ぼす具体的要因としては，下記のようなものがある．これらの要因の単独の影響と要因間の相互作用があり，あまりにも複雑であるため，現在でもfの推定は経験により求める場合が多い．

1）肥料の形態，施用法

肥料の形状については，例えば，被覆肥料，緩効性肥料などのように，植物の要求に応じて塩類が溶出されるように調製されているものでは吸収率は高く，固形肥料，ペースト状肥料などの形態，さらには，全層施肥，深層施肥な

図Ⅲ-18　慣行施肥と深層施肥の生育に及ぼす違い
品種はともに蜜陽23号．

ど，肥料の施用法によっても利用率は大きく異なる（図Ⅲ-18）．

2）土壌要因

一般に，栄養塩類は土壌中ではイオンの形で存在するが，土壌粒子や腐植の表面はマイナスに帯電しており，硝酸イオンのような陰イオンは土壌に吸着されにくく，溶脱されやすい．また，アンモニウムイオンやカリウムイオンなどのような陽イオンは，イオン交換容量の大きさに応じて土壌粒子の表面で置換，保持され，作物の需要に応じて供給されるため溶脱されにくく，作物による利用効率も高い．この陽イオンの土壌による保持力，すなわち，陽イオン交換容量は，腐植や粘土の含量などの高い土壌ほど大きくなる．特に，窒素が硝酸態で与えられる場合，土壌に保持される量が小さく，地下水に流亡し，地下水汚染の元凶となるなど，イオンの形態が利用効率に大きな影響を及ぼす．

また，リン酸質肥料の場合には作物による利用率がきわめて悪い場合が多いが，これは火山灰土，酸性土など，アルミニウム含量が高い場合にリン酸がこれと結合し，不溶性となるためである．したがって，一度不溶化したリン酸の再利用は困難であるが，火山灰土などでも石灰を与え，土壌を中和することにより，新たに施肥したリン酸肥料の吸収利用率は改善される．水田のように土壌が還元状態にある場合には，pHが上昇し，リン酸も作物に吸収されやい．

窒素の場合には，供給形態が陰イオンであるか，陽イオンであるかという問題と同時に，水田においてアンモニア態窒素肥料が施用された場合には，脱窒作用の問題がある．すなわち，水田表面の酸化層にこれが施用されると，硝酸に酸化され，これが下層の還元層に達して窒素ガスになり，空気中に失われる．したがって，アンモニア態窒素肥料を土壌表層に施肥するか，土壌深くの還元層に施用するかによって，利用率 f の値が変化し，これが根拠となって全層施肥法が開発された．

また，土性，すなわち土壌粒子の大きさも利用率に大きな影響を及ぼし，砂質土壌のように，養水分を蓄える能力が低いもの，粘土質のように無機塩類保持力は高いが，排水不良となりやすく，作物の根への酸素供給不足により生育不良を引き起こす場合などにも利用率は低下する．

3）作物側の要因

作物側の要因としては，無機塩類の吸収に関わる根系の大きさ，生理活性の影響が大きい．耕地では，無機塩類は水耕のように培地中に均質に分布するわけではないうえ，物理的拡散による移動もそれほど大きくはない．したがって，無機塩類が存在する土壌中に根が伸長していかなければ吸収はされない．このため，生育初期のように根系が小さい場合には，吸収されずに溶脱される量が多くなり，利用率が低くなる．しかし，生育後期には根系が大きくなるため吸収利用率は高くなり，追肥への依存度が高まるにつれて相対的に肥料の利用率は高くなる．さらに，根が十分に伸張し，その量が多くても，有害物質などにより根の生理的活性が阻害されれば，吸収量は低下し，利用率の低下をきたす．また，温度が高く，窒素吸収量が高い場合には，植物体からの揮散などにより吸収した窒素が失われることがあり，利用率を低下させる．

4）その他の要因

肥料として与えられた塩類を作物と競合して利用する雑草，微生物などのバイオームの現存量は，利用率に大きな影響を及ぼす．また，気象要因，特に地温は有機化，無機化の速度を支配する土壌微生物の現存量に大きな影響を及ぼすため，利用率も低下する．また，降雨，灌漑による流亡も利用率には大きな影響を及ぼす．

（8）施肥の実際と地域性

前述した，施肥量の決め方，施肥についての基本的な考え方，施肥に当たっての原則を科学的に理解していることは，実際の施肥に当たっての応用性を高めるためには重要なことである．しかし，各地域の具体的施肥基準など，実際の農業場面における施肥量は，これらの過程に関わる要因をいちいち評価して求められているわけではない．実用的な施肥基準は，施肥量の計算過程に関与する要因があまりに多く，かつ，相互作用があり複雑なため，各地域ごとに試験研究機関を置き，施肥試験を行った結果に基づいて経験的に求めている．

このような施肥法の地域性を決めている主要な要因は，気象，土壌およびそ

こに住む人間が選択し，栽培する作物の種および品種である．作物の種および品種は，各地域の気象，土壌などに応じて，その地域に最も適したものが選択あるいは育種されており，この材料の特性に応じた施肥が行われる．また，夏作物か，冬作物か，同じ種の中でもどのような栽培目的に応じて開発された品種であるかによっても施肥の方法は異なる．

　施肥法の地域性を規定する最大の要因は土壌である．土壌は，岩石を構成する鉱物の種類，気象，微生物の相互作用の結果として生成され，これらの組合せが異なる各地では，無数の土壌類型が生じる．すなわち，土壌の母材となる岩石を構成する鉱物の種類が違えば土壌は異なり，母材が同じでも土壌化される過程に関わる気象が違えば土壌は異なったものとなる．さらには，各地の気象に応じて土壌化に関わる微生物などの相も異なるため，土壌類型はさらに多様となり，施肥法も多様となる．

　気象要因としては，土壌中の微生物活動，無機化量を支配する地温の影響が最も大きい．しかし，地温は気温や日射量と並行して変動する場合が多く，結果的に日射量と気温が施肥を判断するよりどころとなる．日射量と気温は，作物の生長速度をも強く支配するため，無機化された塩類の利用速度にも影響を及ぼし，施肥の地域性を強く規定する結果となる．このため，同じ作物，例えばイネを温帯と熱帯で栽培する場合には，施肥法は大きく異なる．

　温帯では，生育の初期は低温下にあり，次第に温度が高くなって，出穂期から成熟期には再び温度が下がる環境の中で栽培される．このような場合には，初期の気温が低く，土壌中での無機化量も小さいが，生育の後半まで有機物は残存し，徐々に無機化されるために地力窒素などの供給が継続し，追肥量は暖地の場合ほど大きくなくても済む．ただし，寒地であっても砂質の土壌では，土壌による栄養塩類の保持力が小さく，追肥が必要となる．

　一方，熱帯のような作物の生育初期の気温が高い場所において，畑作の場合は土壌中の窒素量などは温帯地域に比べて低いため，高い施肥量を必要とする．また，水田など比較的地力が高い場合にも無機化が早く進行し，生育初期の天然供給量は多く初期生育はよいが，生育後半には有機物が減少するため，追肥

量を増やす必要がある．また，降雨量は，作物の分布や生産力を規定する主要な要因であり，施肥法にも降雨量の違いを通じた地域性が強くみられる．さらには，溶脱，流亡，分解量が小さい水田に作付けする作物の場合は，畑作物に比べて施肥量は少なくてすむことなどが知られている．特に，降雨量と関連した畑作と水田作の間では，前述したように，無機化の様相，流亡量，持続性の高さなどに大きな違いがあり，施肥の方法は全く異なる．

(9) 施肥をめぐる最近の動き

　無機塩類の欠乏，過剰，作物の生育への影響についての栄養生理研究，栽培研究は，農学の中心的分野であった．この分野の研究の進展はめざましく，工業的肥料製造技術，土壌改良，基盤整備などの進展ともあいまって，施肥法も大きく改善された．この結果，わが国では無機塩類の過不足による栽培上の問題は少なくなり，不良土壌での栄養障害が的確に診断できる研究者すらいなくなりつつある．しかし，これだけ施肥法についての科学が進歩した現在でも，地域ごとの施肥法や，種および品種が変化したときの施肥基準は経験によっている．これは，それなりに合理的な施肥法の決め方ではあるが，膨大な人と費用を要し，再現性に乏しい．したがって，より簡便にして合理性は保ちうる施肥法の開発への期待も高く，このような施肥法をめざした努力がなされてきた．葉の色，窒素含量などの無機塩類含量を緑色程度を異にする糸をセットにした葉色判定板や色票板などはその例であるが，広く普及するまでには至らなかった．しかし最近は，エレクトロニクス技術の進歩により色素計あるいは無機成分含量測定計が開発されると同時に，作物生長過程のシミュレーション技術も進歩し，生育各時期ごとの無機塩類必要量の推定精度も向上しつつある．このような諸技術の進歩により，土の持つ複雑な特性を可能な限り捨象でき，地域ごとの施肥基準なども，単純かつ合理的に推定可能な施肥管理システムの普及の可能性が高まりつつある．

　現在，先進諸国では，このような合理的施肥管理システムと同時に，土という生態系の多様性の喪失，環境への負荷の増大が大きな問題となっており，有

機質と化学肥料利用のバランスのとれた施肥法，緩効性肥料，側条施肥，「precision management」[注]などに関心が寄せられている．また，飽食の時代を反映して，良食味化，高品質化，高付加価値化のための肥培管理技術，有機農法などにも大きな関心が寄せられている．さらには，環境の富栄養化問題を軽減するために，畜産廃棄物，汚泥などの有機物の再利用（循環利用技術）にも関心が寄せられている．しかし，このような技術の普及は，単に技術のみで解決される問題ではなく，社会的関心がいかに高くとも，何らかの方法で農家がこれを使いうるような環境ができあがることが前提となる．

一方，肥料価格が相対的に高い開発途上国を中心とした農業地帯での施肥管理においては，農業の持続的発展のための施肥管理と同時に，肥料の利用効率，塩類土壌，強酸性などの障害土壌問題が現在でも最も大きな関心の対象である．

4．播種，育苗，植付け

(1) 播　　　種

種子を育苗のための播き床，あるいは耕地の土壌に直接播くことを播種という．

選種，種子予措，播種の方法，播種時期，播種密度などはいずれも作物の生育や収量に大きな影響を与えるとともに，収穫物の品質や価格にも影響を及ぼす．

a．選　　　種

播種に当たっては，まず優良な種子を選び出す必要があり，これを選種とい

注）人工衛星からのデータにより，圃場内での地力差に起因する株の間での生育差の情報を入手，この生育の不均一性の情報を施肥や農薬散布用作業機に電送，作業機は散布量を自動調整するシステムである．これにより，無駄な肥料や農薬の散布がなくなり，防除が効率化すると同時に，環境への負荷が最小限に抑えられる．

う．選種においては，まず，雑草の種子，他作物の種子，夾雑物などを除いて種子の清潔度を高めるとともに，子実重や容積重が大きく，発芽率，発芽勢の高い種子を選ぶ．同時に病菌や害虫に侵されたり，これらが付着していない種子を選ぶことも重要である．

一般に手選や篩選，風選，比重選によって選種を行う．種子の比重，長さ，表面の粗滑，色彩などの違いに基づいて機械（選別機）によっても選別される．

b．種子予措

種子伝染性の病害を防ぐため，種子消毒が行われる．種子の表面に付着していたり種子内に入っている病原菌に対しては，薬剤（液剤浸漬，粉剤紛衣）や温湯法，冷水温湯浸法などによって消毒する．ウイルス病の防除に高温で数日間乾燥させる乾熱消毒法がとられる作物もある．

播種前に休眠打破の処理が必要な作物もある．例えば，夏播きホウレンソウでは数日間60℃の高温処理で種子の休眠を打破してから播種する．ナス科，アブラナ科，キク科の野菜などの休眠種子に対して，ジベレリンやチオ尿素処理が有効である．マメ科の牧草に多くみられるように，種皮の水に対する透水性が低いために発芽できない種子（硬実）は必要に応じて人為的に種皮に傷を付けたり，硫酸などで処理したりして吸水を可能にする．最近は，発芽勢など発芽特性の向上のために，種子を無機塩類やポリエチレングリコールなどの高浸透圧液に浸漬して，発芽直前の段階まで発芽過程を進める処理（プライミング処理）も行われている．

c．播種時期

作物の発芽や生育，収量は温度や日長などの自然環境条件によって大きな影響を受ける．実際の播種期はこれらに加えて，病害虫や気象災害の発生の回避，労働配分，土地利用や市場との関係などを考慮して決められる（図Ⅲ-19，20）．例えば，水稲の早植栽培や早期栽培では，早く播種し，移植することによって生育期間を長くして収量を高めたり，あるいは台風を避けたり，早場米

III. 作物栽培の技術

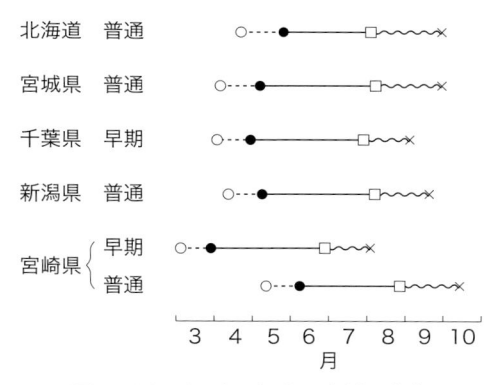

図III-19 わが国各地の水稲の作期
平成15年産作物統計より作図. ○, ●, □, ×はそれぞれ播種, 移植, 出穂, 収穫最盛期を示す. 早期, 普通はそれぞれ早期栽培, 普通期栽培を示す.

図III-20 わが国におけるジャガイモの主な作型と品種
○······○：植付け期, ◎〜〜◎：収穫期, ⌒：ハウス, ⌒：トンネルマルチ.
(猪野 誠, 1987を一部改)

として早期に収穫することが目的となる. 温度は播種期を決定する重要な要因である. 播種時期の低温は種子の発芽や幼植物の生育に影響を及ぼすので, これを考慮して播種時期が決められる. 夏作物では生育に障害となる秋冷期が到来する前に生育を完了させる必要があるので, これ考慮して播種する時期が決

められる．温度は花芽の分化，発育にも影響する．花芽の分化に低温が必要な秋播き性のコムギなどは秋に播付けを行う必要がある．一方，栄養生長器官を利用する野菜では，生育期間中に抽台が問題とならない時期に播種する必要がある．感光性も播種期を決定する要因となる．西南暖地など，夏作物の生育可能期間の比較的長い地域では，品種の生態型に応じて播種期が決められる．

d．播種方法

播種は整地作業に着目すると，あらかじめ耕起，整地して播種する整地播き，整地作業を一部もしくは全部省略して播種する不整地播き，および高畝を作りその上に播種（植付け）する畝立て播きに分けられる．不整地播きには，部分全層播種，全面全層播種，多株穴播き，不耕起播種，部分耕播種，簡易耕播種などが含まれる．

耕地における播種様式には，散播，点播，条播がある．

散播は耕地全面に種子を撒き散らす方法で，一般にその後ロータリーやハローで浅く撹拌して種子を土に混合させ，覆土（後出）にかえる．高い密度が実現できるため，種子が小粒で初期生育の遅い牧草類やムギ類などで行われる．しかし，播種後の生育期における除草や薬剤散布などの管理作業が困難である．

点播は作条に一定の間隔で播種する方法で，トウモロコシ，ダイズ，ジャガイモなど種子が比較的大きく，草丈が大きくなったり，茎葉がよく繁茂する作物，あるいは種子が小さくても個体が大きくなるハクサイなどの野菜類で採用される．近年，等間隔に播種できる播種機も使われている．ポリビニルアルコールやパルプなどの薄膜テープの中に，一定間隔に種子を配置したシードテープが使われることもある．薄膜テープは，播種後に土壌水分や土壌微生物の活動によってなくなる．

条播は作条を切り，その作条に沿って不定間隔に線上もしくは帯状に播種する方法である．作条間は通常は 45～75cm である．ムギ類，雑穀，ニンジン，カブなど多くの畑作物で用いられている．条播の一種に，大型の多条播種機を利用して 15～30cm 程度の幅の狭い作条を切りながら，同時に種子を播くド

リル播きがある．高い播種密度が可能でムギ類などで行われる．

種子の大きさや形は作物によって大きく異なる．小さい種子や不整形の種子は，機械播種のために粘土などで被覆（コーティング処理）することもある．また，小粒種子に発芽力を失わせた種子や土などを増量材として混合し，播種することもある．

播種する作物種の数によって，単一作物のみを播種する単播と，2種類以上の作物を同時に播種する混播とがある．後者は飼料作物の栽培などでよく用いられる．

e．播　種　量

播種量は栽植密度に密接に関係し，作物の種類，品種の特性，種子の良否，播種法，播種時期，土壌や気象条件などによって異なる（表Ⅲ-3）．栽植密度が高すぎれば個体当たりの生育が抑制され，さらに相互遮蔽によって作物は徒長軟弱化し，風通しも悪くなり，病害虫の発生も多くなる．栽植密度が低すぎると個体の生育は良いが単位面積当たりの収量は少なくなり，また，雑草の発生が多くなる．目標とする栽植密度が決まれば，発芽率，出芽・苗立率を考慮

表Ⅲ-3　各種作物の直播栽培における播種量と栽植密度

		播種量 (kg/10a)	栽植密度 (個体/10a)	条　間 (cm)	株　間 (cm)	
水　稲	乾田直播	3～6	10万～15万	30 (条播の場合)		千葉県資料（1996）， 木本ら（1995）
	湛水直播	1.5～4.5	8万～15万	30 (条播の場合)		千葉県資料（1996）
コムギ	慣行栽培	4～5.5		60～90		戸苅・菅（1970），平野（1975）
	全層播き	5～10				星川（1980）
	ドリル播き	7～14	20万～40万	20～30		平野（1975）
トウモロコシ		1.3～5	3,700～5,500	60～90	40～50	星川（1980）
	ドリル播き	約6		40～50		星川（1980）
ダイズ		4～8	7,000～2万	50～80	7～25	宮崎・矢ヶ崎（1985）
ジャガイモ			3,500～5,000	65～75	25～40	中世古・西部（1985）
ハクサイ		0.053 ～0.080	2,220～3,700	60～75	45～60	石関（1987）

して播種量が決められる．一般に播種期が適期より遅れたり，肥沃度の低い土壌や施肥量が少ない時には播種量を多くする．播種量を多くし，間引きによって栽植密度を調整することもよく行われる．

f．覆土，鎮圧

播種したのち，種子の上に土をかけて種子を土壌中に埋没させることを覆土という．覆土の主要な目的は鎮圧とともに，種子の発芽環境を整え保つことにある．覆土の厚さは播種深度とも関係し，通常2～3cmであるが，種子の大きさや性質，土壌水分などに応じて調節する．発芽した種子が出芽しやすくなるように，一般に，大きさの小さい種子や好光性種子では浅く，乾燥している土壌では深く，湿っている土壌では浅くする．

覆土後，種子を土壌に密着させて吸水を良好にするためと，毛管現象による土壌の下層からの水分上昇を促進する目的で土壌の鎮圧を行う．鎮圧は土壌が乾燥しているときや，砕土が悪く，土塊が大きいときに出芽率を高める効果がある．

(2) 育　　苗

a．目　　的

作物によっては直接耕地に播種するのではなく，苗を育て，その苗を耕地に植え付けることが行われる．育苗の目的として，次のことがあげられる．

①発芽および初期生育を確実にし，生育の斉一性を高める．

②初期生育が遅く，播種から収穫までの期間の長い作物を，初期の生育期間を圃場の外で育苗し，耕地の占有期間を短くすることによって，耕地で2作以上の作物の栽培が可能となり，耕地を有効に利用できる．

③育苗によって灌水，薬剤散布，加温，保温などの管理作業がやりやすく，気象災害，病気や害虫による害からの保護を容易にする．

④苗に対する接ぎ木や発育の調節も，育苗によって容易になる．花芽分化の調節のための温度や光の処理が，育苗によって普及可能な技術となった．

⑤低温によって生育期間が規定されている作物では，より高温に設定した条件下で育苗することによって耕地よりも春早く播種でき，生育期間を延長して収量を高めることができる．

b．育苗の方法

昔から「苗半作」などといわれているように，苗の良否はその後の作物の生育や収量に大きく影響する．育苗の方法はこれまでさまざまな検討が行われ，改良が重ねられてきた．育苗の方法は作物によっても異なる．

育苗する場を苗床という．板やわらで枠組みをして，その中を加温する苗床を温床（堆肥発酵熱，電熱などを利用），加温せずに保温のみを目的とした苗床を冷床という．ハウス内で行われる育苗をハウス育苗，露地での育苗を露地育苗という．苗床で用いられる土を床土という．床土は均質なよい苗を生産するのに必要な条件を備えていなければならない．野菜では床土として，使用する数ヵ月前に基土，有機物，肥料を交互に層に堆積し，数回切り返して熟成した熟成床土，あるいは堆積しないでおき，使用直前にこれらを配合して作る速成床土などが使われる．ほかに育苗培地として，ソイルブロック，ロックウール，ピート，もみがらくん炭，砂などが使われる．

c．育苗される作物の種類

作物の種類によって，育苗の必要性が異なる．水稲の栽培では，わが国では直播に比較して高い収量が安定してあげられる理由から，大部分が後述のように，苗を育成し，移植による方法がとられている．ほかのイネ科作物やマメ類は通常は直播きされるが，エダマメ用や晩生で大きな株となる丹波黒などのダイズやサヤインゲンのトンネル栽培などでは育苗が行われる場合もある．

イモ類の中では，サツマイモが温床あるいは冷床で育苗が行われる．種イモを苗床に伏せ込み，萌芽させて茎を苗として用いる．

工芸作物では，タバコ，チャ，テンサイ，イグサなどが育苗される．種子が小さく，育苗期間の長いタバコは，出芽後本葉が3〜4枚になったときに

別の床に植え広げる仮植が行われる．根を収穫するテンサイは，長さ13〜15cmの紙筒（ペーパーポット）で育苗される．イグサは株分けによる栄養繁殖で苗の生産が行われる．チャは，主に挿し木により約2年かけて育苗される．

野菜類では，ナス科やウリ科の果菜類はほとんどが育苗される．それは播種から収穫までの日数が長いことに加えて，最近はF_1品種が多く利用されるようになって種子の価格が高くなったこと，および労力の要する接ぎ木が行われるためである．果菜類は育苗期間中に花芽が分化し，開花および結実することもある．このような苗を植え傷みのないように定植し，可能な限り早期に収穫するために周到な育苗管理が特に必要とされる．そのため，果菜類ではかなり材料や手間をかけて床土が用意され，鉢育苗が行われる．近年は小型のポットが連結されたプラスチックや発泡スチロール製の育苗容器に育苗する方法も用いられ（セル成形苗），移植機と組み合わせて省力化がはかられている．

葉菜類ではハクサイ，キャベツ，レタス，セルリー，ネギ類などで育苗が行われる．育苗は果菜類に比較すれば簡単で，露地やハウスの苗床で行われる．植え傷みしやすいハクサイでは練床が用いられたり，鉢育苗が行われる．

ホウレンソウ，コマツナ，シュンギクなどの播種後収穫までの日数が短いものは，移植するとかえって植え傷みによって生育が遅延することなどにより直播きされる．ダイコン，ニンジン，ゴボウなどの根菜類も，移植に伴う断根によって商品価値が劣る根が形成されるため直播きされる．

育苗期間中に花芽分化の調節が行われることもある．例えば，イチゴでは7〜9月の夏秋期に花芽分化の促進をはかるため育苗期間中に，①気温の低い高冷地に移動したり（高冷地育苗），②短日処理と低温処理を同時に行ったり（夜冷短日処理），③10〜13℃の冷蔵庫に苗を搬入して15〜20日間連続して低温にあわせたり（夏期暗黒低温処理），④気温，地温を低くするため寒冷紗などで遮光したり（遮光育苗），⑤根の窒素吸収を抑制するため断根したり，根の土をふるい落とす（断根・ずらし処理）など種々の方法がとられる．

春化によって花芽分化の起こるハクサイやキャベツでは，花芽を誘起しない程度の温度で育苗し，結球に十分な葉数を確保してから畑に移植することも行

われる．

　従来は生産者個人が自ら育苗を行うのが普通であったが，最近は会社や組織が大量の育苗を行って販売，供給するようになってきている．企業などによる販売苗が用いられる背景には，組織培養法による無病の培養苗の育成がある．野菜では，イチゴ，ヤマイモ，ニンニクなどでウイルスフリー苗の育苗が行われている．多数の鉢穴を持つ成形トレイに育苗培地を詰め，播種，覆土，灌水などの一連の育苗工程を機械で行う大量育苗も行われる．接ぎ木苗を作るための接ぎ木ロボットも開発され，実用化されている．

(3) 植　付　け

　育苗した苗は，所定の密度で耕地に植え付けられる．水稲やテンサイなどのように，専用の移植機も開発されている．植付けに当たっては，必要に応じてあらかじめネコブセンチュウなどをはじめとする病害虫に対して，耕地を土壌消毒する．苗をあらかじめ消毒してから植え付ける場合もある．

　植付けに当たっては，特に野菜類では苗の根をできるだけ傷めないように注意する．最近では鉢による育苗が増えたため，植付けに当たっての断根が少なくなった．植え傷みを防止するため，植付け前に苗の生育環境を外界の状態に近付けて順化させることも行われる．

(4) 水稲の移植栽培における播種，育苗，植付け

　水稲の栽培には，移植による栽培と直播による栽培とがある．わが国の水稲の作付面積約169万7,000haのうち大部分は移植による栽培が行われ，直播栽培はわずか約1万5,000haである（平成16年）．そこで，ここでは移植栽培における播種，育苗，植付けについて述べることにする．

　田植機が開発されて以後，昭和40年代後半から50年代の初めにかけて機械移植が急速に普及し，現在（平成16年）では，水稲の移植面積の約99％が田植機を利用して行われている．移植が手植えから機械植えになるに伴って，育苗の方法も大きく変化した．ここでは，機械植えのための育苗について述べ

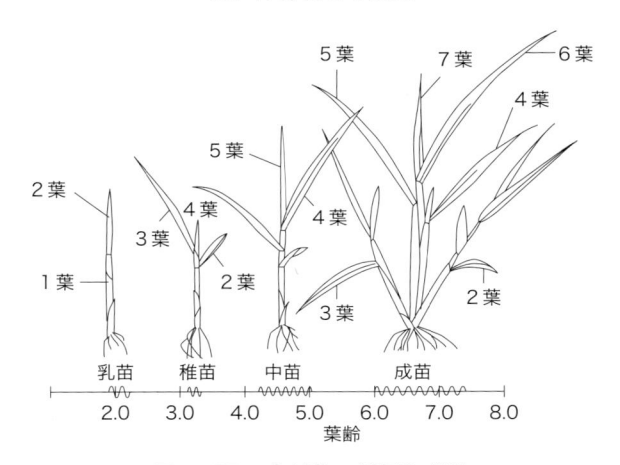

図Ⅲ-21 水稲苗の種類と葉齢
(後藤雄佐,2000を一部改)

表Ⅲ-4 田植機用水稲苗の種類と特性

苗の種類	葉齢*	苗丈(cm)	苗乾物重**(g/100個体)	胚乳残存割合(%)	播種量***(g/箱)	育苗日数(日)	使用箱数(箱/10a)
乳苗	1.8～2.5	7～8	0.4～0.6	40～60	200～250	5～7	10～15
稚苗	3.0～3.5	8～15	1.0～2.0	5～10	150～200	15～20	18～22
中苗	4.1～5.5	10～20	2.0～3.0	0	80～120	30～35	25～35
成苗	5.0～6.0	10～20	3.0～5.0	0	40～60	35～50	45～55

*不完全葉を第1葉とする,** 地上部乾物重,*** 風乾籾. (山本由徳,2004)

る.

苗は移植時の大きさ(葉齢)によって,通常,稚苗(葉齢3.0～3.5),中苗(葉齢4.1～5.5),成苗(葉齢5.0～6.0)などに分けられる(図Ⅲ-21,表Ⅲ-4).機械移植される水田面積の約62％に稚苗が用いられている(平成16年).近年は省力,低コスト化を目指して,葉齢1.8～2.5の小さな苗(乳苗と呼ばれている)を移植することも行われている.

a. 育 苗 方 法

1) 育苗箱と床土の準備

育苗箱の大きさは,移植機との適合性を確保するために,長さ600mm,幅

300mm, 深さ 30mm の標準規格で統一されている．箱の材質は初期は木板製であったが，現在はほとんどがプラスチック製である．

　床土は均一で作業のしやすい土を大量に準備する必要があるので，山土がよく用いられる．イネ幼植物の生長にとって最適な床土の pH は 5～6 の範囲にある．硫酸あるいは pH 調整資材で，あらかじめ土壌の pH を所定の値まで下げておく．稚苗や中苗の育苗には，床土にあらかじめ肥料を入れる．中苗の場合は 1 箱当たりの播種量は少ないが，育苗期間が長いので，基肥を稚苗より少なくして追肥を行う．また，本田には施肥せずに，箱育苗の際に緩効性肥料を施用しておく方法も行われている．床土はタチガレ病などの予防のため土壌消毒し，育苗箱も薬液に浸けて消毒しておく．

　近年は，メーカーが工場で床土を調整して販売する人工床土が用いられる場合も多い．人工床土は山土を母材とし，これに肥料が加えられ，pH が調節されており，なかには土壌改良剤や薬剤が混和されているものもある．土のほかに，育苗箱にそのまま入るよう成形されたマットも使われている（成形培地）．特に，根系が十分に発達する前に移植することになる乳苗育苗では，ロックウールなどが使われる．また，苗箱を使わずに長い人工床土マットに苗を育苗し，移植時に苗を巻き込んで田植え機にセットするロングマット苗方式も最近開発されている．

2）種もみの準備

ⅰ）選　　　種　種もみとしては，胚が十分に成熟していて高い発芽歩合，発芽勢を示すことが重要である．よく充実した種もみを選ぶために，比重選が行われる．芒の着いていない種子では，粳種の場合は 1.13，もち種の場合は 1.10 の比重の液を用いる．

ⅱ）消　　　毒　籾がらに着いているバカナエ病菌やイモチ病菌，ゴマハガレ病菌などに対して，また，必要に応じてシンガレセンチュウに対しても防除を行う．

ⅲ）浸　　　種　発芽を促すために種もみを水に浸し，吸水させる．これを浸種という．種もみの吸水はすべて均一に起こる訳ではない．温度が高

いと吸水の早い種もみから生理的発芽活動に入るので，吸水はするが生理的発芽活動が大きく進まないような低温で行う．通常，浸種には10～13℃で6～7日，15℃で約5日，20℃で3～4日を要する．浸種の後期には炭酸ガスや有機酸が発生し，酸素が不足してくるので，水をよく取りかえることが必要となる．

十分吸水した種もみを胚の生長に最適な温度条件に置き，芽を出させる．これを催芽という．芽が1mm程度種もみから出た，いわゆるハト胸状態になるまで催芽を行う．催芽温度は32℃が最適で，温度がこれよりも高くても低くても催芽が不揃いになる．浸種から催芽まで一貫して行える催芽機を使うこともある．

　iv) 播　　　　　種　　育苗箱1箱当たりの播種量は，移植時の葉齢によって異なる．葉齢の大きい苗で移植するほど，播種量を少なくする必要がある．播種量が多いほど若い段階で生育が停滞するためである．一般に播種量が少ないほど苗の生育はよいが，育苗箱数が多く必要となる．また，移植時の欠株を防ぐため，均一に播種することが重要となる．乳苗，稚苗，中苗で移植するための播種量は乾もみでそれぞれ200～250g，150～200g（近年は苗素質の向上を目的として，これよりも薄播きされる傾向にある），80～120gが適当といわれている（表Ⅲ-4）．播種に際しては床土を均平にし，覆土は厚さ5mm程度として均一にする．

　v) 育　　　　　苗　　出芽のための温度は，30～32℃が最適で出芽揃いもよい．そこで，播種後は加温式の育苗器を用いたり，保温を行って均一に鞘葉を出芽させる．

出芽した苗に2日間ほど弱い光を当て，黄化していた鞘葉から緑色の本葉を出葉させる．これを緑化という．温度は日中20～25℃とし，夜間は15℃以上に保つ．

緑化したあとはビニルハウスなどに出して並べ，初期は緑化と同じ温度条件に置き，生育に伴って次第に自然の環境条件に慣らし，硬化の過程を経る．中苗は特に育苗期間が長く，箱の底から根を外に出させるので，育苗箱の底は苗

代の床面によく密着させる必要がある．

　乳苗は，緑化が終わった段階で移植されることになる．

　vi）**植　付　け**　　代かき後，田面が適当な硬さになったときに，乗用あるいは歩行用の田植機で移植する．通常，条間が 30 〜 33cm 前後に固定されるので，株間を調節して栽植密度を決める．

（5）ジャガイモの植付け

a．種イモの選定

　ジャガイモの生育および収量は，よい種イモを選ぶことが特に重要となる．栽培目的とその地域に適した品種を選ぶだけでなく，ウイルス病やそのほかの病原体を保有していない種イモを選ぶことが重要となる．病気の罹病の有無は外観から判断できなかったり，薬剤によって防除することが困難なものが多い．したがって，ジャガイモでは種イモがこれらの病気に侵されないことが重要となる．ジャガイモには，独立行政法人種苗管理センターによる公的な管理の下に原々種農場を頂点とする採種組織があるのはこのためである．

　さらに，月齢が植付け適期にあることも種イモ選定のうえで重要となる．

b．種イモの消毒

　種イモを消毒し，表面についている黒アザ病菌などを防除する．塊茎の組織内に深く侵入している病原体に対しては効果のある薬剤がない．種イモの外見あるいは切断面の色などで見分けるしかない．

c．萌芽の促進

　植付け後の生育が早く，かつ旺盛に生育させることを目的として，休眠の打破とその後の萌芽促進のための処理を行う．浴光催芽は種イモを陽光に当てる処理で，これは芽の徒長を抑え，濃緑で短くて太い強剛な芽を着けさせ，また植傷みを少なくするために行う．ほかに薬剤による処理もある．

d．種イモの切断

　種イモは小さすぎると収量が低下するが，ある程度以上になると収量は種イモ重に影響されないといわれている．大きい種イモを全粒のまま植えたのでは種イモの量を多く必要とし，また，茎の発生が多くなって粒揃いも悪くなる．そこで，通常，種イモ重は40～50gを標準とし，80～100gのものは2つ切り，それ以上のいもは3～4つ切りにして種イモに用いられる（図Ⅲ-22）．

　種イモの切断は可能な限り縦切りとする．優勢な頂芽が各切片に2つ程度あれば植付け後の萌芽，生育がよく揃う．病気の伝染を防ぐため，切断刀を消毒することも必要である．

e．植　付　け

　種イモの植付けは手あるいは機械（ポテトプランター）で行われる．機械植えでは種イモの切断，作条切り，施肥，植付け，覆土，鎮圧などが1行程で行われる．種イモに肥料が直接触れると障害を受けるので，間土が必要となる．覆土の厚さは3～6cm程度で，重粘土や水分の多い土壌では薄めに，水分が少なく軽い土壌では厚めにする（図Ⅲ-22）．

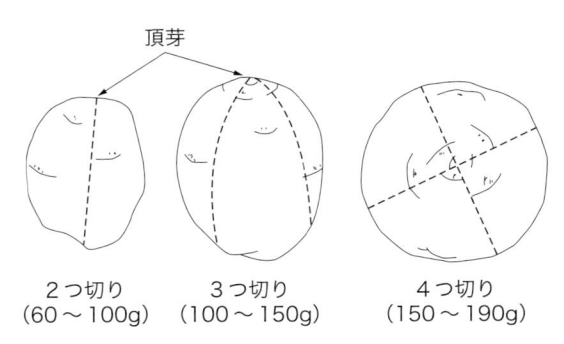

頂芽

2つ切り　　　3つ切り　　　4つ切り
(60～100g)　(100～150g)　(150～190g)

図Ⅲ-22　ジャガイモの種イモの切断
（岩間和人，2004）

f．ミニチューバーによる栽培

ミニチューバー（mini-tuber）は，ウイルスフリーの種イモ生産のために，培養によって維持されている親株から節を含む茎を切り出し，これを温室内の土などの培地で生育させて得られる直径 10〜20mm の小塊茎で，これを圃場に植えつける．ミニチューバーは，①セルトレイなどを用いて小面積で大量に生産されるなど，種イモの増殖率を改善できる，②種イモの容量と重量が小さいので種イモの輸送と貯蔵が容易である，③種イモの切断に伴うウイルス病感染を回避できるなどの利点があり，新しい技術として期待されている．わが国ではまだ試験の段階であるが，ヨーロッパ，アメリカ合衆国，ブラジルなどでは実用化されている．

5．管　　　　　理

(1) 水　　管　　理

a．作物の生育と要水量

各作物の栽培期間を通じての全要水量は作目によって異なるが，湛水栽培する水稲では一般的に 10a 当たり 2〜3t 程度である．畑作物では，作物の生育期間の長さや作物体の生長量によって大きく異なり，1〜5t という試算もあるが，ダイズや野菜類などでは，むしろ水稲より多量の水を必要とする場合が多い．これらの要水量のうち，日本の気象条件下における有効降雨量を差し引くと，灌漑による用水量は，10a 当たり 1〜2t 程度と見込まれている．

また作物は，一般に生育段階によって水分要求量が異なるため，生育に合わせた灌水が必要であり，特に開花・結実期などには十分な灌水を要することが多い．そして，作物の種類によっては，灌水を減らして生育を一時的に抑制し，その後の生育を望ましい方向に誘導したり，あるいは土面を乾燥させて耕地における機械の作業性を向上させたり，また，収穫物の糖度など，品質を向上さ

せるために水分を制御することもあり,作物生産の目的からは灌水を制限することが,かえって望ましい場合もある.

b. 灌漑の必要性

作物の栽培では,自然の降雨のみに依存している地域も多く,特に乾燥地域の広大な国々や発展途上国などでは,しばしば灌漑施設の整備不十分なことが農業生産の不安定要因となっている(図Ⅲ-23).また,わが国においても,現在のように灌漑施設が十分に整備される以前は,天水田と呼ばれる雨水のみに頼る水田地帯が,特に中山間地の棚田地域などに多く,一部の畑作地域では,現在でも降雨のみに依存して作物栽培が行われている(図Ⅲ-24).しかし,一般的には,灌漑を基礎とした農業が広く行われており,それがわが国の農業生産の安定化に大きく寄与している.そして,水稲作では田植えやその後のイネの生育に合わせて灌漑が行われ,畑作や水田からの転換畑作あるいは水田裏作でも,寡雨に経過する時期には,必要に応じて適切な土壌水分を維持するように畦間灌水やスプリンクラー灌水などが行われる.また,多くの干拓地や台地,中山間地に近年造成された開発農用地などでは,一般的に灌漑施設が

図Ⅲ-23 振りかごによる灌排水作業(バングラデシュ)

図Ⅲ-24　棚田での作業

整っている（図Ⅲ-25, 26）.

c. 水温と水質

　灌漑水の性質として特に求められるのは，作物の生育に適した水温を保持すること，および不必要な養分や有害な物質を含有しないことである.

　水温については，特に中山間地や寒冷地など，夏作物の生育期に低温が懸念される地域ではたいへんに重要である．そのため水稲作では，灌漑水を水田に導入する前になるべく水田の周囲の迂回水路をめぐらせるなどして日光に長く当て，水温を上昇させてイネの生育促進をはかるとともに，幼穂形成期〜穂ばらみ期には17〜20cm程度の深水灌漑としてイネ株基部に形成される幼穂を低温から保護することは，北海道などでは基本的な冷害対策技術の1つとなっている.

　水質については，一般的には自然の河川，貯水池，雨水などからの灌漑水であれば基本的には問題ないが，近年は，しばしば家庭排水や家畜の糞尿処理などに伴う水質の富栄養化が作物の生育を異常にして収量や品質を低下させたり，鉱工業排水に含有される有害重金属や化学物質による水質の汚染が公害問

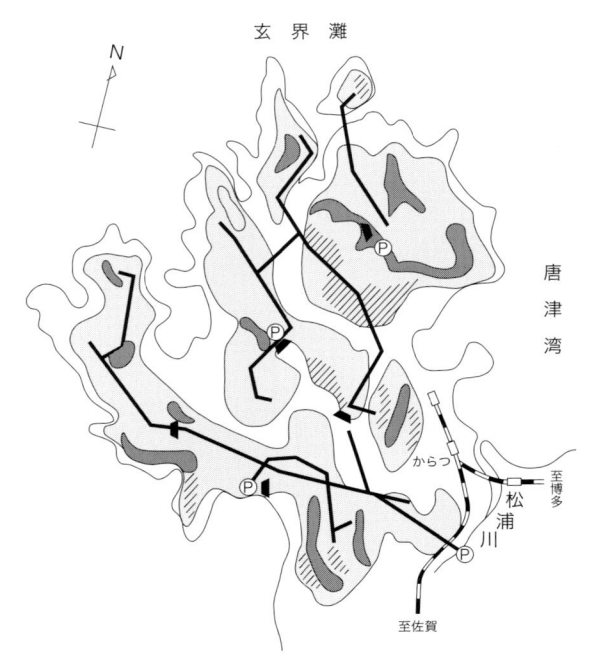

図Ⅲ-25 国営の農業水利事業
―――：水路，Ⓟ：揚水機場，■：田，◯：畑，▨：樹園地，▬：ダム．佐賀県東松浦半島の上場台地．（農林水産省九州農政局上場農業水利事業所作成原図より改変）

図Ⅲ-26 スプリンクラーによる灌水（左）と水路際の果樹園への散水（右）
左：佐賀県上場営農センター原図，右：タイで撮影．

題となり，灌漑水を利用不可能にする場合もある．今後は，好適な環境の維持や改善が農業生産上もきわめて重要な時代となっている．

d．水田における湛水および落水時期

　水田では，水稲の生育段階に応じた水管理が重要であり，また水田とはいえ湛水状態のみを続けると土壌の還元化が進んでイネに根腐れを生じやすく，特に真夏の高水温下で障害が生じるので，適切な水の掛引きを行う必要がある．イネ苗の移植・活着後は，一般的に分げつ形成を促進するためには浅水に保つ方がよく，一方，寒冷地などでは特に，低温時はむしろ深水を維持して幼苗の保温を行い，生育の促進をはかる．また，移植後に施用する農薬の種類によっては，水位を標準よりやや深めの 5cm 程度とする場合もある（図Ⅲ-27）．

　イネの最高分げつ期頃は，中干しを実施し，天候にもよるが 7 〜 10 日間くらい落水して土面を乾燥させ，それによりイネの過剰分げつの発生を抑えて過繁茂を防止し，倒伏抵抗性を高め，一方では土中への酸素の供給により新根の形成促進をはかる．また，田面を乾燥して固くすることは，その後の水田内の機械作業などに支障が生じないようにする効果もある．中干しのあとは，穂ばらみ期から出穂・開花期に向けて「花水」として再び十分な湛水を行うが，寒冷地などで低温が予測される場合は，深水を維持して幼穂の保温をはかる．登熟期は間断灌水を行うなどして，必要な土壌水分を維持しながら根の活力を保ち，出穂後 1 カ月くらいからは成熟期にかけて再び落水して，収穫期までに田面を乾燥させて作業に支障がないようにする．

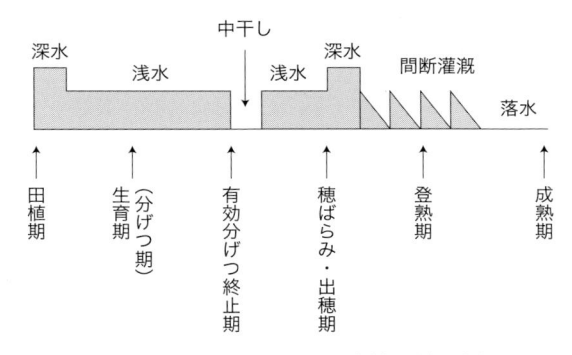

図Ⅲ-27　水田における水管理法の例

e．排　　水

　灌漑と同時に，作物に与えられた水は耕地から排水される必要がある．湛水田においても，水は少しずつ地下や畦方向に浸透して排水されるが，水の縦浸透に伴う下層土への酸素供給は健全な根系の生育に寄与し，一方，排水不良で水が停滞する場合は，土壌は強還元状態となって湿田化し，イネは根腐れにより生育や登熟が不良となりやすい．畑作物でも，排水不十分で水が停滞する場合は湿害が生じ，根腐れにより生育不良となって枯死することもある．また，海外の乾燥地帯の畑作や，わが国でもプラスチックハウスなど施設栽培の野菜や果樹作などでは，灌漑や縦浸透での排水が不十分となりがちであるため，過剰な塩類が土壌中に集積して塩類障害を生じ，作物栽培の継続が困難となる場合がある．そこで，施設栽培などでは，数年に一度は塩分を排出するために十分に自然降雨にさらしたり，灌漑および排水による脱塩対策を講じる必要がある．

　水田や畑で排水を良好にするためには，水田の排水口からの横方向への排水や，畑では圃場内や周囲における地表部の明渠による排水を行うほか，土壌中の縦浸透の排水を促進するために暗渠による排水が広く行われている．

（2）生育，土壌管理（間引き，中耕除草，培土，麦踏み）

a．補植，間引き

　水稲は，機械移植による植付け精度によって欠株が生じやすく，その後に補植作業が行われることが多い．しかし，一般的には欠株が連続しておらず，1株欠けた程度の場合はその周囲の株が補償作用により生育が旺盛となり，水田全体としての収量はあまりかわりなく，補植による増収効果はそれほど大きくないのが普通である．

　同様に畑作物でも，種子の良し悪し，播種後の病虫害や鳥害によって苗立ちにむらが生じた場合は，追い播きや，あらかじめ育成した苗の補植が必要となるが，いずれにしても，その後の生育は最初に播種した個体よりやや劣る．そ

III. 作物栽培の技術

のために，多くの作物では株立ち予定本数よりやや多めに播種し，出芽揃い後に間引きして適切な個体数へと調節する．間引きの方法は，人力による引抜き作業が多い．一方，バレイショやナガイモなどでは，種イモから生じた茎数が多くなると，着生するイモ数が増えて大きさが不揃いになりやすいため，芽かきにより1～2本程度に茎数を減らして，大きなイモが着くようにする．

b．中耕培土，除草

水田では，除草剤の導入以前には人力などの回転式中耕除草器による中耕除草は必須の作業であり，耕起により雑草を除去するとともに，土壌中への酸素供給や断根後のイネの新根発生に促進効果があるといわれた．しかし，中耕除草の効果は主として除草にあることがわかり，除草剤の普及に伴って，現在で

図Ⅲ-28 バングラデシュにおける除草の様子と除草用具類
左上：人力回転式除草器による除草，右上：畑における手取り除草，左下：入水前の水田における手取り除草，右下：除草用具類．

はほとんど行われなくなった．ただし，若干の有機栽培農家などでは，今でも除草剤使用にかわる有力な除草法として除草器が用いられている．さらに，海外でも，地域により日本式回転除草器として本器が水田除草に広く使用されている発展途上の国々がある（図Ⅲ-28）．

　一方，畑作や水田裏作のムギなどでは，播種，植付け後の土壌管理で中耕培土は重要な作業であり，除草を兼ねて数回の中耕と培土，土入れなどが各作物で広く行われる．そして，人力やカルチベーターなどによる中耕を行って，畝間の土壌を膨軟にして通気性の改善や雨水の浸透促進をはかり，また土壌面からの水分の蒸発を抑えて過度の乾燥を防ぐとともに，発生雑草を物理的に除去あるいは埋没して防除し，さらに条間の排水溝を深くして湿害防止に役立つ効果もある．中耕と同時に，条間の土壌を作物体の株元や株内へ寄せる培土，土入れが行われるが，これは作物における無効分げつの発生を抑制し，茎基部からの発根や根の張りをよくして生育を促進し，伸長期の茎基部を支えて倒伏抵抗性を高め，あるいは株間の雑草を埋没して防除する効果がある（図Ⅲ-29, 30）．さらに，バレイショなどでは，培土は肥大する塊茎の土面への露出を防

図Ⅲ-29 乗用管理機による培土（土入れ）
水田裏麦作での作業．（三原　実氏 原図）

止して塊茎の緑化を防ぎ，溝を深くして排水促進や病害防止などに有効であり，ラッカセイでは，開花期の培土は結莢を促進させる．

中耕培土は，一般的には開花・結実期などの作物の生育後期に行うと，耕起による断根の障害によって作物生育の停滞や収穫への悪影響などを生じやすいため，なるべく生育の盛んな中期頃までに行う必要がある．また近年は，除草剤処理が広く行われるようになって，中耕作業を行わない場合もある．

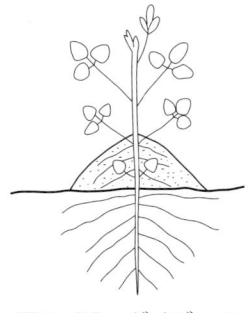

図Ⅲ-30 ダイズへの培土による発根促進

c．麦踏み

ムギ類では，冬季の麦踏みは，火山灰土壌で多い霜柱による根の浮き上がりや断根を抑えて耐寒性や耐干性を強め，土壌水分の保持に役立ち，主茎や葉を折損してその後の分げつ形成の促進や根の張りをよくし，出穂の斉一化などの

図Ⅲ-31 ローラーによる麦踏み
（三原　実氏 原図）

面に効果がある．そして，以前は人による踏圧で冬期に数回の麦踏みが行われたが，現在では機械によるローラー踏圧が多くなり，労力不足から省略される場合もみられるようになった（図Ⅲ-31）．近年は，トラクター牽引のローラー踏圧など，作業の高能率化も進められている．

d. マ ル チ

　敷きわらや敷き草による土壌面へのマルチは，土面からの水分蒸発の防止，保温，雑草抑制や有機物の分解による土壌中の小動物，微生物活動の活発化などの効果があり，作物の生育促進に寄与する（図Ⅲ-32）．また，プラスチックフィルムのマルチも，イチゴ，トマト，キュウリのほか，多くの種類の野菜栽培に普遍的に用いられ，日中の地温上昇や夜間の土面からの熱放射抑制による保温作用，蒸発防止による土壌水分の保持などに大きく役立っている．さらに，透明フィルムは地温上昇効果は大きいものの雑草が発生しやすく，一方，黒色フィルムや除草剤含有フィルムは，雑草発生を抑える効果が大きいという特色がある．

　バレイショなどでは，種イモの植付け，培土後に畝の全面をマルチングする

図Ⅲ-32 バングラデシュにおける敷きわらによるマルチ（左）と乾燥ホテイアオイによるマルチ（右）
左：ヤマノイモ類の畑，右：バレイショ畑．

図Ⅲ-33 バレイショのマルチ栽培（上）と芽出し作業（下）
長崎県雲仙市愛野町．

場合があり，保温により萌芽を促進するが，マルチ内面へ接触した葉が高温障害を受けたり，春作では水滴で濡れて凍霜害を生じるなどのため，萌芽後には早期にマルチを破って茎葉を生長させる芽出し作業を行う（図Ⅲ-33）．

（3）そのほかの管理作業

プラスチックフィルムなどのトンネルやハウスによる保温・加温栽培は，野菜や果樹など多くの作物で行われるが，それらの栽培法では気温や土壌水分の管理が重要であり，低温期の保温や高温期のフィルムの開閉による換気などの管理を適切に行い，あるいは乾燥する場合は灌水に留意する必要がある（図Ⅲ-34）．

果菜類や果樹あるいは若干の作物類などでは，分枝，花や果実の形成を適切に調節するために，摘心，摘花，摘果などの作業が必要な場合も多く，さらに

図Ⅲ-34　ハウスによる野菜栽培

図Ⅲ-35　乗用管理機による薬剤散布
左：佐賀県上場営農センター原図，右：タマネギ畑（松尾良満氏 原図）．

整枝，剪定などの作業も行われる．

　そのほか作物生育期の管理作業においては，Ⅳ章「作物を保護する技術」でさらに述べるが，病虫害や雑草防除のための薬剤散布作業が大きな部分を占めている（図Ⅲ-35）．薬剤では，粒剤の散布は規模によるが，1人で行う散粒器での散布など比較的に労働力は少なくて済む場合が多い．一方，粉剤や液剤の散布は数人の労働力が必要な場合が多かったが，現在ではトラクター牽引の動力噴霧機などの利用により，省力化が進んできた．また，薬剤散布は，季節

的に夏の暑い盛りにおける散布作業が多く，作目によっては頻繁な散布回数が必要であるため，今後はさらに軽労働化への改善が望まれる．次に，冷害や台風などの気象災害への対策も管理作業として重要であり，その場合は，作物の生育や気象条件に応じた施肥管理などが求められる．

6. 収穫，調製

(1) 収穫と調製

収穫（harvest）は作物栽培における最終工程の作業である．栽培してきた作物の，植物体の全体あるいは特定の部位を，手で直接に，あるいは各種の農具や機械を用いて，刈り取ったり，摘み取ったり，掘り取ったりする．収穫に当たっては，収穫物の質的な，また量的な損失を防ぎ，それぞれの作物や品種の特性を十分に備えた良質で多量の収穫物を獲得できるように，各作物，品種，用途に特有の収穫適期を適切に判断して，速やかに精度の高い作業を遂行することが求められる．丹精込めて栽培してきた成果を，いつ収穫したらよいのかという収穫適期の判断が，収穫物の品質，価格などの評価上，また作業上，きわめて重要である．適期の判断を誤ったり，収穫作業が滞ったり，作業の方法が適切でなかったりすると，これまでの栽培の努力があまり報われないという残念な結果を招くことになってしまう．

これらの収穫物を食料に供したり，飼料や加工原料として経営内で利用したり，貯蔵したり，商品として出荷，販売したりするためには，収穫物に選別，乾燥，発酵など，さまざまな調製（preparation, processing）を加える．

(2) 収穫の部位

イネ，ムギなどの穀物類，ダイズ，アズキ，インゲン，ラッカセイなどのマメ科子実類，クリ，クルミなどの子実類果実のように成熟した段階で収穫する作物もあるが，生食用野菜のキュウリ，トマト，ナスなどの果菜類，キャベツ，

ハクサイなどの葉菜類のように，生育途中の植物としては未熟な段階で収穫するものもある．チャ，フキノトウやタケノコは萌芽を，カリフラワー，ブロッコリーやとう立ち菜は蕾や花茎を摘み取る．

(3) 収穫適期

わが国はアジアモンスーン地帯の東北端に位置する島国であり，また北から南に距離にして 3,000km にわたって広がっており，北海道から九州まで中央部に山脈が連なっていて太平洋側と日本海側とで気象が異なること，作物栽培地の高度差も大きいことなどのさまざまな立地的条件によって，地域別にその気候には著しい違いがある．また，四季の変化がある．それらを反映して，同じ作物でも，また採用している品種によっても，また露地栽培か施設を利用した栽培か，あるいはどんな作型をとるかなどによっても，栽培の時期，期間が著しく異なる（表Ⅲ-5）．したがって，このような変動要因に対応して，収穫の適期を適切に判断することは，栽培の成果を確実に手に入れるために，非常に重要な意義を持っている．

a．地域，品種による収穫適期の変化

イネを例にとると，わが国で最も早く収穫が行われるのは沖縄で，6月末から7月上旬が刈取最盛期である．続いて，千葉・三重県や北陸地域が9月上〜中旬，遅いのが九州地域と群馬県の10月下旬である．また，同じ地域でも早生，中生（ちゅうせい），晩生の品種によって収穫期が異なる．例えば，コメどころの新潟県上越地方において，田植えはいずれも5月上旬であるが，平年の収穫期は，早生の'トドロキワセ'が8月末〜9月5日，中生の'雪の精'が9月5〜10日，晩生の'コシヒカリ'が9月10〜25日ぐらいになる．

ポテトチップスにする加工用のバレイショとして，早生に'ワセシロ'，中生に'トヨシロ'，晩生に'農林1号'などが用いられている．収穫は，通常の年には5月中旬に鹿児島県の'トヨシロ'から始まり，5月20日頃から長

表Ⅲ-5　野菜の作物別作型の呼称一覧

分類型Ⅰ　播種期別の品種選択を主要因とする作物：葉茎菜類，根菜類の大部分がこれに属する

作物名	基本作型	地域	播種期 月旬～月旬	収穫期		作型呼称	備考
レタス	春まき	寒地 寒冷地 温暖地 暖地	3上～3下 4上～4下 5上～5下 3上～3下	6上～7中 6中～8中 7中～9上 6上～7中	(寒地) (寒冷地) ー (暖地)	早春まき 春まき 晩春まき 春まき	
	夏まき	寒地 寒冷地 温暖地 暖地	6上～6下 7上～8上 8上～8下 8下	8上～9下 9中～11中 10中～11中 11中～12下	(寒地) (寒冷地) ー (暖地)	初夏まき 夏まき 夏まき 晩夏まき	 ハウスもある トンネルもある
	秋まき	寒地 寒冷地 温暖地 暖地	9上～9中 9上～9中 9下～10上 10中～10下 11上～11下	1中～2上 11下～1中 1上～2下 2上～3下 3上～5上	(寒地) (寒冷地) ー (暖地)	秋まき 初秋まき 秋まきトンネル 晩秋まきトンネル 極晩秋まきトンネル	ハウスもある
	冬まき	寒地 寒冷地 温暖地 暖地 亜熱帯	1下～2上 12中～12下 1上～1下 2上～2下 2中	5上～5中 4上～5中 4中～6上 4下～6中 5中～6中	(寒地) (寒冷地) ー (暖地) (亜熱帯)	冬まきハウス 初冬まきトンネル 冬まきトンネル 晩冬まきトンネル 冬まき	ハウスもある

分類型Ⅱ　環境調節技術を主要因とする作物：果菜類の大部分がこれに属する

作物名	基本作型	地域	播種期	収穫期		作型呼称	備考
キュウリ	促成 (無加温)	寒冷地 温暖地 暖地 亜熱帯	9下～11中 9上～11上 10下	11中～7上 11上～7上 12中～5上	(寒冷地) ー (暖地) (亜熱帯)	促成 無加温促成	
	半促成 (加温) (無加温)	寒地 寒冷地 温暖地 暖地 寒冷地 温暖地 暖地	3上～3中 11中～1下 2上～2中 1中～2下 12中～1上	5上～7下 1下～7下 4中～7下 3中～7中 3上～6下	(寒地) (寒冷地) ー (暖地)	加温半促成 無加温半促成	
	早熟 (トンネルまたはハウス) (露地)	寒地 寒冷地 温暖地 暖地 寒地 寒冷地 温暖地 暖地	4上～4下 2下～3上 3上～3下 2下～3上 5上 4下 3下～4上 3上～3下	6中～9中 5上～7下 5下～8下 5上～7下 7上～9上 6下～10上 6中～9中 5中～8中	(寒地) (寒冷地) (寒冷地) ー (暖地) (寒地) (寒冷地) ー (暖地)	トンネル早熟 ハウス早熟 トンネル早熟 露地早熟	

(次ページへ)

(前ページより続く)

作物名	基本作型	地 域	播種期 月旬～月旬	収穫期	作型呼称		備 考
キュウリ	普 通	寒冷地	5上～5下	7下～10下	(寒冷地)	普 通	雨よけもある
		温暖地 暖 地	4下～5下	6下～10中	(暖 地)		
		亜熱帯	2下～3上	4上～6下	(亜熱帯)		
	抑 制 (露 地)	温暖地	7中～8上	9上～11中	―	露地抑制	雨よけもある
	(トンネルまたはハウス)	温暖地	7中～9上	9上～12下	―	ハウス抑制	
		亜熱帯	8中	10上～12下	(亜熱帯)	トンネル抑制	
	(加 温)	暖 地	7中～9上	9上～2下	(暖 地)	加温抑制	

(野菜・茶業試験場(編):改訂版 全国野菜・花きの種類別作型分布の実態とその呼称(野菜編),1989より)

崎県で，25日には宮崎県で，次いで6月に入って5日に佐賀県で，15日には熊本県で収穫が始まる．1地域での収穫期間は3週間くらいである．本州では千葉県のマルチ栽培の収穫が1番早くて6月上旬に始まり，次いで東海，近畿地方に移り，6月中旬からは茨城・栃木県の関東地方のマルチ栽培～露地

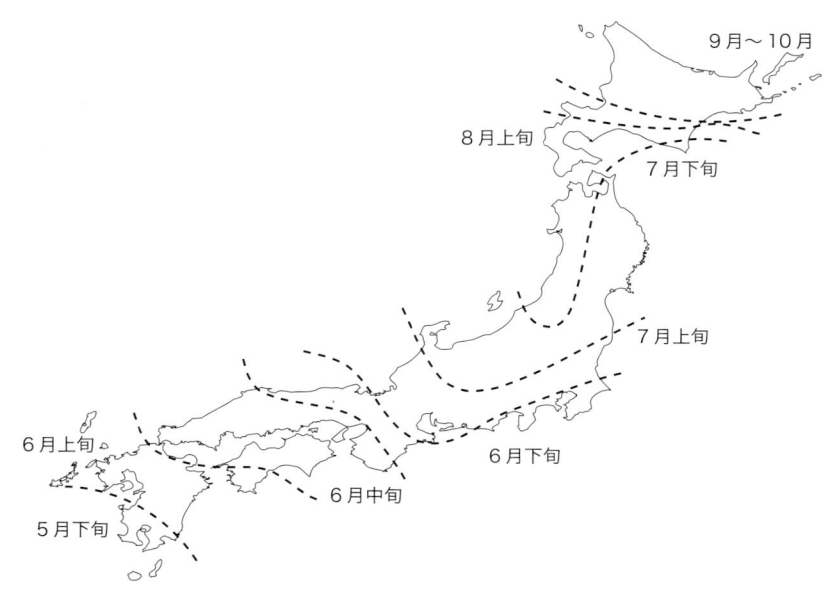

図Ⅲ-36 加工用バレイショの収穫前線の北上
(カルビーポテト社提供)

栽培のイモが収穫される．さらに収穫前線は北上して，7月下旬には福島県，7月末には青森県に達する．北海道では'ワセシロ'を，7月の終わりに道南から掘り始まって，8月中旬に最大の産地である十勝に入り，上川，網走と移りながら8月いっぱい収穫し，'トヨシロ'を9月上旬から，'農林1号'を9月下旬から収穫して，10月の中頃にはすべての収穫が終わる．こうして半年近くにわたって日本列島を南から北へとさかのぼりながらバレイショの収穫が続けられて，ポテトチップス加工のための国産の生いもの供給が行われている．11月からは貯蔵原料が供給される（図Ⅲ-36）．

b．イネ科穀物の収穫適期の判定法

いつ収穫を始めたらよいのか，またその収穫の許容期間はどのくらいあるのか．前記のように作物により，品種，栽培法，場所，気象などによって変化するので，実際に作業する際に，適確に判断するのは経験を必要とし，なかなか難しいものである．

イネ科の子実を収穫する作物では，一般に，土が痩せていたり窒素施用量が少なかったり，あるいは肥料が切れてくると収穫期は早くなる．また，高温，晴天が続いたり，土が乾くと早くなる．関東～北陸地方以南の，乾燥気味の気象が続く5月下旬～6月上旬に収穫期を迎えるオオムギでは，このような現象が顕著に現れる．天気と土の状態次第で，登熟が一気に進んだり，だらだらと遅れたりする．早刈りし過ぎると，未熟なまだ十分胚乳の詰まり切っていない中空の「空洞粒」が発生したり，干粒重，粒厚が小さく，粒溝が深く，品質が悪くなる．一方，刈り遅れると粒色が悪く，かびが付着したり，品質が低下する．また，収穫作業の際に脱粒しやすくなって畑にこぼす損失粒が多くなる．出穂後40日前後で，子実水分が35％以下，穂首が曲がってオオムギの穂がやや頭を下げたようにみえるときが完熟期である．

イネの収穫適期は，①出穂後日数，②積算温度，③青味籾残存率，④穂軸，枝梗の黄化程度などを指標にして判定する．品種の早生，中生，晩生や田植えの早晩などによって異なる（表Ⅲ-6）．一般に，外観的に茎の2/3程度に青味

表Ⅲ-6 イネの刈取り適期の判定

早晩性	品種	出穂後日数（日）		積算気温（日平均,℃）		青味籾残存率（％）	
		早植	晩植	早植	晩植	早植	晩植
早生	トドロキワセ	35	45	900	1,000	10～15	5～10
中生	コシヒカリ	35～40	45	1,000	450	〃	〃
晩生	日本晴	45	50～55	1,050	450	〃	〃

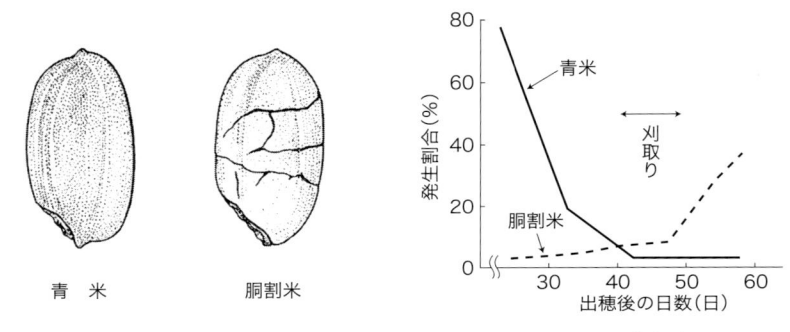

図Ⅲ-37 収穫時期の変化に伴う青米，胴割米の発生割合

が残った状態で収穫する．出穂後日数で機械的に収穫期を決めると，高温に経過した年には積算温度が適期値を越えて刈り遅れとなり，胴割れなどの品質低下を招くことになる．また，低温の夏の年にはその逆のことが起こる．したがって，気象の変化やイネの生育過程を考慮して，基本となる判定基準を頭におきながらも，その年のイネの姿をみていつ刈るのか，イネに聞くことが肝心である．また，乾燥機の準備状況などもチェックしておくことが必要である．乾燥機の空きを待ってコンバイン収穫した籾を長時間炎天下に置くと，玄米が変質する危険性がある．収穫には総合的な判断と敏速で精度の高い仕事をすることが求められる．

収穫が早すぎると未熟粒が多く，光沢が悪く，千粒重が小さくなる．逆に刈り遅れると光沢が悪く，着色粒や胴割米が多くなる（図Ⅲ-37）．

c．果実の収穫適期の判定法

収穫適期の判断が難しい果実の適期の判定法を説明すると，次のようである．

収穫適期の判断要素は，果色，果肉硬度，果肉成分，糖度，芳香などの変化である．リンゴ，ミカンのように，成熟による形質変化が，まず果色に現れるものについては，果実の種類別に色特性によって6～13段階に階級区分した「カラーチャート」（農林水産省果樹試験場作成）を用いて収穫適期を判断する．甘ガキの'富有'の渋味が消えて食べられるようになる時期は果頂部の果色で，完熟期は赤道部の果色で判断できる．また，果実の「うまさ」は，糖と酸の含量のバランスによるところが大きい．例えば，婦人を対象としたミカンの嗜好調査の結果では，50％の人が「うまい」と評価した糖度／酸含量は，早生温州で10～12/1.0以下，普通温州では11～12/0.9以下および12以上/1.2以下であった．一般には，これらの判断要素の成熟過程に伴う変化と満開日，あるいは結実日からの経過日数との間の相関を調査しておいて，収穫期を予測することが行われている．

d．作型や品種による野菜の収穫期間の拡大

　作物は種類，品種ごとに特定の温度範囲や日長時間に対する感応性があり，季節による温度や日長時間の変化に反応して，生長生育相から生殖生育相に転換し，花芽の形成，開花，結実などの生育段階を経過する．収穫適期は，これらの変化に応じて決められる．自然の気象変化の下で行われる露地栽培の場合は，前述したイネやバレイショのように地理的な気候の変化に伴って栽培期間が規制されて，作付時期，収穫時期が地理的に移動する．このような気象的要因の変化を人工的に制御して作付時期を調節しようと，保温や加温あるいは電照や遮光などの処理のための技術開発が進められてきた．ビニールフィルムによる地表面被覆（マルチ）やトンネル被覆，ビニールハウスやガラス温室の設置，照明や加温装置の導入などがそれである．また，さまざまな温度・日長条件に対応した多くの品種が育成された．特に野菜の品種の多様化には目覚ましいものがある．

　野菜の栽培では，このような資材や施設と品種を組み合わせて地域や季節の変化に対応し，経済的にも有利な栽培を行えるような多様な「作型」が開発さ

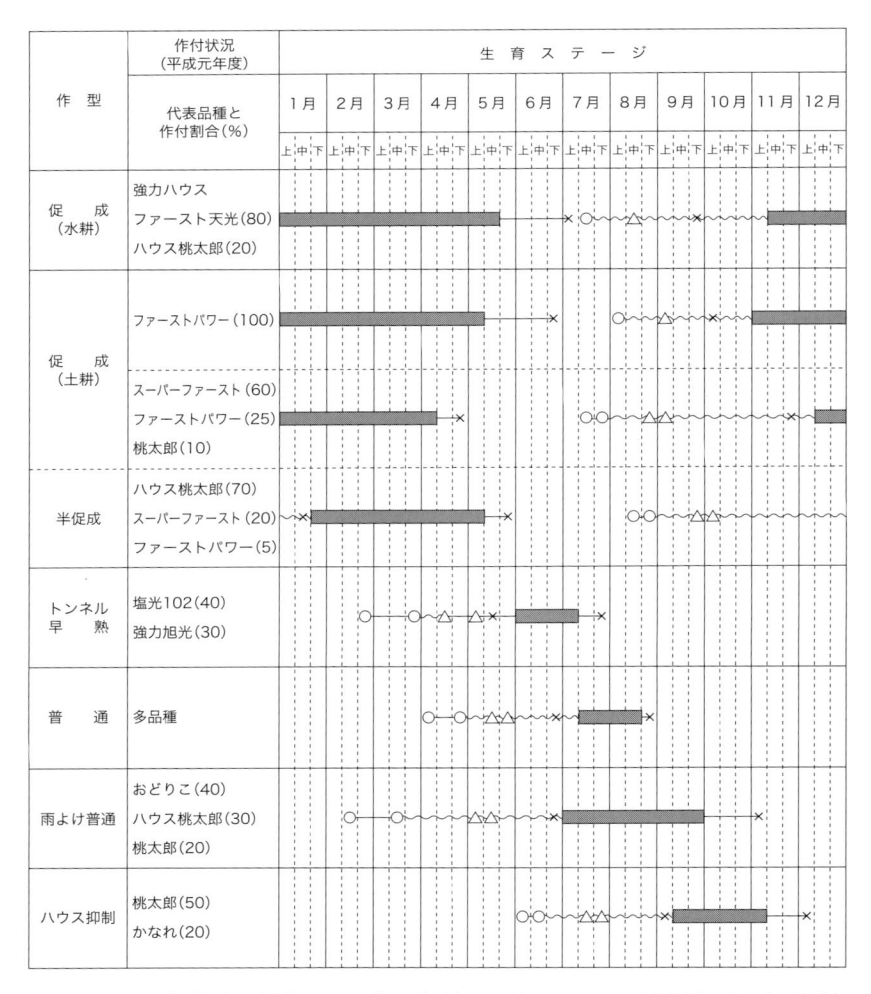

図Ⅲ-38 周年供給に対応した野菜の作型と品種，トマトの例（愛知県三河地方）

れて，野菜の周年供給に貢献している．トマトを例にすると，「冬春トマト」として促成（水耕，土耕），半促成，「夏秋トマト」としてトンネル早熟，雨よけ普通，普通，ハウス抑制などがあり，年間を通して収穫が行われる（図Ⅲ-38）．

e．ダイズとエダマメ　　収穫物の用途による植物体の収穫部位と適期

　ダイズは煮豆材料や食品加工原料としては完熟した子実を，エダマメとしては未熟な子実を収穫する．用途によって利用する品種が異なり，収穫，調製の方法も異なる．このように，同じ植物でも利用目的によって作物の収穫対象とする植物部位が異なり，収穫適期となる生育段階が異なるものもある．

　例えば，トウモロコシは製粉，搾油の原料用穀物としては成熟した段階で収穫して乾燥子実を用い，家畜の飼料であるデントコーンは乾燥子実として用いる場合も，成熟前の植物の地上部全体を収穫して用いる場合もあり，生食用あるいは缶詰用のスイートコーンは柔らかで食べやすく，甘味ののった子実が得られる生育段階で収穫する（それぞれに応じて利用する品種が異なり，収穫の方法にも，また調製の仕方にも違いがある）．

　乾燥子実の場合は，完熟した雌穂を摘み取り，乾燥させてから包皮を剥いで，子実を穂芯から外し，風力を利用した比重選別により充実した子実を選ぶ．これらの各作業工程に対応する機械が利用されている．家畜（主として乳牛）の飼料として植物体の地上部全体を利用する場合には，「青刈り」といって新鮮な植物体を給与する方法と，「サイレージ」といって密封できる各種のサイロなどの貯蔵用容器に詰め込んで，嫌気的な条件にして乳酸発酵させ，3カ月以上貯蔵した調製物にして給与する方法がある．青刈りの際には，主に雌穂が充実し始めた子実の糊熟期頃から子実に爪跡が付く程度に固くなった黄熟期にかけての期間に，植物体の地上部を株元（地際）から刈り取って数cmぐらいの長さに切断して給与する．サイレージ調製の際には，飼料成分収量が最も多くなる黄熟期に収穫して調製する．栽培地の気候，収穫物の用途，利用時期などに合わせて選択できるように，成熟までの期間，草型，飼料成分バランスなどの特性の異なる多くの品種が育成されている．また，これらの各工程の作業に用いるためのフォレージハーベスタ，フォレージカッターなど多くの機械があり，作業の規模や投入可能労働力に対応して，体系的に作業システムを組み立てることができる．

(4) 収穫回数

　収穫回数は，一年生作物の場合でも，イネ，ダイズのように1回で一斉収穫してしまう作物，メロン，スイカのように収穫適期となったものから順次収穫する作物，キュウリ，トマト，ナス，ピーマンなどのように果実が収穫可能となるたびに複数回収穫する作物もある．ただし，どの節に果実を着けるかは脇芽を除いたり頂芽を摘み取ったり（摘芯）して計画的に管理しており，着果最下位節から数えて果実を着ける節数に応じて「5段どり」のように呼ぶ．果菜類は大きさ，形，色，熟度などの評価指標によって選別し，多段階の等級区分を行って，箱詰めして，出荷する．遠距離輸送の場合は予冷して出荷する（後述）．

　多年生作物の場合，果樹やチャのように果実や萌芽などの植物体の特定の部位を，毎年，生産物として収穫する．チャは2～6回摘取りが可能で，茶期に応じて「一番茶」，「二番茶」のように呼び，バリカン状の刃と刈り取った芽を収納する袋を持った収穫機を用いて収穫する．収穫した生葉は，蒸葉，揉葉，乾燥などの調製工程を経て製品となる．

　牧草は，イタリアンライグラスのような一年生の種でも，オーチャードグラスやアルファルファのような多年生の種でも，春のスプリングフラッシュのときに一番草として地上部をモアやフォレージハーベスタを使って刈り取って収穫し，続いて刈り株から再生，分げつしてきた植物体を二番草として収穫する．生育状況に応じて順次刈取り回数を増やしていく．生草のままでも家畜に給与するが，乾草やサイレージに調製して貯蔵する．放牧して家畜に食べさせる収穫の方法もある．

　また，コンニャクのように，種イモを植え付けて育て始め，毎年，春に植え付けて秋に掘り取り，3～4年の期間をかけて栽培して，最終的に植物体の球茎の部分を収穫するものもある．つまり，3～4年に1回の生産物収穫ということになる．球茎は輪切りにして乾燥し（荒粉），粉砕してマンナン粒子（精粉）に調製する．

(5) 調　　製

　前節における収穫についての説明の中で述べてきたことからもよくわかるように，ほとんどの作物は，食用あるいはその他の用途に応じて，収穫後，商品として貯蔵，出荷，販売あるいは自家利用に供されるまでの間に，各種の調製が行われる．

　調製作業には，脱穀および脱莢，選別，洗浄，乾燥，キュアリング，追熟，発酵，包装などがある．主な作業についてその要点を述べる．

a．脱穀，脱莢

　イネ科やマメ科の作物では，子実を包む籾や莢（マメ類）の形態で収穫してくることが多い．脱穀（粒）機を用いて穂や莢から籾や子実を分離させる作業が脱穀（粒）である．一般には収穫後，作物体を十分乾燥させて，籾や子実が分離しやすくなってから作業する．しかし，イネ，ムギ類やダイズなどの場合，近年ではコンバイン収穫期を用いて比較的高水分の状態で脱穀（粒）して（生脱穀），そのあとで籾，子実を乾燥させる場合が多くなっている．イネ籾は乾燥，選別後に籾すりをして玄米にし，粒選，袋詰めして出荷される．

b．選　　別

　農作物は，種類，品種，系統などがきわめて多様であり，生産地，作型によって，また栽培期間の天候，肥培管理，病害虫などによって収穫物の個体差も大きい．したがって，市場への出荷や利用に当たって，品質評価による選別が必要になる．それぞれの作物や品種の備える特性に応じて，一般に，重さ，形，色，損傷の有無などの外部形質や比重，糖度などの内部品質によって収穫物の階級区分が行われる．主要な作物については，政府や生産者組織などによる規格や基準が定められている．

　手間のかかる選別作業を効率的に行うために，それぞれの作物，選別作業工程に対応して，多種多様な選別機械・装置が用いられている．最近では，コン

142   Ⅲ．作物栽培の技術

白ねぎ

L（軟白部の太さ 2.0cm 以上）

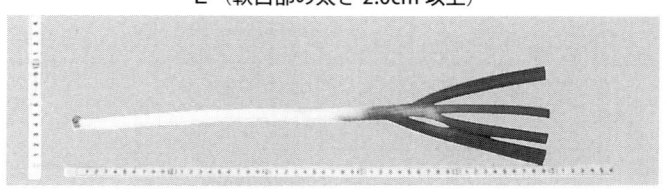

M（軟白部の太さ 1.5cm 以上 2.0cm 未満）

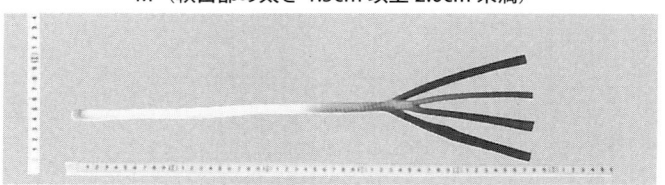

S（軟白部の太さ 1.0cm 以上 1.5cm 未満）

青ねぎ

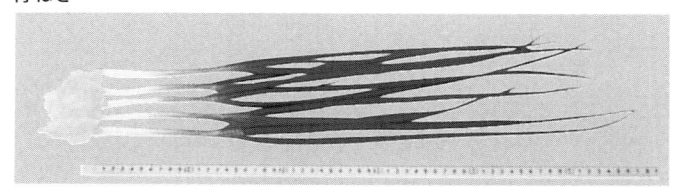

全長（40cm 以上）

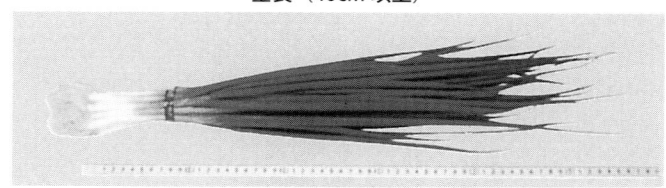

全長（40cm 以上）

図Ⅲ-39　ねぎの標準規格
（野菜供給安定基金，野菜出荷規格ハンドブック（指定野菜編），平成 10 年 3 月，1998）

表Ⅲ-7　ねぎの標準規格①

1. 規格の対象
   この規格は，ゆり科に属し，生鮮のまま消費者に供給されるねぎを対象とする．ただし，わけぎを除く．
2. 規格の内容
   この規格の内容は，1に定めるねぎの産地からの出荷段階における品位，大小，量目及び包装の基準とする．
   (1) 品位基準
   ① 最低基準
   　ア　品種固有の形状を有しているもの．
   　イ　腐敗，変質していないもの．
   　ウ　病害，傷害がないもの．
   　エ　土砂等の異物の付着が軽微なもの．
   ② 標準品位
   　ア　色沢良好なもの
   　イ　抽たいしていないもの
   　ウ　虫害がないもの
   　エ　白ネギの葉を切る場合にあたっては，軟白部の長さの3分の1程度とする．
   　オ　萎凋の徴候のないもの．
   (2) 大小基準
   　大小区分は，軟白部の太さ，長さおよび全長（青ねぎのみ）とし，その基準は，次のとおりとする．

		L	M	S
白ネギ	軟白部の太さ（直径）	2.0cm以上	1.5cm以上 2.0cm未満	1.0cm以上 1.5cm未満
	軟白部の長さ	30cm以上．ただし，夏ねぎ（7月から9月までを主な出荷時期とするもの）及びM・Sにあっては，25cm以上．		
青ネギ	全　長	40cm以上		

　(3) 最低基準に達しているもので，標準品位又は大小基準に適合しないものの呼称は，並とする．

（野菜供給安定基金，野菜出荷規格ハンドブック（指定野菜編），平成10年3月，1998）

ピュータによる画像処理技術や，近赤外光線による内部品質判定法などを活用した選別装置が開発され，大きな産地の出荷施設などにおいて，大量の収穫物の選別作業に導入されて効果をあげている．

また，出荷規格の等級基準の区分の多い野菜について，ネギを例として図Ⅲ-39および表Ⅲ-7に示した．

c. 洗　　　浄

　ダイコン，ニンジンなどの根菜類やサトイモは泥付きのままでも出荷されるが，最近は洗浄して出荷することが多くなっている．そのために，水洗とブラッシング，さらに搬送をも組み合わせた各種の洗浄機が利用されている．

d. 予　　　冷

　野菜の出荷に際して，一定時間低温状態におくことが，その後の長時間の鮮度保持のために効果的であることが明らかにされ，特に市場までの輸送に時間のかかる産地から出荷されるレタス，ハクサイ，キャベツなどの葉菜やイチゴなどでは，予冷が励行されるようになっている．大きな産地には，箱詰，パレット積みのままで冷却できる大型の冷却装置が備えられている．

e. 乾　　　燥

　イネ科やマメ科の子実類，ソバ，ナタネなどのその他の子実類は，変質を防いで安定的に貯蔵するために，十分乾燥させる必要がある．ただし，比較的高水分からの急激すぎる脱水や過乾燥は，子実の収縮変形や内部に亀裂を発生させるなどの品質の劣化をもたらすので，それぞれの乾燥特性に適合した脱水経過をたどらせる乾燥方法を行わなければならない．

　乾燥の方法には，刈り取って畑に広げておき，ときどき撹拌する（牧草の乾草作り），畑に島立て（ダイズ，アズキ），にお積み（ラッカセイ，ササゲ），架干し（イネ）などを行って子実を含む植物体全体を天日と風によって乾燥させる自然乾燥，ビニールハウス内での太陽熱利用の自然乾燥（ダイズ）および各種の人工乾燥がある．自然乾燥法で予備乾燥させてから人工乾燥で仕上げる場合もある．

　人工乾燥には常温通風乾燥，火力による加熱通風乾燥，除湿乾燥などの方法がある．また，乾燥のための装置には，乾燥材料（子実）をある程度の厚さで堆積しておいて下部から風を圧送する静置型（あるいは回分型），乾燥装置（ほ

とんどの子実に対応できる），材料を熱風の中で循環させる縦型循環乾燥装置（イネ，オオムギ，コムギ），熱風が送り込まれている回転する円筒型の槽内に材料を撹拌させながら搬送していく回転円筒型乾燥装置などがある．牧草の乾燥法には，梱包した予乾草を堆積ぐるみで乾燥する乾燥室，包み込んで熱風を吹き込む方法などもある．

　刈取り時の子実水分はイネ籾で20〜25％，オオムギ，コムギでは20〜30％，ダイズでは18〜25％程度の場合が多い．出荷，貯蔵のためには13〜15％になるまで乾燥させる．

f．キュアリング

　イモ類は，掘取りや運搬時に傷を受けて，そこから病原菌が侵入して貯蔵中に発病，腐敗しやすい．それを防ぐために，貯蔵する前に，傷口や表皮下にコルク層を形成させるために調製・貯蔵庫内でキュアリングを行う．サツマイモでは30〜33℃，湿度90〜95％の環境の中に5〜6日間置き，10〜20℃，湿度85〜90％で貯蔵する．9℃以下になると低温障害を起こして腐敗しやすくなる．また，バレイショでは10〜15℃，90〜95％の環境に2週間置く．コルク層の形成に伴い，呼吸熱の発生も低下し，2〜5℃，湿度90％程度で貯蔵する．

g．追　　　熟

　セイヨウナシ，キウイのように，果実には完熟させても，甘さ，固さや舌触りが十分発揮されないものがある．セイヨウナシをおいしく食べられる状態にするためには，収穫した果実を10日間ほど冷蔵庫で冷やしてから15℃以上の外気にさらし，再び冷蔵庫で5日間低温処理するといった予冷，追熟を行う（山梨県のラ・フランスの例）．また，キウイは，果実自体からは熟成に必要なエチレンを発生しないので，エチレンガスを吸収させながら15〜20℃で1週間処理する．温度が高めの方が熟成は早く進むが，軟腐病などの発病が増加しやすくなるので注意する．

h. 脱　　　渋

　渋ガキには，渋味の素となる可溶性タンニン物質が含まれている．これを0.2%まで低下させて脱渋する．①箱詰めして35%濃度のエチレンアルコールを散布して（140cc/段ボール箱15kg詰）密封包装するアルコール脱渋法，②集荷コンテナを積み込んだ倉庫や天幕内に65〜75%濃度の炭酸ガスを封入して3〜5日間処理する炭酸ガス脱渋法，③庫内を30℃として12〜24時間加温し，その後96〜100%濃度の炭酸ガスで24時間処理するC.T.S.D.方式，④樹上の果実にエタノール含有剤入りのポリエチレン袋をかぶせて3日間処理するなどの方法がある．

i. 発　　　酵

　酒類，漬物などの，農産物を原料とした製品の加工の方法として，発酵は広く用いられている．農業生産者による作物の調製過程に発酵が取り入れられているのは，先にトウモロコシについて述べたように，牧草や飼料作物をサイレージとして貯蔵する場合である．最も栄養収穫量の大きくなる牧草の出穂期やトウモロコシの黄熟期に刈り取って細断し，サイロに詰め込んで密封して嫌気的条件の下で乳酸発酵させる．これによって，原料の物質減耗は最小限に抑えられ，安定した状態で貯蔵することができるようになり，計画的な周年供給がはかれ，自家産飼料の効率的な利用が可能となる．

j. 包　　　装

　生産物の出荷に際しては，市場取引上定められた包装規格がある．コメは所定の紙袋に30kg，オオムギ60kg，コムギは50kg詰めにする．主要な野菜，果実については，農林水産省によって，量目，結束，内装用容器，段ボール箱，荷造りの方法，表示事項などの細部にわたって「標準規格」の基準が定められている．ネギの例を図Ⅲ-40と表Ⅲ-8に示した．また，切り花について（バラ，カーネーション），採花時期，品質選別基準と標準的な出荷形態を表Ⅲ-9に示

Ⅲ. 作物栽培の技術

段ボール箱（5kg） 段ボール箱（5kg）

段ボール箱（3kg） 段ボール箱（3kg）

段ボール箱（5kg） 段ボール箱（5kg）

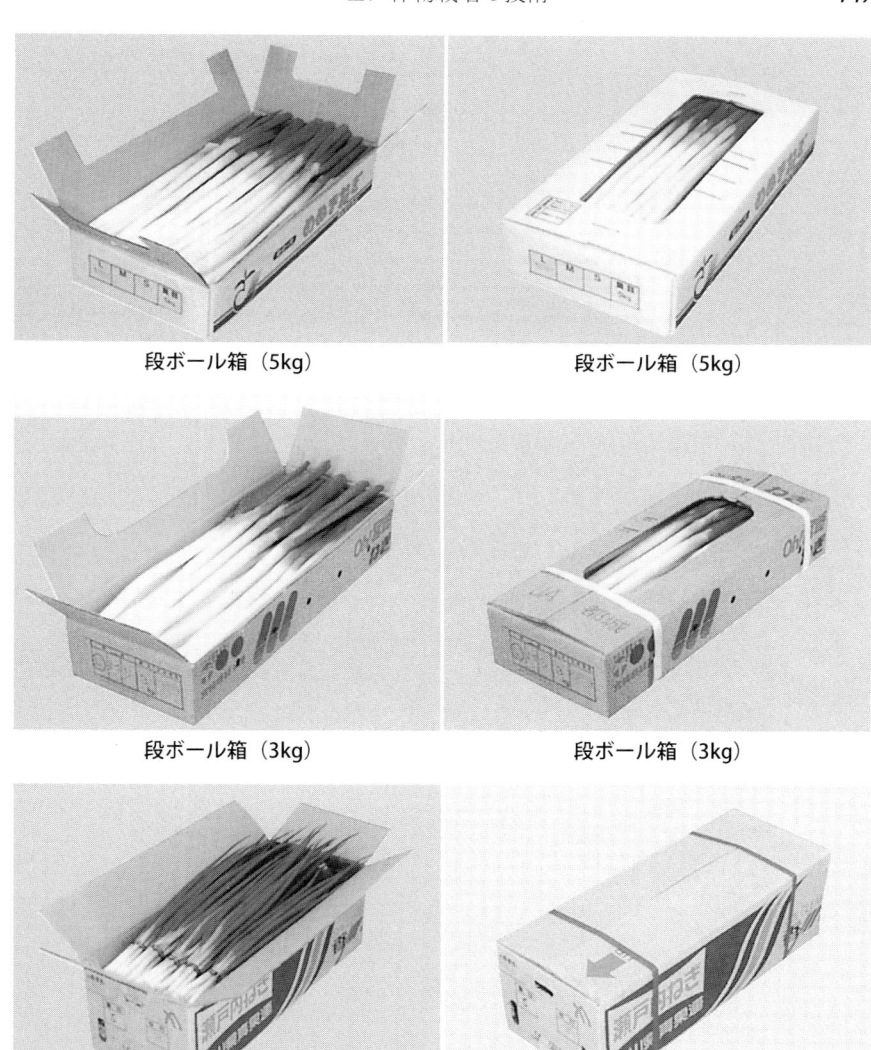

図Ⅲ-40　ねぎの包装基準
（野菜供給安定基金，野菜出荷規格ハンドブック（指定野菜編），平成10年3月，1998）

表Ⅲ-8 ねぎの標準規格②

(4) 量目基準
　1包装単位の量目基準は，市場での販売時において白ねぎにあっては，5kg又は3kg，青ねぎにあっては5kgを標準とする．
(5) 包装基準
　包装容器は，段ボール箱とし，その基準は次のとおりとする．

	種　類	白ねぎ		青ねぎ
		5kg	3kg	
容器の大きさ	長　さ	600mm	585mm	665mm
	幅	250mm	200mm	275mm
	深　さ	100mm	100mm	170mm
材　質	材質は，JISZ1516で定める外装用段ボールの両面段ボールA段3種以上とし，箱の基準歪量内の最大耐圧強度は，5kg段ボールにあっては350kg以上，3kg段ボールにあっては165kg以上とする．ただし，基準歪量は両面段ボール箱の場合18mm以内とする．			
荷造方法	封かんは，足の長さ15mm以上，幅2mm以上の平線を用い，上面2ヵ所，下面4ヵ所以上とめること．この場合において，JIZ1511で定める包装用紙ガムテープ第1種以上，又はこれと同等以上の効力を有する資材を使用しても差し支えない．			
表示事項	外装には，次の事項を表示すること．品目名，産地，大小区分，量目，出荷者名又は商標．			

(野菜供給安定基金，野菜出荷規格ハンドブック（指定野菜編），平成10年3月，1998)

した．

(6) 収穫・調製作業の体系

　収穫・調製作業は，時系列的につながった一連の工程によって構成されている．

　イネの場合を例にとると，［①植物体全体の刈取り－②結束－③架干しなどによる藁や穂の乾燥－④乾燥した穂からの籾の分離＜脱穀＞－⑤籾の選別（唐箕による比重選別）－⑥籾の乾燥－⑦籾殻を取り除き玄米を得る＜籾摺＞－⑧選別（玄米の粒厚，その他）－秤量および袋詰め（所定の紙袋に30kg)］となる．かつては，これらの工程が1つずつ独立の作業として行われてきた．しかし，バインダー（刈取り結束機）利用段階では①と②は同時化されて一体となった．自脱コンバイン段階ではさらに進んで，①～⑤（③は除く）の工程を1回の

Ⅲ．作物栽培の技術

表Ⅲ-9 切り花の採花時期と標準的な出荷規格

種類名	切り花時期	等級の基準 優	等級の基準 良	階級の基準 草丈の選別	包装容器と1箱の出荷本数
バラ	開花直前の花蕾	花茎が直線で花、茎、葉のバランスがよく、品種の花型、花色がともにきわめて良好	花茎が直線で花、茎、葉のバランスが次ぎ、品種の花型、花色がともに良好	品種の花型、花色が優に次ぐもの	70cm以上 60〜70cm 50〜60cm 40〜50cm 40cm未満	段ボール箱は幅30cm、長さと深さは階級、入れ本数で適宜調節して50〜100本を箱詰めする
カーネーション	花蕾が二〜三分咲き	花、茎、葉のバランスがよく、品種の花型、花色がともにきわめて良好	花、茎、葉のバランスが次ぎ、品種の花型、花色が良好	品種の花型、花色が優に次ぐもの	60cm以上 50〜60cm 40〜50cm 30〜40cm 30cm未満	段ボール箱は幅30cm、長さと深さは階級、入れ本数で適宜調節して200〜400本又は100本を箱詰めする

段ボールの外装には、種類名、品種名、等級、階級、入れ本数、出荷者名またはコード番号を表示する．
切り花の採花時期ならびに標準的な出荷の方法は農林水産省（平成6年6月）編集の切り花全国標準出荷規格に準じた．（武永順治（編）より抜粋）

作業で済ませることが可能となった.

現在,イネの収穫作業はほぼ完全に機械化されている.75％がコンバインで,24％がバインダーで収穫され,鎌を使った手刈りはほとんど行われていない.特に1戸当たりの作業面積の大きな北海道では8％の普通型コンバイン利用を含めて95％が,また水稲作への特化率の高い北陸地域では93％がコンバインで収穫されている.都府県の場合,コンバインのほぼすべてが自脱コンバイン利用である.一方,岩手,宮城,山梨,長野,島根,長崎,鹿児島各県など,傾斜地が多いために圃場整備が遅れていて1枚の水田の区画が小さな中山間地域の多いところでは,収穫面積の40％以上がバインダーを利用して収穫されている.

野菜や果実の場合は,収穫・調製作業の中ですでにみてきたように,調製工程が大きな部分を占める.収穫・調製用の作業機の開発が進められているが,まだまだ手作業によるところが多い.

イネ,ムギ類あるいは飼料作物に比べて,野菜や果樹の収穫作業が機械化されにくいのは,果実や果菜のように収穫適期が1つの株(植物個体)の中でさえも斉一でないこと,収穫物の着生位置が株内,株間で狭い限定された空間の中に揃いにくいこと,形や色のばらつきが大きく機械的に識別しにくいこと,収穫適期の水分含有率が比較的高くて柔らかいものが多いこと,収穫対象を集合体として取り扱えない個体であることなどの多くの制約条件があるためである.果実の中では比較的制約が少ないナッツ類,小ウメなどでは,果樹の幹や枝に機械的な振動を与えて落下させて収穫できるものもある.

また,野菜類の中ではバレイショ,ニンジン,ダイコン,ゴボウなどの根菜類の収穫が,茎葉処理から,堀取り,調製,選別までの各工程別に,あるいはいくつかの工程を一体化させて機械化されている.バレイショ収穫機は,堀上げ,茎葉根や土の分離,機上での作業者によるコンベア搬送中のイモの選別,一時ストック,コンテナへの移しかえまでを組み合わせた大型の専用機である.最近では,キャベツ,レタスなどの葉菜類の収穫機の開発が進められている.ベルトなどで植物体を挟み,抜き上げて根を切断し,作業者が機上で選

別し，コンテナに詰める方式のものが多い．タマネギ収穫機，長ネギの収穫機，皮剥き機，収穫したエダマメの莢もぎ・選別機なども用いられている．

牧草や飼料作物の場合は，収穫・調製作業の体系的な機械化が進んでいる．

(7) 収穫作業の労働負担

収穫・調製作業は多くの労力を必要とし，労働負担も大きい．収穫はほとんどの作物（植物）の生産において最も多くの労力を必要としている作業である．例えば，イネでは総所要労働力の26％，ダイズで40％，原料用カンショで45％，野菜のキュウリで40〜50％，キャベツで30％，果実のミカン，リンゴ40％，狭山茶で50％，コンニャクで44％，イグサで33％を占めている．それでも，イネ，ムギ類や飼料作物のように収穫作業の機械化が進んでいる場合は作業者の労働負担が大きいことの大きな要因として，作業の中での収穫物の取扱い，運搬の頻度が高いことがあげられる．キャベツ，ハクサイ，ダイコン，スイカなどの重い野菜は敬遠されて，作付けが減少している．機械化の推進，各種の運搬手段の工夫，導入などによるハンドリング（物の取扱い，運搬，貯蔵管理）の改善，合理化が必要である．

作業の労働負担は，所要労働時間（hr），作業時のエネルギー消費量（cal），RMR（relative metabolic ratio の略，[作業時代謝量－基礎代謝量]／基礎代謝量）などの指標によって表される．

Ⅳ．作物を保護する技術

1．作物の保護とは

　人類が作物を作り始めたときから，人類は利用しようとする植物（作物）を選んでそれを自然の植物群落の中に植え付けて生育させ，できるだけたくさんの収穫を得ようとした．しかし，それは自然の植生を壊す行為となり，放任しておくならば，自然の力は当然もとの植生へ復元しようとして，侵入した植物（作物）を抑圧，排除する方向へと働く．人類からみると，それは目的とする作物の生産が妨げられることであり，期待する収穫への害が生じることになる．そこで人類は，作物の生産に被害が生じないように，作物の生育を守ることが必要と考え，作物を保護するための努力を始めた．

　自然は作物の生産に影響を与え，望んだ収穫をもたらすとともに，人類が保護の努力を怠ると，たちまち作物に被害を生じて生産を破壊し，自然環境に侵入した植物（作物）を抑圧し，排除しようとする．このように，自然が作物の

写真：虫害を受けたダイズ（写真提供：芝山秀次郎）

生産に被害を与えるとき，それは作物への病害，虫害，雑草害，鳥獣害，気象災害などとして現れるが，また現代では，人類自らの不適切な行為の結果としての環境破壊や汚染が，作物へ被害を与える場合も多くなっている．このように作物は，さまざまな生物的あるいは非生物的な要因の影響で良好な生産を妨げられ，収穫量が減少したり品質が悪化したりする．また，農作業の面からみれば，効率的な作業が妨げられることもある．こうした被害から作物を保護するためには，病害虫，雑草や鳥獣の適切な制御，気象災害対策，農業環境の保全などの技術が必要となる．そこで，作物にとって有害なこれらの要因は，作物生産にどのような被害をもたらすのか，次いで，それらの被害から作物を保護する技術について，以下に述べることとする．

2．病気による被害と保護の技術

(1) 病気による被害

作物の病気とは，作物が何らかの原因により，形態的，生理的に正常でない状態になる場合をいう．そして，作物に被害をもたらす病気の原因である病原微生物や病原体には，菌類（糸状菌），細菌，ウイルス，ウィロイド，線虫など（主因という）があり，また作物体自身の病気に対する感受性など（素因という），あるいは病気を伝播する昆虫や病気を助長する環境要因（誘因という）も，作物の病気の発現に大きく関係している．また，実際に作物に被害が生じるときには，昆虫が伝播させるウイルス病など，病害と虫害の両者は切り離せないことも多い．線虫などの動物については，虫害の項目で述べる．

a．病原体の種類
1) 菌 類

菌類(fungi)は真核生物で，これに属する大部分の病原体は糸状の菌体（菌糸）を持つため糸状菌といわれることも多く，一般にはかびと呼ばれている．菌類

は5,000属以上，60,000種以上があるとされ，これによる作物の病気の種類は多いが，それらは変形菌門（粘菌）および真菌門（糸状菌）に分類され，真菌門は，さらにべん毛菌亜門，接合菌亜門，子のう菌亜門，担子菌亜門および不完全菌亜門に分類される．

2）細　　　菌

細菌（bacteria）は原核生物で，作物の病原体となるものはごく一部であり，ほとんどは単細胞で，幅 $0.5 \sim 1.0 \mu m$，長さ約 $1 \sim 5 \mu m$ の桿状の形態をしており，1～数本のべん毛を持っている．形態の異なったものとして，放線菌類，スピロプラズマおよびマイコプラズマ様微生物（MLO）がある．

3）ウ イ ル ス

ウイルス（virus）は種々の生物に寄生するが，植物に感染するものは約700種で，日本では200種以上が見出されている．ウイルスは，タンパク質外殻に核酸が包まれた構造を持ち，類別には核酸の種類（RNA, DNA），鎖性（1本鎖，2本鎖）や外形（棒状，球状など）などが用いられる．また，タンパク質の外殻を持たない低分子RNAのウィロイドは，数は少ないが，植物病原体の中では最も小さいものである．

b．病気の発生要因

作物の病気は，まず主因である病原体が，風，水，昆虫，人などの動物，土壌，種子などによって作物に伝搬されることによる．次いで，温度，湿度，日照，土壌要因，水，施肥などの環境条件（誘因）が病気の発生に好適であるかどうか，また生育状況や品種などによる作物の病原体に対する生化学的，物理的な抵抗性（素因）の有無などにより病害が発生する（図IV-1）．

1）病原体の伝播

風による空気伝染は真菌（糸状菌）類に多く，胞子は風に乗ってかなり遠方まで飛散する．また，川などの水の流れによっても運ばれる．その場合，中間寄主植物からの飛散，伝搬が重要なことも多い．媒介昆虫による伝染は，特にマイコプラズマ様微生物（MLO）やウイルスによる病気の場合に重要で，一年

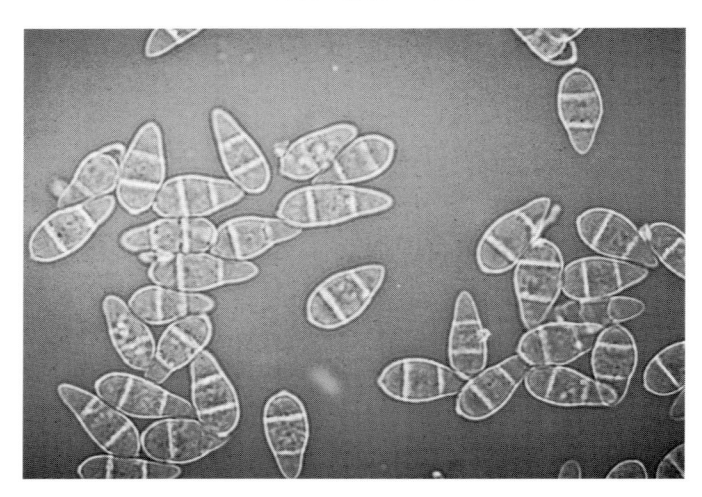

図Ⅳ-1　イネいもち病菌の胞子（分生子）
（八重樫博志氏 原図）

生作物などでは，雑草などの中間寄主植物の存在が影響することが多い．病原体は，人，動物や農機具などの表面に付着して運ばれやすい．土壌病害は，土壌の中で病原菌が作物の植付けを待ち，農機具などで運ばれ感染するものや，遊走子が土壌水中を泳いでいく場合もある．種子は，しばしば第1次伝染源となり，また，栄養繁殖作物の種イモ，球根，苗木や果樹などの永年生作物では，病原体がその体中に生存して伝染源となり，翌年の苗や新梢などへ病気を発生させることが多い．

2）環境条件

冷害年には，しばしば北日本を中心に水稲に激発するいもち病のように，夏作物でも低温，寡照，多湿下で発生しやすいものや，イネ籾枯細菌病のように高温条件で発病しやすい病気など，病気の種類により発生条件は種々であるが，一般に，湿度が高いところでは作物が軟弱に生育しやすく，病原微生物も発芽，増殖しやすい．ムギなどの冬作物では，低温下で発生しやすい病気も多い．土壌は，莫大な量の微生物の住み場所であり，病気の発生への影響は大きいが，一般的には作物の連作は土壌中の菌を増やして土壌病害を多発させる．

また，土壌の乾燥は発病を抑え，多湿は促進し，土壌養分の過多，特に多量の窒素施肥は作物の生長を過剰にして，罹病への抵抗性を弱める．

3）作物体の感受性（抵抗性）

前述したように，同一作物の連作は年次を経るに従って病気を多発させやすく，また同一作物，品種の大面積栽培は，一度病気が発生した場合に一斉の蔓延を引き起こしやすい．それとともに，作物の栽培条件では，日照不足で多湿下に生育した場合や，特に窒素肥料の多量施用は，一般的に作物体を徒長させて組織を軟弱にし，生理的，物理的に病気への抵抗力を低下させる．また，遺伝的にみると，同じ作物でも品種によって病気にかかりにくいものや，近年のバイオテクノロジーによって耐病性遺伝子を他から導入した新品種などがあり，将来の技術開発の余地は大きい．

c．作物の主な病害
1）イネいもち病

イネいもち病は，水稲への被害が最も大きい病気であり，特に冷害年には北日本を中心に多発して大被害をもたらす．病原体は糸状菌の不完全菌類に属し，イネの全生育期間を通じて発病し，葉いもちや穂いもちなどとなり，イネ体のあらゆる部位に病斑をつくって枯死させる．窒素成分が多施用の水田や，日照不足で降雨が続いたあとなどに激発することが多く，若いイネ株が病原菌の毒素のために萎縮して枯死することもあり，これをずりこみいもちという．葉の病斑は拡大すると紡錘形となり，外側は黄色でその内側は褐色の壊死部となり，中心部は灰白色化する（図Ⅳ-2）．

2）イネ白葉枯病

イネ白葉枯病は，近年の日本では少ないが，熱帯アジアなどでは多発する細菌病である．イネの刈株やイネ科雑草のサヤヌカグサなどで越冬し，春に水分を得て増殖する．べん毛により水中を泳いでイネに感染し，導管内で増殖して充満する．多肥栽培の場合や台風後など，イネ体が傷付けられたり浸水したときに発生しやすく，発病が激しいと葉全体が白くなって枯死し，減収をもたら

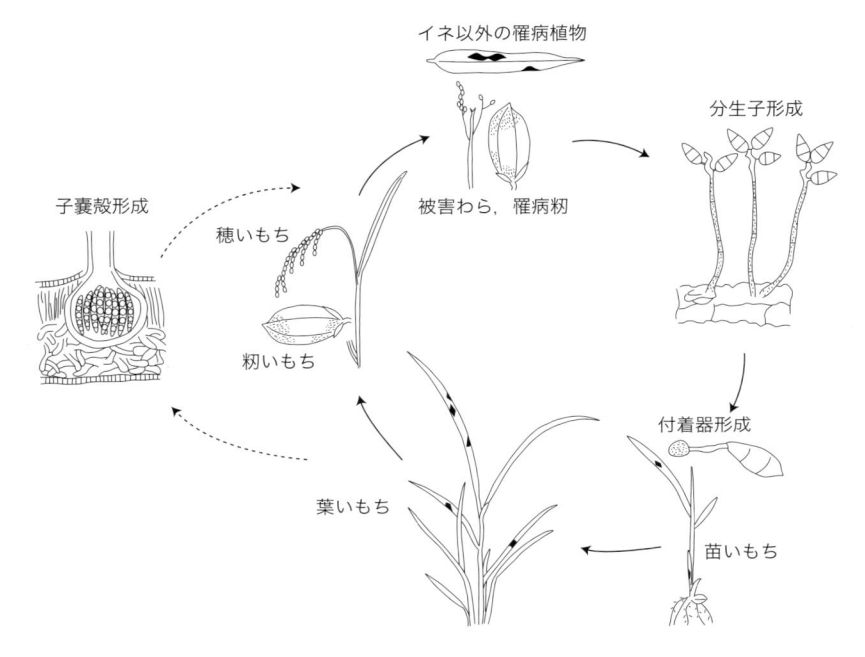

図IV-2　イネいもち病菌の伝染と発病
(八重樫博志氏原図)

す．

3）イネ萎縮病

イネ萎縮病の媒介昆虫はツマグロヨコバイなどで，ムギや冬雑草のスズメノテッポウなどを寄主として越冬した保毒幼虫や，経卵伝染により保毒した虫から感染するウイルス病である．イネの生育初期に罹病することが多く，葉は濃緑色となり，株は萎縮症状を示す．特に，イネの直播栽培で重要な病害である．

4）アブラナ科野菜根こぶ病

アブラナ科野菜根こぶ病は一種の病原菌により，ハクサイ，キャベツなどのアブラナ科野菜類に発生する土壌伝染性病害で，特に連作により続発することが多く，激しい被害のため産地が成り立たなくなることも多い．病原体は変形菌類で絶対寄生菌のため，植物体細胞内でのみ増殖する．春から秋にかけて発

生し，夏には少ない．病株の根には大小の異常なこぶが形成され，茎葉の生長は著しく衰える．まず，休眠胞子が発芽して遊走子を生じ，これが根に感染したのち，肥大した皮層細胞内に多数の休眠胞子を充満した根こぶを形成する．

5）タマネギ萎黄病

タマネギ萎黄病は，媒介昆虫ヒメフタテンヨコバイから感染するマイコプラズマ様微生物（MLO）によって発病する．苗圃や植付け初期に感染することが多く，罹病するとタマネギは矮化して生育不良となり，葉が黄化してりん茎の肥大は停止し，細長い紡錘形になって，激しいときは株が枯死する．

6）ナ シ 赤 星 病

ナシ赤星病は，担子菌類の糸状菌によってナシに発生する．春頃に感染して葉に黄色の小斑点を生じ，次第に大きくなって夏には黄褐色～黒褐色の病斑となってさび胞子をつくり，やがて落葉する．さび胞子は風で飛んでビャクシンなどの中間寄主の葉や枝に菌糸により侵入，越冬し，それらで形成した冬胞子が春に発芽して小生子をつくり，飛散して新しい発生をもたらす．したがって，春に風上方向にビャクシン類があると，発生が多くなりやすい．

（2）病害からの保護と防除方法の種類

病害などによる作物への被害は，古来より飢饉をもたらすなど，人々の生活，生存をも左右するほど大きな災害となった．しかし，災害のない年には，生産や収穫を行う中で，それほど大きな被害を生じることはなく，現代のように毎年決まった防除を繰り返し行うほどの発生はみられなかった．これは，野菜，果樹などを含めた主要作物すべてについていえることであるが，農業技術全般が変化して，現代に栽培されている各作物の品種そのものが，肥料を施されることで良好な生育と多収が得られるものにかわっており，その結果として，病害などが多発生して被害を受けやすくなっている．一方，このような生産技術の発展に基づいて，初めて人々に必要な食糧が確保されていることも忘れてはならない．

a．耕種的防除法

作物への発病を予防（prevention）するためには，まず作物の品種として，それぞれの病気に対する抵抗性品種や抵抗性台木の利用が可能であれば，それが最も望ましい．そのためには，重要病害について，抵抗性遺伝子の導入などの長期的な育種計画が必要である．また，作物の輪作，作期の変更，休閑，健全種苗あるいはウイルスフリー株の使用，施肥量の適正化，病気の媒介源となる周辺植物や害虫の除去，防除などの栽培管理技術により，病害を回避することが重要である．さらに，発病が予測される場合は，発生予察，診断に基づいて的確な防除法を行うことが必要である．

しかし，抵抗性品種などについては，それが実際に品質などの面で消費者に好まれるかどうか，また，病原菌はレースの変化などにより抵抗性が失われることも多いことなどが課題であり，栽培技術については，往々にして多労技術であったり，作付体系に導入しても需要の乏しい作物の輪作は困難なことなどによって，広範囲の技術としては定着しにくい場合もある（図Ⅳ-3）．

図Ⅳ-3　イネにおけるいもち病圃場抵抗性の品種間差異
（八重樫博志氏 原図）

Ⅳ. 作物を保護する技術

b. 物理的防除法

ビニールハウスの野菜栽培などにおける太陽熱利用による土壌消毒は，夏期の日射の強い時期に有効であるが，ハウス内への有機物資材の施用，耕うん，湛水した地表面へのマルチのあとにハウスを密閉し，日光下の高温により病原菌を死滅させる．また，耐熱性菌類などはその後も病原菌に拮抗的に作用して発病を抑制する効果がある．同時効果として，線虫や雑草の種子なども死滅させる．そのほか，物理的方法としては，温湯の熱による種子消毒，高温，高湿による土壌消毒などが行われる．

c. 生物的防除法

作物の病気の生物的防除法は，未だに研究途上のものが多いが，病原菌に対する拮抗作用を持った拮抗微生物，弱毒ウイルス，非病原性細菌の持つ抗菌性の利用など，一部実用化されているものもある．

d. 農薬による化学的防除

作物の病気が発生したのち，それを直接的に防除するためには殺菌剤が有効である．しかし殺菌剤は，菌類病を防除するためのものが大部分であり，細菌病に有効なものは少なく，またウイルス病に効果的なものは未だにないのが実情である．

1) 殺菌剤の分類

①作用機構によるもの…エネルギー代謝阻害剤，細胞壁生合成阻害剤，脂質生合成阻害剤，タンパク質生合成阻害剤，DNA生合成阻害剤など．

②化学的分類によるもの…銅剤，無機硫黄剤，有機硫黄剤，有機水銀剤，ハロゲン化脂肪および芳香族系剤，有機リン剤，ポリハロアルキルチオ剤，キノン系剤，ベンゾイミダゾール系剤，ジカルボキシイミド剤，カルボキシアミド剤，抗生物質剤など．

③剤型によるもの…乳剤，液剤，水溶剤，水和剤，粉剤，粒剤，ガス剤，く

ん煙剤，塗布剤など．

④使用時期によるもの…種苗処理剤，土壌処理剤，茎葉散布剤など．

2）殺菌剤の選択性

殺菌剤には，特定の病原菌のみに有効という選択毒性を持つもの（選択的殺菌剤）と，1剤で種々の病原菌に幅広く有効な選択性の低いもの（非選択的殺菌剤）があるが，前者は他の病原菌には効果がなく，また後者は他の生物に対してもしばしば有毒であるという欠点がある．一般的には，銅剤や有機硫黄剤などは殺菌作用により非選択的に病原菌を死滅させる作用があるが，微生物産生殺菌剤（抗生物質）や有機合成殺菌剤は，病原菌の生育，増殖や植物への侵入を阻害する静菌作用によるものが多く，効果は選択的で適用病害も限定されている場合が多い．

3）殺菌剤の使用方法

①種苗消毒…作物の種子，苗などをあらかじめ消毒してから植え付けるもので，殺菌剤溶液中への浸漬（浸漬法），粉剤をまぶす粉衣法，粉剤に少量の水を加えてこね，塗り付ける塗布法などがある．

②土壌消毒…土壌中の病原菌を殺菌するためには，土壌処理剤を使用する．

③茎葉処理…液剤散布は，乳剤,水和剤,水溶剤その他を，普通 1,000 ～ 2,000 倍程度に希釈して，100 ～ 200 ℓ /10a を散布することが多い．粉剤などの散布では，薬剤をそのまま散粉機などによって吹き付けていく．くん煙剤は，主に施設栽培などで利用されるが，薬剤を加熱して煙を充満させて使用する．果樹などでは，薬剤を樹幹や枝などに直接塗布して使用する．

e．総合的防除法

作物の病気の防除は，前述した耕種的防除，物理的防除，生物的防除，農薬による化学的防除を総合的に組み合わせて行うことが重要である．特に，薬剤のみに頼った防除を続けている場合，しばしば薬剤耐性菌が現れて，その薬剤が効かなくなることが多い．これは，特に同一薬剤を繰り返し使用する場合などに生じやすい．

3. 害虫による被害と保護の技術

(1) 害虫による被害

　作物に被害を及ぼす害虫とは，多くの昆虫の中で，作物体の摂食，食入や吸汁，産卵による幼虫の食害，虫えいの形成，病原体の伝播による作物への病気の媒介，あるいは収穫物への食害，損傷や品質低下をもたらすなどの被害を生じるものを示すが，水田のイネに対するウンカの被害をはじめとして，作物に壊滅的な減収をもたらすことも多く，しばしば飢饉の要因にもなった．現代では，作物を虫害から保護するために殺虫剤散布による害虫防除が広く行われているが，一方では害虫における薬剤抵抗性の発達や天敵類の除去による害虫の増加，あるいは新たな種の害虫化などの問題が広く生じるようになり，総合的な害虫防除の必要性は大きくなっている．

a. 害虫の種類

　全生物種の中で昆虫の占める割合はきわめて大きく，約50％，約100万種に達するとされ，日本には2万5,000種が存在するといわれる．そして，この中で農作物に被害を与えるものは1/10以下で，さらに重要な害虫となっているものは200種程度である．これらの害虫類は，直翅目，アザミウマ目，半翅目，鞘翅目，膜翅目，鱗翅目，双翅目に属するものが多い．昆虫類の特徴は，その多くが卵，幼虫，蛹，成虫と発育するに従って形態や生活様式をかえ，また幼虫や成虫では自ら活動しうることである．これらの発育ステージのすべてを経るものを完全変態するといい，幼虫が蛹を経ないで成虫になるものを不完全変態するという．

b. 害虫の発生要因

　害虫の分布，発生，行動は，地理，気象環境あるいは生態的条件などによっ

て影響を受けている．海外や他地域からの侵入は，イネ害虫のトビイロウンカが中国大陸などからの飛来に始まることや，ウリ類の害虫ウリミバエの沖縄地域への侵入および防除の経過にみるように，害虫分布の大きな要因となる．人，種苗や農産物の移動に伴う分布の拡大もよくみられる．日本国内でも，害虫の分布や世代交代の回数は，気温との関係が大きく，北日本に多いものや西南暖地に多いものがあり，また，西南暖地ほど1年における世代の数は多くなるのが普通である．個々の場所における発生の程度は，年々の気象，栽培条件の変化による産卵と死亡の変化とともに，その圃場における昆虫の種構成や相互の捕食の関係，特に天敵生物の多少，あるいは飛来性害虫では，飛込みの個体数などによる影響を受ける．

　また，害虫の行動は，餌を求めたり産卵場所を探したりするほか，他個体や交尾相手などのフェロモン，音，光などの刺激，あるいは虫によっては生息密度によって，活動性の低い孤独相から活発な群生相へと変異して，大群をつくって移動することなどもある．

c．害虫の増殖と被害

　害虫の個体群は，餌や産卵場所となる作物の生育量や栽培管理，天敵生物や競争種を含めた生態系，また気象環境によって産卵，生存あるいは死滅し，増殖が影響を受ける．例えば，イネの重要害虫であるトビイロウンカは，日本では越冬せず，毎年梅雨期に南西風に乗って中国大陸南方などから飛来するが，次世代以降に急速に個体数が増加して秋に大被害をもたらす（図Ⅳ-4）．その場合に，例えば飛来数の多少やその後の産卵数，死滅数あるいは防除対策の効果によって増殖抑制の程度が影響され，被害の大きさが異なってくる．また，ダイズなどの畑作物や野菜類の害虫であるハスモンヨトウは，休眠はしないが施設栽培の野菜類などでは冬を越すものが多いとされ，翌年は早くから活動を始めて年間数世代にわたって加害を続ける（図Ⅳ-5）．加害を始めると，300～500個にものぼる卵塊を産み付け，幼虫は作物の葉を大量に摂食しながら，その間に天敵生物による捕食なども行われる．こうした若齢幼虫の時期の防除

Ⅳ．作物を保護する技術

図Ⅳ-4 トビイロウンカによる坪枯れ
（諸岡　直氏 原図）

図Ⅳ-5 ハスモンヨトウによるダイズへの被害
（藤條純夫氏 原図）

効果が，その後の加害の程度に大きく影響する．そこで，害虫の発生予察に基づいて個体数の増減を予測し，防除対策を実施していくことは，被害を未然に防止するうえできわめて重要である．さらに，作物栽培の面からみると，①多肥栽培は作物を軟弱にして害虫の加害を多くするので避けること，②害虫の発

生時期を回避するような栽培期間を選ぶこと，③害虫の寄主となる雑草などの除去に努めること，④害虫への抵抗性品種を用いること，⑤１つの品種，作物の大面積一斉栽培はなるべく避けることなどの留意が必要である．

d．作物の主な害虫

1）ウンカ，ヨコバイ類

ウンカやヨコバイ類は稲作害虫としてきわめて重要で，しばしば広い地域にわたってイネを枯死させ，大凶作をもたらし飢饉の誘因となった．これらの中で，セジロウンカ（夏ウンカ）とトビイロウンカ（秋ウンカ）は，初夏の頃に南西の季節風に乗って中国南部などから成虫が飛来し，日本の水田で発生を繰り返しながら急激に増殖する．イネ茎からの吸汁により，イネに坪枯れ症状を引き起こす（図IV-6）．ヒメトビウンカやツマグロヨコバイは，国内で越冬した個体などが，寄主植物のイネ科冬雑草やムギなどからイネに移り，吸汁害とともに縞葉枯病や稲萎縮病などの病原ウイルス媒介により，ウイルス病を発生させる害が大きい．

2）ニカメイガ（ニカメイチュウ）

ニカメイガは，日本の稲作で古来より最も被害の大きかった害虫の１つである．成虫は体長約1.2cmの白褐色のガで，幼虫が稲わらや刈株で休眠，越冬して春に蛹となり，6月頃に羽化して産卵を始める．孵化した幼虫は葉鞘から食害して茎にも食い込み，心枯れなどを生じさせ，次々と株を分散移動して，やがて蛹を経て第2回成虫となる．2化期の幼虫は8～9月頃に出穂茎に加害して枯死させるため，減収への被害は大きい．

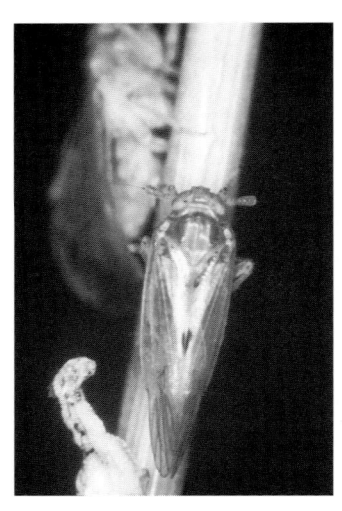

図IV-6　トビイロウンカの雌成虫
体長4～5mm．（沢辺京子氏 原図）

3）ハスモンヨトウ

ハスモンヨトウは，多くの野菜類や広葉の

IV. 作物を保護する技術

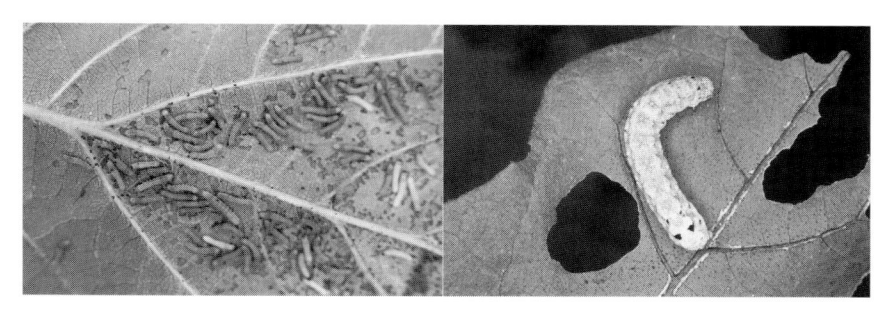

図IV-7　ハスモンヨトウ
左：若齢幼虫，右：終齢幼虫．（藤條純夫氏 原図）

畑作物に加害する広食性のヤガ類であり，特に暖地で被害が大きい．休眠はせず，越冬は困難とされるが，施設栽培などで越冬したのちに翌年数世代を経て大発生し，キャベツ，カンショ，ダイズなど多くの作物を食害する．若・中齢の幼虫は集団で生活するが，5齢以降になると日中は土壌面に隠れ，夜間に活動して加害する（図IV-7）．

4）シンクイムシ類

ナシ，モモ，リンゴなどの落葉果樹の果実に加害する害虫には，モモシンクイガ，ナシヒメシンクイガなどがあり，寒冷地では年1～2回の発生であるが，西南暖地へ行くほど発生回数が多くなる．成虫は果実の表面に産卵し，幼虫が果実を食害する．成熟した幼虫は土中で繭を作って越冬し，翌年春に蛹化して成虫が羽化する．

5）ウリミバエ

ウリミバエは，スイカ，キュウリなどのウリ科果菜類のほかに，トマト，パイナップルなど多くの野菜や果実に加害することが知られている．東南アジアから琉球，奄美列島まで侵入したため，九州，四国などへ侵入する恐れが生じ，20年ほど前から放射線によって不妊化したウリミバエを大量に放飼する方法によって，根絶に成功した．これにより，沖縄県産の野菜類などの本土への移動が可能となった．

e．ダニの種類と被害

　ダニ類は，節足動物門ではあるが蛛形綱ダニ目に属し，成虫は羽を持たず2対または4対の足を持つ．顎体部と胴体部からなることなどが昆虫綱とは異なり，クモ類に近い．作物を害するものは，ハダニ科の種などに多いが，ハダニ類は一般に，卵，幼虫，第1若虫，第2若虫を経て成虫になる．その発育は早く，良好な環境下では約10日で成虫となり，年間に10世代を越えることも多い．そのため，防除においても薬剤抵抗性の発達が早いという問題がある．ダニ類には，ミカンハダニ，リンゴハダニ，ナミハダニ，カンザワハダニなど，多くの果樹・野菜類を広く加害するハダニ類のほか，タマネギ，スイセン，グラジオラスなどの球根を加害するネダニ，その他がある．これらのダニ類は，葉などの細胞の中に口器を挿入して内容物を吸収するため，光合成が行われなくなり，葉は灰白色化して枯死するなどして，球根は表皮から腐敗する．

f．線虫の種類と被害

　線虫類は，線形動物門に属し，植物寄生性で作物を害する種はチレンクス目に多い．発育は卵，幼虫を経て成虫となるが，卵は卵のうや雌成虫が固い袋状となったシスト内で孵化して幼虫となり，これは数回脱皮して成虫となる．その発育は早く，良好な環境下では数週間以内で成虫となる．大きさはきわめて小さく体長0.5～1.5mmくらいで，口針により作物組織から汁液を吸い取ったり毒素を出して，作物に異常，生育不良，収量低下などの被害をもたらすとともに，病原菌への複合感染による病状を生じる場合も多い．作物に被害を生じる線虫には，ダイズシストセンチュウ，キタネコブセンチュウ，サツマイモネコブセンチュウ，ネグサレセンチュウ類，イネシンガレセンチュウなどのハセンチュウ類などがある．また，マツノザイセンチュウは，カミキリムシの一種マツノマダラカミキリによって伝播され，線虫の出す毒素によりマツ枯れを引き起こすとされる．

（2）虫害からの保護と防除方法の種類

a．耕種的防除法

　作物への虫害を防除するためには，耐虫性作物や品種を用いることが望ましいが，これらには，生理的，形態的に害虫による加害に対して抵抗性（resistance）を有するものと，害虫による加害は受けるが生理作用などによって補償作用が働き，被害を軽減する耐性（tolerance）を有するものとがある．抵抗性品種の例としては，北米原産のブドウ大害虫であったブドウネアブラムシに対して，同国原産の野生ブドウを台木として利用して抵抗性植物を得たこと，日本ではイネカラバエ抵抗性のイネ品種の育成やクリタマバチ抵抗性のクリ品種の普及などがよく知られている．栽培管理技術としては，特定の害虫が増殖，越冬などしないように，作物の輪作，混作，作期の変更，休閑，耕うん，施肥の適正化，作物の刈株，残さ，枯枝や害虫の寄主となる周辺雑草の除去などが必要である．作期の変更については，かつてイネ害虫として南九州などでサンカメイガが問題となっていたときに，第1回成虫が産卵する5月を避けてイネを晩化栽培してサンカメイガの増殖を妨げ，被害を減少させるのに成功した例などがある．

b．物理・機械的防除法

　紫外線，可視光線による誘引は，古来，松明などに虫を集めたことに始まり，現在の蛍光灯や水銀灯による誘蛾灯，電気殺虫器，あるいは黄，青，黒などの色などによる誘引，忌避反応などが利用され，紫外線反射，除去フィルムのマルチなどによりアブラムシなどの防除を行ったり，ハウスの太陽熱消毒などの高温，加熱による害虫の死滅，あるいは防虫網，袋かけ，樹木の幹へのわらの巻き付けなどによる侵入阻止，直接的な捕殺などが行われている．

c．生物的防除法

　生物的防除法では，害虫の天敵生物を利用して防除する方法が多い．柑橘

園に広がった害虫のイセリアカイガラムシに対する捕食虫ベダリアテントウの利用のような食虫性昆虫のほか，寄生虫，線虫，病原微生物が用いられる．微生物では，多角体を形成する昆虫ウイルス類や細菌によるBT剤（*Bacillus thuringiensis*）などがよく知られている．また，放射線を用いて害虫を人為的に不妊化させ，野外に大量に放って自然繁殖している個体と交尾させて卵の孵化を妨げる方法が，南西諸島のウリミバエ根絶に大きな成果をあげている（図IV-8）．

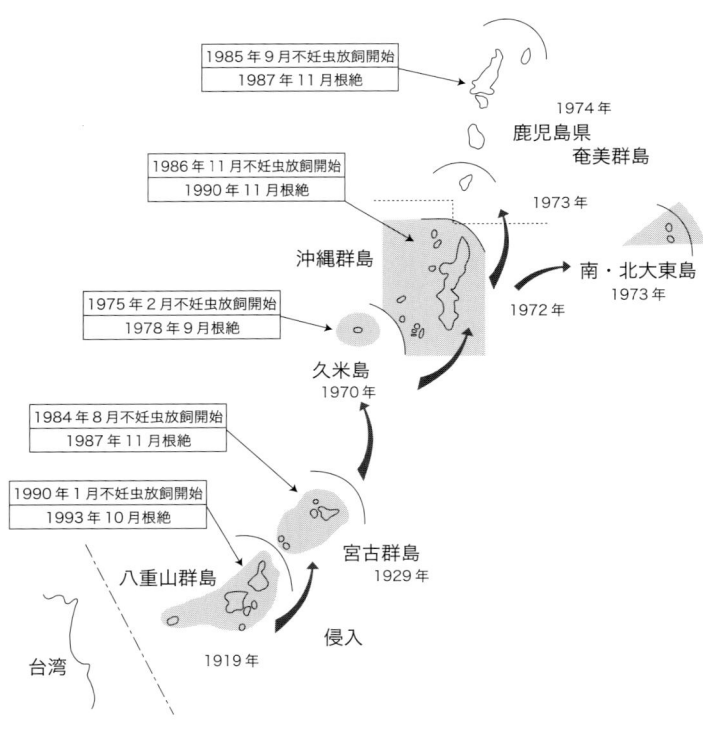

図IV-8 ウリミバエの分布域の拡大と根絶の経過
（沖縄県農林水産部，1994）

d．農薬やフェロモンによる防除法

作物に害虫が発生したのち，それを直接的に防除するためには殺虫剤が有効であるが，一方では，天敵生物，野生生物への悪影響を最小限に留めることも求められる．

1）殺虫剤の分類

殺虫剤の分類は，以下のようである．

①化学的分類によるもの…天然の殺虫成分および関連の合成剤，有機リン系剤，有機塩素系剤，カーバメート系剤など．

②作用機作によるもの…神経系阻害剤，エネルギー代謝阻害剤，キチン合成阻害剤，ホルモン機能撹乱剤など．

③剤型によるもの…乳剤，液剤，水溶剤，水和剤，粉剤，粒剤，くん煙剤，塗布剤，エアゾル剤など．

④使用方法によるもの…接触剤，食毒剤，くん蒸剤，浸透性殺虫剤など．

2）殺虫剤の選択性

殺虫剤には，特定の害虫のみに有効という選択毒性を持つもの（選択的殺虫剤）と，1剤でさまざまな害虫に幅広く有効な選択性の低いもの（非選択的殺虫剤）があるが，前者は他の害虫には効果がなく，また後者は他の生物に対してもしばしば有毒であるという欠点がある．一般的には，有機合成殺虫剤は害虫の生育，増殖を阻害する作用によるものが多く，効果は選択的で適用害虫も限定されている場合が多い．

3）フェロモンによる防除法

フェロモンは，害虫が個体間の交信のために放出する微量な生態化学物質であるが，それを利用して害虫を誘殺し，防除する方法が実用化されている．特に，雌雄間の性的交信に用いられるフェロモンは性フェロモンと呼ばれ，鱗翅目昆虫で多く用いられて，雌が放出するフェロモンに雄が誘引されるものが多い．この性質を利用して野外にフェロモントラップを設置し，発生予察に利用したり，雄成虫を誘引して捕殺し，また交信を撹乱して雌虫の受精率の低下を

はかったり，あるいは大量誘殺を狙うこともある．

e．総合的防除法

作物の害虫の防除は，前述した耕種的防除，物理的防除，生物的防除，農薬やフェロモンによる防除を総合的に組み合わせて行うことが重要である．特に，化学薬剤のみに頼った防除を続けている場合，しばしば薬剤耐性害虫が現れてその薬剤が効かなくなることが多く，これは特に同一薬剤を繰り返し使用する場合などに生じやすい．また，それらを過剰使用する場合がしばしばみられ，薬剤耐性害虫の出現とともに，土壌，水質汚染や作物への残留などの懸念が生じることがあり，注意を要する．

4．雑草による被害と保護の技術

(1) 雑草による被害

雑草とは，農耕地など，人類が利用する場所に，望まれずに生える植物である．元来は草本を指す言葉であったが，現在では林地における雑木類も含めて雑草木といったり，雑草の中に雑木を含めている場合もある．人類が利用する場の周辺に生えている植物であっても，特に利用目的を妨げることのないものについては，人里植物ということもある．そこで，人類活動に関係なく生育する山野草，人類の周辺に現れる人里植物，人類に有益な作物，人類活動の妨げとなる雑草といった植物区分が行われる．

古来より約半世紀ほど以前まで，農耕地では雑草の有無は精農と惰農を見分ける基準のようにいわれ，すべては除去対象物としての草であり，その種や生態などの類別が重要となることはほとんどなかった．しかし，1950年代以降の除草剤の導入をきっかけとして，雑草の種や生理生態が防除に大きく影響することが認識され，また昔のように人力による除草は不可能の時代となり，雑草とその制御法に関する研究が急速に発展した．

Ⅳ. 作物を保護する技術

a. 雑草の種類

　雑草と呼ばれる植物は，主として双子葉，単子葉の被子植物類であり，シダ植物やその他の植物が若干含まれている．もちろん，各草種の属する科，属，種などによって植物学的な分類はあるが，雑草としての重要性はその生育している場や生態にあるため，一般的に雑草は以下のような人為的な分類によって分けられている．

　①繁殖様式による分類…一年生雑草，多年生雑草など．一年生雑草は，毎年種子から発生して生育し，開花，結実して種子を土壌に落下させて越冬するが，親植物体は冬の低温によって枯死するものである．また，多年生雑草は，

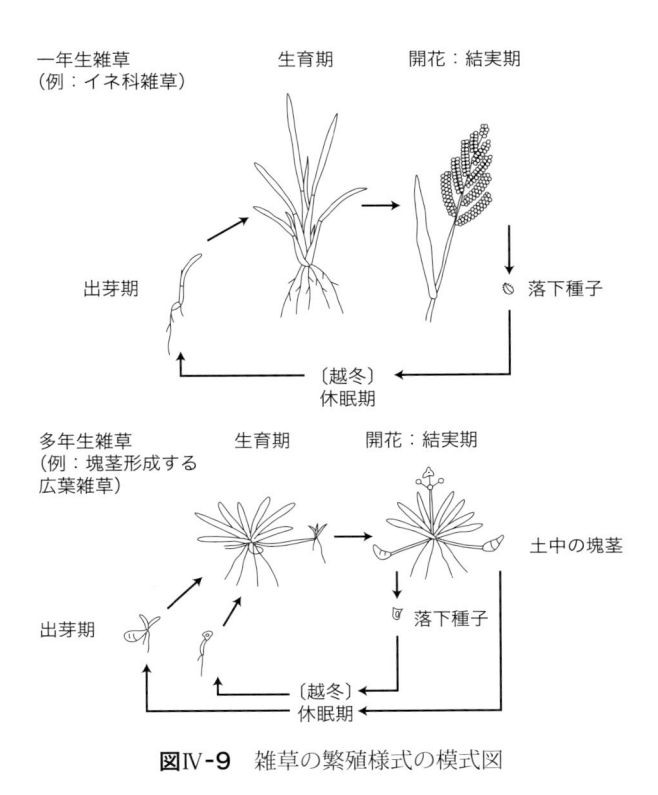

図Ⅳ-9　雑草の繁殖様式の模式図

種子は毎年一年生雑草と同じく形成されるが，それと同時に地下の根茎や塊茎のような栄養繁殖器官も越冬し，むしろ，それらが翌年の繁殖源として主要な役割を果たしているようなものである．それら多年生雑草は，近年多くの農耕地や非農耕地で一年生雑草以上に雑草害が大きくなっているものが多い（図IV-9）．

②植物学的および葉形などによる分類…イネ科雑草，カヤツリグサ科雑草，広葉雑草，藻類など．雑草防除法，特に，現在広く使用されている除草剤の作用性や各草種への防除効果から，雑草類をこのように分類する場合が多い．広葉雑草は必ずしも双子葉植物ばかりでなく，単子葉植物類も含まれている．

③発生場所による分類…水田雑草，畑雑草，草地雑草，樹園地雑草，林地雑草，芝地雑草，水生雑草，非農耕地雑草，環境緑地雑草など．

④水湿への適応性による分類…乾生雑草，中生雑草，湿生雑草，水生雑草（浮漂あるいは浮遊雑草，浮葉雑草，抽水雑草，沈水雑草）．

b．雑草の発生要因

雑草の発生は，まず雑草の種子などの繁殖器官がその場に持ち込まれ，埋土種子などとして貯えられることによって始まる．次いで，それらがどのような条件で発生し，生育するか，開花，結実や栄養繁殖器官形成の様相，その後の休眠の程度などによって翌年以降の発生の様相が影響を受ける．

1）種子の形成

雑草の種子の形成数は，草種によっていろいろであるが，一般に種子の小さいものは数が多く，種子の大きいものは数が少ない．また，ほふく茎を長く伸ばして広がるものや，草丈が高く分枝が多いものなども種子数が多くなる．さらに，雑草のもう1つの特性として，生育条件の適否によって生育量が大きく変動し，種子の形成数もきわめて大きく変動する．このような変動特性を可塑性という．

2）休眠と発芽

雑草の種子は作物と異なって，普通，結実，落下後はしばらくの期間発芽し

ない状態にあり，これを休眠という．休眠は，種子自体の生理的要因や，温度，水，光などの環境条件が整って初めて解除され，発芽が始まるが，一般に土壌中の種子の大部分は休眠が深く，すぐには発芽しないことが多い．

3）栄養繁殖器官の形成

多年生雑草では，種子よりも栄養繁殖器官から萌芽する個体が，防除上重要である．それらは一般的に，種子からの個体より大きく，深い土層からも萌芽が可能であり，また除草剤などによる防除に対して耐性が強い．栄養繁殖器官の種類としては，根，根茎，塊茎，りん茎，球茎，塊根などの地下器官のほか，地上部の珠芽（むかご），ほふく茎があるが，難防除の水田雑草では塊茎，同じく畑などの雑草では根，根茎やほふく茎を持つ種が多い．

c．雑草害の種類

作物の生育する田畑に雑草が発生すると，そこではまず作物と雑草との間に土壌中の養分や水分，あるいは茎葉への日光を求めて競争関係が生じる．一般に，作物の生育初期における光競争は少ないが，地下部では肥料養分や水分を

図Ⅳ-10 水田の作土層（白線）におけるイネ株（中央）とクログワイ（両端）の根系の競争

求めて作物と雑草との根系間の競争が生じており，作物の生育不良が生じて，その後に雑草を除去しても回復できない被害を受ける．作物生育の中・後期は，養水分や光の競争によって直接作物の収穫部位が減少し，その結果，生産物の減少が生じる（図Ⅳ-10）．

　雑草による作物への被害は，このような生産量全体の減少のほか，個々の収穫物の大きさを小さくしたり，雑草体や種子が混入して利用価値を低下させて品質を悪化させたり，また，雑草体が，田畑，その他における人の収穫作業や，鉄道，道路，緑地，庭園，水路，湖沼などの利用や美観を妨げたりする障害もある．さらに，雑草が作物の病害虫の中間寄主となったり，雑草自体が有毒植物であったり，花粉を大量に飛散させてぜんそくの要因になったりする場合もある．

d．作物の主な雑草
1) タイヌビエ，イヌビエ
　タイヌビエ，イヌビエは，日本の稲作で最も広く発生するイネ科の水田一年生雑草である．イネと同じイネ科であって草型も類似しているため，イネの擬態雑草ともいわれ，生育期間中はイネと見分けるのが難しい．タイヌビエによる雑草害は，水稲の茎数を抑制して穂数を少なくするとともに，出穂・登熟期の水稲の上を被覆して光合成を阻害するなどして減収を引き起こす．水田に導入する除草剤は，まずタイヌビエやイヌビエ類に効果がなければ使用不能といってもよいくらい，重要な害草である（図Ⅳ-11）．

2) コナギ
　コナギは，水田に発生する代表的な一年生広葉雑草である．単子葉植物ではあるが葉が広く，双子葉植物の雑草類と同じく植物ホルモン型除草剤に対して感受性が高い．水稲群落の下層で生育して吸肥力が強く，水稲の生育初期に養分を奪って分げつ，穂数を減少させ，収量にまで大きく影響する．特に有機栽培の水田などでは「天敵」といわれるほどに多発生している．近年，水管理が不十分な水田などで，除草剤の効果不足により再びこの雑草が増えつつある（図

Ⅳ．作物を保護する技術

図Ⅳ-11　群生するタイヌビエ，イヌビエ類

図Ⅳ-12　コナギ

Ⅳ-12)．

3）クログワイ

　クログワイは，水田において最も難防除とされている草種で，イグサのような丸い茎からなるカヤツリグサ科の多年生雑草である．主な繁殖源は土壌中に

形成される塊茎であり，種子からの発生個体は実際的にほとんど問題とならない．塊茎は大きく，直径が1～2cmくらいあり，イネの全生育期間にわたって土壌中の深層から少しずつ出芽してくるため，除草剤により2～3回の体系処理を行っても枯殺までには至らず，防除対策は難しい（図Ⅳ-13）．

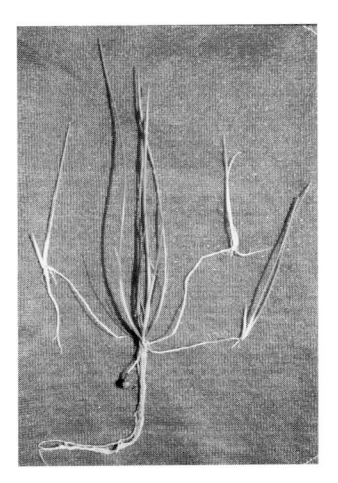

図Ⅳ-13　クログワイ

4）メヒシバ

メヒシバは，日本では温暖地から暖地にかけて，畑作における主要なイネ科一年生雑草である．畑地，樹園地，農道，空き地など，至るところに生えて繁茂する．草丈は30～100cmくらいになり，茎は伸びるとほふくして節から発根しつつ立ち上がり，四方へ広がる．一般に，作物の植付け後1～3週間に発生するものが多く，その後は減少する．土壌中から出芽しうる深度は，普通は1～2cmくらいが多く，土壌処理除草剤を適切に散布すれば防除は容易であるが，処理が不十分であると発生して問題となる．

5）シ　ロ　ザ

シロザの発生域は日本全土に及ぶが，特に北海道や東北地域の畑作地帯に多発生し，広葉一年生雑草として害の大きい雑草である．好窒素性のため放任すると草丈が1～2mの大株に生長して，茎は太く硬くなって機械作業の面でも大きな障害となる．比較的に低温の10～15℃くらいで発生するなど，寒地や寒冷地に適応した特性を持つ．種子の出芽深度は2～3cmくらいまでで，土壌処理除草剤の使用やその後の中耕などにより，早めに防除を行う．

6）エゾノギシギシ

エゾノギシギシは，ヨーロッパ原産の帰化雑草の1つで，タデ科の多年生雑草であり，日本の全土に分布するが，野原，道路，畑や樹園地のほか，特に全国的に草地での防除が問題となっている．長楕円形で長柄の大きな根生葉を

四方に広げて牧草を被覆し，根は太く，葉は刈っても次々に根から再生するため，一度侵入すると除去や枯殺はきわめて困難である．草地では，除草剤による防除より，牧草との競争関係を利用した耕種的防除法などが効果的である．

(2) 雑草害からの保護と防除方法の種類

昔から「農業は雑草との戦い」といわれてきたように，雑草による農業への被害は大きく，草取りは農作業の労苦の大きな部分を占めてきた．日本でも約50年ほど前までは，手による除草や鋤鍬などの小型農具の利用，あるいは水田では回転式除草機など，もっぱら人力に頼った除草が行われていた．ところが，工業の発展とともに農村の労働力が減少して人力による除草は不可能となり，また，農業の近代化が進んで生産力向上のために多量の肥料が施用されるようになると，作物以上に雑草の発生，生育が顕著に促進され，雑草の防除対策はより重要となった．雑草防除は，人力による管理対策では不可能な時代となっている．

a．耕種的防除法

一般に，耕種的防除法は生態的防除法ともいわれ，農耕地などに発生する雑草の生態的弱点をついて防除効果をあげるものであり，田畑の耕起法，作付法，灌漑法，あるいは田畑輪換などの耕種的手段によって，雑草の発生や増殖を抑制していく方法である．

例えば，水田でも畑でも，プラウ（反転）耕は，土壌表層に落下した雑草種子を中・下層に深く埋没させる．一方，ロータリ（撹拌）耕は土層全体に種子を分布させるので，一般にプラウ耕を行った方が雑草の発生が少なくなるといわれる．耕起法は，雑草の種子の埋没ばかりでなく，土中にある多年生雑草の栄養繁殖器官の寿命，生存にも影響する．夏作物収穫後の秋季のプラウ耕は，それら栄養繁殖器官を含む下層土を覆して土壌表面に露出させ，冬期の低温と乾燥によって死滅させるため，雑草抑制効果が大きい．さらに，プラウ耕のあとにロータリ耕を行うならば，雑草防除効果はいっそう高まる（図IV-14）．

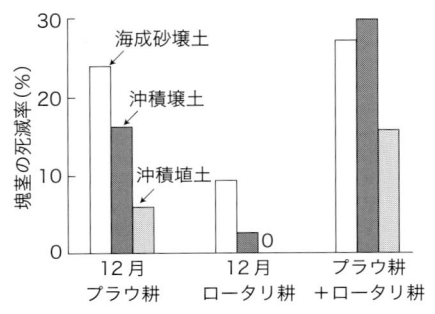

図IV-14 水田の土壌別，耕起法別にみたクログワイ塊茎の死滅率
（山岸　淳ら，1980より改変）

　また，水田で二毛作を行い，冬期に麦類を作付けすることは，前述の秋耕を行うことになり，特に水田多年生雑草を減少させる効果は大きい．また，野菜を組み込んだ作付体系では，年間に数回も播種（移植）・収穫作業が入るため，雑草が繁殖器官を形成しないうちに刈り取られ，雑草は少なくなる．同様に，田畑輪換を行うことは，一般に雑草抑制への効果は大きく，水田を畑転換することは多くの水田雑草を減少させ，畑雑草が増加した時期に再び水田に戻すと，畑雑草の発生は減少し，水田雑草も少ない．しかし，雑草は少しずつ回復してくるので，数年ごとに田畑輪換させる．

　草地や飼料畑では，安全性と防除コストの面から生態的制御法が基本であり，牧草種子への雑草種子混入防止，作付体系の変更，刈取り時期の調整や掃除刈りによる雑草種子形成の抑制，サイレージ貯蔵による種子死滅などが行われている．果樹園では，草生栽培法もあるが，各種被覆作物を植えたりすることで雑草を抑制することも行われる．

b．物理・機械的制御法

　物理的制御法についてみると，水田では10〜15cm程度の深水灌漑による雑草防除効果が大きく，すでにアメリカ合衆国やオーストラリアの水稲作ではかなり以前から実用的に広く用いられている．畑作物，特に野菜類では，プラスチックフィルムによるマルチが雑草防除に大きな効果をあげており，また夏の高温期にビニールハウス内に湛水して密閉，マルチの状態で行う太陽熱消毒

は，病害虫の防除とともに，高温高湿によりハウス内の雑草を死滅させる効果が大きい．さらに，火炎除草機による雑草枯殺法も，畑作物や樹園地のほか，農道や非農耕地などで広く使用されている．機械的制御法では，除草剤の導入以前には水田で人力式回転除草機が広く使用されたが，一般的には，機械的除草法は湛水した水田には適用しにくい．一方，畑作物の場合は，トラクタ用中耕除草機などが種々の作物で広く使用されている．また一般に，大小の草刈機が広く使用されている．

c．生物的制御法

生物的雑草制御法は，近年新しい雑草制御法として注目され，研究開発が進められてきた．従来からの研究，実用事例などをみると，まず水田では，コイ，カブトエビやスクミリンゴガイ（ジャンボタニシ）の除草効果が注目されて，農家による雑草防除の成功事例も多い．また，水田にアイガモを導入して雑草の芽生えや害虫の防除に利用することは，現在，特に無あるいは低農薬稲作を試みる農家に大きな関心を呼び，各地で取り入れられている．一方，牧草地では，コガタルリハムシの食害による難防除雑草エゾノギシギシの防除が試みられ，季節によってはエゾノギシギシを皆無に近くする防除成果をあげている．特に，オーストラリアなどの新大陸では，侵入した帰化雑草の原産地から導入した食害昆虫などが，防除へ大きな成果をあげている（図Ⅳ-15）．また，水路，掘や池沼などの水生雑草防除には，沈水雑草のほか抽水性のイネ科雑草なども好んで摂食する草魚の利用が有効である．すでに草魚の人工採苗法が確立しているため，需要に応じて草魚の種苗が安定供給されて，有用な実用技術となっている．さらに，牛，馬，山羊などの草食性の家畜を利用して雑草の繁茂を抑制することは，広範囲の草種からなる雑草群落を全般的に管理するもので，一般的によく利用される方法である．

また，若干特性は異なるが，植物の滲出する生理活性物質を利用して，周辺の雑草発生を抑制する他感作用（アレロパシー）利用技術や，雑草に罹病する天敵の病原微生物を培養してつくった微生物農薬を散布し，雑草を枯殺する防

図Ⅳ-15 天敵昆虫に食害された雑草のウチワサボテン類（オーストラリア）

除法も一部で行われるようになった．

しかし，これらの生物的制御法は，今後は生態系への影響という面から，特に外来生物の導入には慎重な検討が必要である．

d．農薬による化学的防除法

水田，畑，樹園地，非農耕地を含めて，除草剤の導入以後現在に至るまで，日本における除草剤を中心とする雑草防除効果の向上および発展は，著しいものがある．しかし，既存の除草剤が効きにくい難防除雑草の侵入や，同一草種でも除草剤耐性系統が出現するなど，新しい問題も生じている．

1）除草剤の分類

除草剤の分類は，以下のようである．

①化学的分類によるもの…フェノキシ系剤，アニリド系剤，カーバメート系剤，尿素系剤，トリアジン系剤，スルホニル尿素系剤，アミノリン系剤，無機化合物剤．

②作用機構によるもの…植物ホルモン撹乱剤，光合成阻害剤，光関与系阻害

剤，色素合成阻害剤，タンパク質生合成阻害剤，アミノ酸生合成阻害剤，細胞分裂阻害剤，エネルギー代謝阻害剤．

③剤型によるもの…液剤，水溶剤，乳剤，水和剤，水溶剤，粒剤，フロアブル剤，手投げ剤．

④使用時期によるもの…土壌処理剤，茎葉兼土壌処理剤，茎葉処理剤．

2）除草剤の選択性

除草剤には，処理時期の作物には安全で特定の草種のみに有効という殺草選択性を持つもの（選択性除草剤）と，種々の草種や作物を含めた多くの植物種に有効という非選択性の除草剤があり，一般には選択性の殺草成分を数種混合して，各作物圃場に発生する多種類の雑草を防除するように開発された混合剤が多い．

e．総合的管理法

今後の農業においては，実用的な雑草管理法は前記のように耕種的防除法を基礎としながら，物理・機械的防除法，生物的防除法および化学的防除法を組み合わせた総合的な防除法であることが必要である．そして，作目，立地条件，土地利用形態などに応じて，これらを合理的に組み合わせて体系化することが課題であり，作物の輪作体系，田畑輪換体系など，農地の合理的利用に基づく土地利用型農業の中で，安全で省力，低コストの雑草防除技術の確立が重視される．しかし実用的にみて，防除効果の面からは，除草剤による化学的方法に大きく依存している．今後の総合的雑草管理においては，生態的雑草防除法，特に雑草の発生予測や雑草害診断技術を含めて，雑草の生理生態研究に基づいた，より適切な技術の確立が必要である．また，生物的雑草防除法では，昆虫による雑草防除や微生物剤の生物農薬としての使用が，実用的な雑草制御技術として期待されている．

5. 鳥獣による被害と保護の技術

(1) 鳥獣による被害

　近年は，農村地域における都市住民の混住化，中山間地を中心とした過疎化や耕作放棄田畑の増加，あるいは鳥獣の生息してきた森林の減少などさまざまな要因が関係しているが，そうした状況の中で鳥獣による被害は増大し，農作物に対する野鳥や野獣の被害が無視できなくなっている．特に，冷夏などで山野に餌が不足する年は，人家の近くの田畑まで荒らされることが多くなるので要注意である．農林水産省の統計では，鳥獣による被害面積は約13.9万ha（平成16年度）であり，なかでもカラス，スズメ，ヒヨドリやハトのほか，「獣害御三家」といわれるシカ，イノシシ，サルによる被害の大きさが目立つ．

　鳥獣は一般に行動範囲が広く，また1羽，1匹だけでもかなりの広さの田畑に被害を生じることが多い．鳥害については，カラス，ハト，スズメ，ムクドリ，ヒヨドリなどの類が，登熟・収穫期のイネ，ムギ，ダイズ，野菜類，トウモロコシあるいは果樹などを食害する被害が目立っている．また，水稲の湛水直播が普及している地帯では，カルガモによる出芽したイネ幼植物への損傷の被害が大きい．これらの鳥類は，季節によっては害虫や有害動物を食うために有益とされる時期もあるが，一方では，作物に対する被害も無視できないために問題となる．また害獣には，ノネズミ，イエネズミ，ノウサギ，モグラ，イノシシ，サル，シカ類などがあげられるが，田畑ではハタネズミなどのノネズミ類やモグラによる食害，倉庫などに収納した収穫物はドブネズミなどのイエネズミ類の食害が普遍的にみられ，一方，農家の老齢化，過疎化の広がる中山間地帯の農村では，作物の収穫期を狙って，イノシシ，シカやサルなどの加害が局地的に深刻な状況になりつつある．また，造林地などでは，シカ，エゾシカ（北海道）やニホンカモシカの苗木への食害が大きい．

　地域的にみると，各鳥類ともに全国的に被害を生じている傾向があり，作物

では水稲，マメ，野菜，果樹，飼料作物などに多く，一方獣害では，北海道におけるエゾシカによる大きな被害が飼料作物やテンサイに目立ち，関東や西日本ではイノシシが水稲，野菜，イモ類，サルが果樹，野菜，水稲などに被害を及ぼしている．

(2) 鳥獣害からの保護と防除方法の種類

a．防除あるいは駆除の動向

　鳥獣の場合は，ネズミやモグラを除くと基本的には生物種として保護し，繁殖させる対象となっており，自然生態系維持の面からも重要な存在である．しかし，それらが野生の生息環境で増殖して農耕地へ侵入し，農業や人間生活への有害性を現したときに，防除および駆除の対象となっているが，また一方では特別の保護区域を除くと，太古の昔から狩猟活動の対象であったことも忘れてはならない．一般に，カラス類やツキノワグマを除くと，有害鳥獣としての駆除数よりも狩猟による捕獲数が圧倒的に多い傾向にあり，狩猟が駆除にかわって被害防止の役割りを果たしてきたともいえるが，近年，狩猟者数は減少しつつある．そして今後は，鳥獣の被害防止に当たっては，駆除ばかりでなく，自然保護や健全な生態系の維持のための適正な個体数管理といった視点が求められる．

b．鳥害防止の方法

　鳥による被害量は，カラス，ハト，スズメ，ヒヨドリ，カモなどによるものが多いが，それらは，農作物の種類，品種，作付時期や栽培法によって移りかわる場合がある．鳥は本来，野生植物の種子や果実を摂食していたが，人間が作物栽培を始めたのに適応し，新しい餌として作物類の摂食を始めたため，人間にとっての鳥害が始まったといえる．田畑の鳥を追い払うために工夫されたものが鳴子や案山子であるが，これら視覚や音の刺激による追払い法には，近年，マネキン，防鳥テープ，目玉風船やその他資材の使用，爆音機，忌避音発生機などがあり，また忌避剤などによる味覚，嗅覚の刺激などもよく使用され

る．しかし一般に，鳥はこれらの刺激に対して急速に学習して慣れるため，鳥害防止効果が薄れていくのが問題である．

c．獣害防止の方法

野生の獣類による被害の防止対策は，主として駆除を目的とする狩猟および捕獲によって行われてきたが，ハンター人口の減少や自然保護との関連で，むしろ有害獣類による被害が目立つ場合も多い．また，サルなどは，観光を兼ねた餌付けなどによりかなり個体数が増加して，それが被害を拡大している面が大きい．シカ，イノシシ，サルなどを追い払うためには，電気柵やその他囲いの設置，爆音器などがしばしば用いられているが，効果は限定されている．

6．気象災害からの保護と被害防止対策の種類

(1) 気 象 災 害

農業への自然による気象災害は，昭和の時代に至るまで日本にたびたびの飢饉をもたらした冷害や，毎年のようにこうむる台風災害など，その被害程度はきわめて大きい．なかでも冷害は，1993年の水稲の作況指数が青森県の28を最低に全国では74の「著しい不良」という，100年に1度ともいわれるような大被害にあったことは記憶に新しい（図Ⅳ-16）．

a．冷　　　　害

日本では，太古の昔から作物の生育に最も影響する環境条件は気温であった．特に，夏期の気温が例年より異常に低い場合，作物の発芽，生長，光合成作用，開花，受精，結実，貯蔵器官の形成などが妨げられ，得られる収穫物の量は著しく減少することが多く，これを冷害という．特に，日本人の主食である米の場合には，水稲の冷害がすぐに人々の食糧不足と飢饉に結び付き，悲惨な状況をもたらした．そのような年には，もちろんダイズなどの畑作物，野菜，果樹

IV. 作物を保護する技術

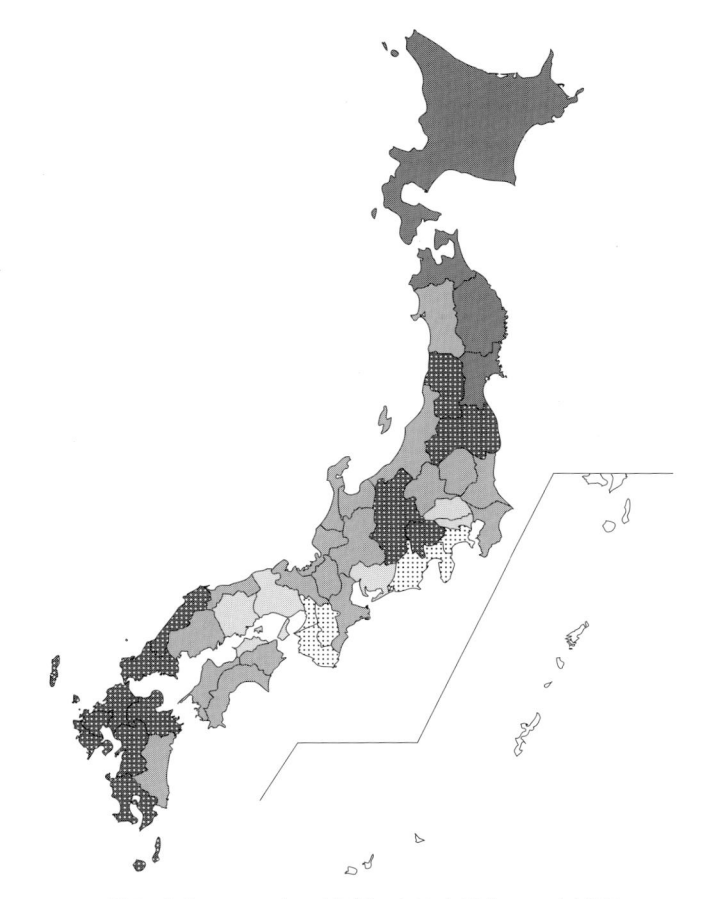

図IV-16 1993年の冷害による水稲作への大被害
作況指数：☐ 99以上, ▦ 95〜98, ▨ 91〜94, ▩ 81〜90, ▦ 41〜60, ■ 40以下. 作況指数は平年収量に対する1993年の収量の指数(10a 当たり).

など，多くの作物が冷害により減収するのが常であった．低温の障害はもともと，気温の低い北海道や東北地域でより厳しく，大陸やオホーツク海の高気圧から吹く「やませ」などの寒風の低温が，長期間にわたって停滞することにより大冷害を生じている．これらの作物が受ける冷害は，その要因によって次の2種類に分けられる．

1）障害型冷害

これは，例えば水稲では，幼穂形成期，穂ばらみ期，開花期など，低温の影響に敏感な時期に受ける短期間の障害であり，穎花分化の抑制などによって総籾数が減少したり，不受精により不稔籾が増加して減収する被害である．

2）遅延型冷害

短期間の極端な低温ではなく，水稲では田植え後などから全般的に気温が低く，曇天，多雨，寡照の状態が長期間にわたって継続し，それにより苗の活着，分げつ，生長，さらに出穂や登熟まで遅延することにより，籾が十分な稔実をしないままに終わって減収する被害である．この場合には，いもち病などの病害が伴うことが多く，1993年の例にみるように，冷害の程度は障害型よりもさらに深刻なことが多い．

b．台風による被害

台風による被害には，風による障害と水害，ときには潮風害，塩害なども含まれる．いうまでもなく日本は，毎年のように台風による被害を受けている国であり，作物を栽培する場合は，収穫期などに強い障害を受けない作付方法をとるなど，できるだけ台風の季節を避けるような対策を必ず考えなければならない．一方では，水稲作を中心とする日本の農業にとって，台風は恵みの雨をもたらすという恩恵があることも忘れてはならない．これら台風による害の中でも，古来，台風の大雨が引き起こす水害は，大きな災害をもたらしてきた．日本の北陸，関東から西南暖地，沖縄にかかる地帯は，元来世界でも多雨地帯に属するが，台風などによる集中豪雨では1時間雨量が100mmにも達することがあり，田畑の浸・冠水，土砂による埋没などの被害が多発する．1959年の伊勢湾台風による被害の例では，農耕地の被害面積は21万ha，死者，行方不明者は5,100人に達するなどの大災害となった．

c．凍霜害

春や秋に気温が急激に低下して降霜し，作物体の凍結に弱い部分が生理障

害を起こしたり枯死したりする災害を，霜害あるいは凍霜害という．一般的には，春から初夏にかけて，麦類，チャ，クワ，果樹類あるいはその他の作物で，幼穂や新芽が生長を始めて低温に対する抵抗力が低下した時期に受ける晩霜害は，大きな被害をもたらすことが多い．また，秋から初冬にかけて，低温に対する抵抗力がまだ不十分な果実や茎葉などに初霜害を受けることもある．一方，冬季の寒さによる植物器官の凍結や土壌凍結などによる被害は，凍害あるいは寒害として区別される．

d．そのほか

降雨の少ない年次，時期，あるいは灌漑施設の不十分な地域などでは，水不足による干害を生じることがある．近年の例では，1994年の西日本における干ばつはひどく，生活用水の不足はもちろん，一部の水田や畑で大きな減収がみられた．また，日本に多いビニールハウスなどによる作物の施設栽培では，温度が高くなりがちで，高温による被害が多発することも，現在の農業の特徴である．海岸沿いや傾斜地の畑などを中心に土壌侵食害が生じやすく，風や降雨などにより土壌が飛散あるいは流出して，肥沃な表層土壌のほかに播き付けた種子や肥料，農薬などまでが失われることが多い．さらに，豪雪地帯を中心とした雪害には，作物や農業施設に対する直接的な物理的被害のほかに，麦類の雪腐れ病などの病害や，積雪を起因とする小動物による食害なども含まれる．また，突発的，局地的な気象災害として，雹による被害も毎年のようにみられ，特に葉菜類，果菜類，タバコ，果樹，あるいはビニールハウスなどの施設への被害が目立っている．

(2) 気象災害の防止対策の種類

a．冷害，凍霜害などの回避対策
1) 作物栽培技術面からの対策

作物栽培技術面からの対策には，①耐冷・耐凍性作物品種の導入，②作物の生育診断・予測と気象の予測に基づく施肥管理法の改善，③深水灌漑の実施や

加温用迂回水路への流入による水温上昇対策（水稲），④病害，特にいもち病（水稲）などの適切な防除対策がある．

2）微気象の改善などによる対策

微気象の改善などによる対策には，①防風林の造成，②防霜ファンの設置（茶園），③固形燃料の燃焼による昇温，④散水氷結の潜熱放出による霜害防止法などがある．

b．風害，潮風害の対策

風害，潮風害の対策には，①気象の予測に基づく作付時期の移動，②樹形の改善と樹高低下（果樹など），③防風施設，防風林の設置，④圃場や作物体の被覆による方法，⑤踏圧による土壌飛散防止，⑥水洗による作物体の除塩（潮風）などがある．

c．水害の対策

水害の対策には，①水害の予測と作付時期の移動，②排水対策と圃場や作物体の泥土の洗い流し，③河川の改修と治水施設の整備などがある．

d．干害の対策

干害の対策には，①耐干性品種や作物の導入，②作物の生育診断・予測と気象の予測に基づく灌漑法などの改善，③貯水池などの灌漑施設の整備がある．

7．人為的災害からの保護と被害防止対策の種類

(1) 人為的災害

近年の環境悪化は，作物生産にもさまざまな被害を及ぼすようになっている．鉱工業生産活動に伴う環境汚染物質による被害は，局地的な汚染の場合でも，例えば重金属による土壌・水質汚染のように，作物がそれらを吸収，蓄積する

結果として収穫物を食用に供することができなくなり，しかも，汚染物質が除去されるまでは作物栽培が不可能となるなど影響は大きい．このような汚染物質は，最初の環境における濃度は低くても，自然界の生物の食物連鎖の中で次第に生物体内に濃縮されていき問題となる．また，工業地帯からの排煙に含まれる硫黄酸化物などによる直接的な被害や長期的な酸性雨による害，自動車の排気ガス中の窒素酸化物などによる光化学オキシダントの害などは，広範囲にわたるため，農作物全般のほかに環境緑地植物や森林などへの影響も大きい．

一方，農業地帯の都市化に伴う生活排水による水質汚染，特に窒素やリンにより富栄養化した灌漑水による悪影響，あるいは道路，運動施設などの夜間照明により作物に生育異常が起こる被害が，最近は全国的に農村地帯でも数多くみられるようになった．このようなことも，それぞれは局所的ではあるが，個々の農地における作物栽培においては異常生育，出穂遅延，不時抽だい，不時開花などの大きな影響が生じ，病虫害の激化などにより部分的に収穫皆無となるところも生じるなど問題であり，新しい被害といえよう．

また近年は，農業自体が環境に及ぼす害も，見逃せない状況となっている．その中には，たびたびの耕うんがもたらす土壌流亡や水質汚濁，過剰な農薬施用による生産物や土壌への農薬残留，あるいは過剰な窒素肥料や堆厩肥の施用による地下水の硝酸態窒素汚染などがあり，各地で問題となっている．

(2) 人為的災害の防止対策の種類

人為的災害の防止対策には，①作物の生育診断と気象予測に基づく被害予測，②被害の確認と原因の究明，③環境汚染発生源の活動停止による被害拡大や再被害の防止，④環境汚染物質の除去などが必要であるが，いずれも多大な経費と努力を要する場合が多く，こうした災害を生じない産業社会の確立が求められる．

V. 作物を作り続けるための技術

1. なぜ持続性を問題とするか

(1) 営農が示す農業技術の総合化と生産の持続性

　第Ⅳ章までで，読者の皆さんは一通り作物生産の場を作ることから，作物を栽培し，病気や害虫や雑草から作物を保護して，無事収穫できるところまでの技術についての理論を学習したわけである．栽培技術編1つを取りあげてみても，植物生産学が非常に広範囲な専門分野を統合した総合科学であることがわかったと思う．では，これで実際に作物をうまく栽培できるだろうか．実技の演習をしていないのだから，そう簡単にできるものではないという答えがすぐに返ってくるであろう．技術は経験的な技能を伴って実現されるものであるから，その通りである．しかも，作物栽培の場合は，すでに学んできたように生態系を対象とするために，工業生産などにおける技術以上に生産を構成する

写真：圃場に生育する登熟期の水稲（写真提供：平沢　正）

関連要因が多く，また要因自体の変化の頻度や範囲が大きく，さらには諸要因相互間の作用が複雑なので，なかなかマニュアル通りには進行しにくい．そのうえ，1サイクルの生産に必要な期間が長いので，繰り返して経験を積み重ねるのも容易ではない．「農民が一生の間にトライできるイネづくりはせいぜい数十回にすぎない．暑い夏もあれば，寒い夏もあるし，なかなか習熟できるものではない」とはよくいわれることである．

なお，読者が本書で植物生産学を学ぶのは学生としてであって，農業生産者になるためではない．ただし，実際の生産の場に携わることを想定して学ぶ方が，理論を自らのものとして理解しやすいので，実践的立場と表現で書いている．作物の生命，生態系の健全性に責任を持っている栽培者のつもりで，また，技術的，経済的に作物栽培を永続していこうとする営農者のつもりで，さらに農産物の品質と安全に責任を持っている生産者のつもりで，実践的な臨場感を持って学べば楽しく学習できるであろう．

ある作物を試験的に小規模に栽培してみるだけではなく，それを農場（農業経営）の中において，商品として必要とされるに足るだけの量と質が備わるレベルで栽培することは容易なことではない．しかも，多くの経営において栽培する作物は1つではなく，土地や労働力の利用効率を高め，経営的な危険分散をはかるなどのために，圃場や時期を考慮して複数の作物を組み合わせて栽培する．そして，経営は一時的な存在ではなく，永続的でなければならない．

これら個々の経営の総体としての農業が安定的，持続的に営まれていてこそ作物生産が続けられ，食糧などの農産物が消費者に供給される．すなわち，作物生産が農業経営において持続的に行われることが，ひいては人間の生命，人間社会を維持していくための根幹を成しているのである．

(2) 近代農業技術の成果と問題点

a．緑の革命

世界の穀物生産は，1950年の6億3,000万tから1980年代半ばには16億5,000万tまで，この間の人口増加率を大きく凌駕して2.6倍もの増加を記

録した.この過程で大きな役割を果たしたのは 1965 年頃から始まった,主として熱帯の発展途上地域を中心として広範に展開された「緑の革命」といわれる農業近代化の活動である.家永泰光によれば,コムギ,水稲などの「穀類の多収品種を開発し,その栽培を灌漑,肥料,農薬,農業機械などの工業部門の技術開発の成果を取り入れて革新し,伝統的農法から脱却して食糧増産をはかり,発展途上地域を中心とした人口増加に対処しようとするもので,育種から社会経済に至るまでの広い内容を持つ」ものである.膨大な資金を投入し,政権および行政,農学者も総動員して,品種開発を端緒としながら,農地・灌漑施設整備から生産資材・手段まで,総合的に農業生産の技術体系から社会経済の在り方にまで変革の影響を及ぼしたこの「緑の革命」は,「近代農業」,「近代農学」の 1 つの到達点を象徴する農法革新であるといえよう.

その推進者の 1 人である N.E. Borlog(1914 〜)は,メキシコ,インド,パキスタンなどのコムギを画期的に増産させた短程多収品種の育成(日本の '農林 10 号' を片親としている)が評価されて,1970 年にノーベル平和賞を授与されている.また,国際稲研究所(IRRI)からは,水稲の短程多収品種 IR-8 をはじめ,多くの多収品種が作出され,アジアの稲作の増収に貢献した.米麦のみならず雑穀も含めて,この HYV(high yield varity)を梃子とした増産活動は現在も継続している(図Ⅴ-1).

しかし,このような「光」の側面だけでなく,体系的に不十分なままに強行して水資源の枯渇や農地の劣化をもたらしてしまった事例,十分な灌漑排水施設や資材を用意できない貧しい地域や農民層をかえって困難に陥れて農村および農民を疲弊させて経済的不平等を拡大することになった事例,多様な作物遺伝資源を喪失させることに結果したなど,V. Shiva などによるその「陰」の側面に対する厳しい批判もある[注].

注)「このような予期しなかった社会的副次効果は,緑の革命の技術が不成功に終わったことを意味するのではなく,新技術を大規模に導入する前に社会的副次効果を予知し,対策を立てなければならないことを意味するものである.」(D.H. Meadows ら,「成長の限界」,1972;後出)

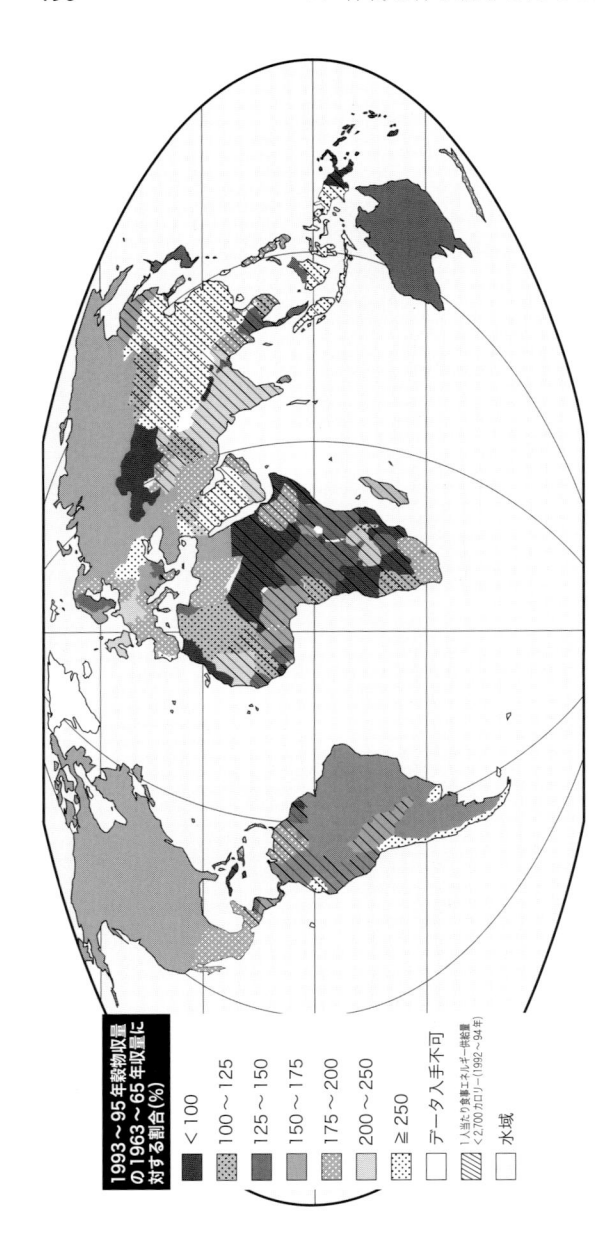

196 V．作物を作り続けるための技術

図V-1 穀物収量の増加

緑の革命のような要因によって，過去30年間に穀物生産性の向上により達成された進展は，目を見張るものがあった．しかし，この進展はすべての地域について同じではなかった．進展が持続するかどうかは，草の根の参加および持続可能な開発に資重に留意しながら，農業の研究と教育を持続できるかどうかにかかっている．この地図は，1つの主要な種類の食糧（平均的食事でカロリーの51％，タンパク質の47％を供給する穀物）のみを示すが，生産性の向上は，他のあらゆる食糧品グループに同様に必要である．研究課題は重要であり，かつての旧ソ連の旧ソ連値は広い．以前の旧ソ連について は1993年～95年各国のkg/haの値が旧ソ連の1963～65年kg/ha推定値と比較されている．(FAO・World Food Summit：FAO世界の食料・農業データブック，上・下，農文協，1998)

b．近代農業技術の特徴

　この「緑の革命」のみではなく，「近代農業」技術の体系（農法）に共通している技術の特徴は，生産性の向上が，並行して発展してきた工業によって開発されて利用が可能になった資源やエネルギーの高投入によって支えられていることである．農業と工業が交流しつつ技術・経済・生活条件が改善され，発展すること自体は望ましいことである．しかし，近代農業技術の今日の到達点は，あまりにも工業化された農業技術になってしまっているのではないかと思われるが，それでいいのだろうか．そのために何か問題が起こることはないのだろうか．

　「緑の革命」による作物の増収，また，その他の作物の生産性向上の場合にも，改良された作物，品種の持つ「生物力」，すなわち，その作物自体が持っている「育つ」潜在能力を高めたことが貢献していることは確かである．また，生産技術は「Ⅲ章 作物栽培の技術」，「Ⅳ章 作物を保護する技術」で学んだように，作物が持っている潜在能力をできるだけ高水準で，効率よく発揮できるように「育てる」ために人為的に育つ環境を作り，制御することが作物栽培においては不

表Ⅴ-1a　米生産における投入・産出エネルギー（1万 kcal/ha）

項目	年	昭和25	30	35	40	45	49
投入エネルギー	全補助エネルギー	914	1,335	1,942	2,765	3,696	4,701
	うち石油由来（化石）エネルギー	756	1,201	1,825	2,676	3,621	4,641
産出エネルギー（米収穫による）		1,160	1,480	1,590	1,590	1,730	1,770
産出／投入		1.27	1.11	0.82	0.58	0.46	0.38
米 1kcal 生産に要した化石エネルギー		0.82	0.81	1.15	1.68	2.28	2.62
投入補助エネルギーの化石エネルギー依存率（％）		83	90	94	97	98	99

（宇田川武俊，1978より作成）

化成肥料，農薬，資材，機械が石油エネルギー由来の補助エネルギーの代表的なものである．
データは1974年までの推移で古いものであるが，それ以後の調査データがない．しかし，すでにこの時代でさえ，食糧としての米の生産がどんなに多くの化石エネルギーに依存していたかがわかる．すなわち，食品「米」1kcalの生産のために 2.62kcal を投入している．宇田川は「元来太陽エネルギーだけで生長するイネという植物に，今日では太陽の補助エネルギーを投入して育て，米を手にしていることが考えようによっては不思議なことにさえ思えるのである」と述べている．

表Ⅴ-1b　野菜（露地・施設），畑作物生産における投入・産出エネルギー（昭和50年，1万 kcal/ha）

項目＼作物	キュウリ(露地)	キュウリ(施設)	トマト(露地)	トマト(施設)	ミカン	リンゴ	キャベツ	バレイショ	カンショ
投入エネルギー　全補助エネルギー	23,494	95,854	31,270	66,620	9,761	11,815	5,889	3,119	3,682
うち石油由来(化石)エネルギー	19,821	90,012	22,532	60,835	9,594	11,401	4,854	2,872	2,148
産出エネルギー(生産物)	615	826	2,552	2,432	2,069	1,325	1,043	2,400	3,479
産出／補助(石油)	0.03	0.009	0.11	0.040	0.22	0.12	0.23	0.84	1.62

（宇田川武俊，1978より作成）

野菜，果実などは主として人間の生理活性調整のための食品であり，カロリー（エネルギー）供給のための食品農産物ではないので，産出のためのエネルギー産出が多くないのは当然である。しかし，「産出／補助」が著しく小さい。特に施設栽培の場合は化石エネルギーを投入しても，穀物やイモ類のようにエネルギー産出はほとんどプラスの産出はない。

V. 作物を作り続けるための技術

可欠であり，その作物とその作物の特性に適合した管理とが一体になって初めて作物生産技術が成立するわけである．したがって，作物生産においては，管理技術が重要な役割を担うのであり，そのために用いられる資材やエネルギーは当然必要なものである．

しかし，それらが過剰に投入されるようになると，それらの利用効率が低下して，資源およびエネルギーを浪費させ（表V-1），生産のコストを押し上げて生産の収益率を引き下げ，経済的な不利益をもたらす（図V-2）．また，作物の生育に障害をもたらすこともある．例えば，過剰施肥が生理障害を引き起こしたり，病気や害虫に対する抵抗力を弱めたりする．それだけでなく，過剰に投入した資材が生産の生態系から流出して，系外の環境に悪影響を及ぼすこともある．例えば，施肥した窒素肥料あるいは施用した家畜糞尿などになると，由来する硝酸態窒素が溶脱して地下水を汚染したり，農薬が収穫物に残留していて摂食者の健康を害したり，河川に流出して水棲動物に濃縮蓄積して死に至

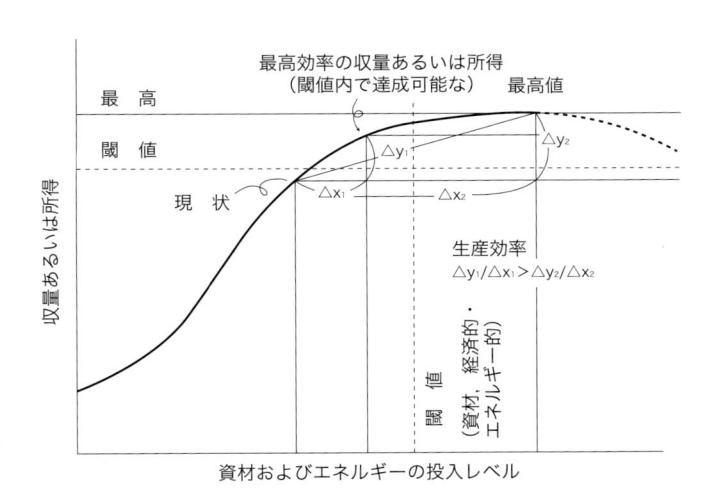

図V-2 資材投入の技術的・経済的閾値を考慮した適正投入・適正収量（MEY）の考え方

S字型の成長曲線を描く作物生産においては，最大産出量を求めて投入を増やして行くと投入効率は逓減し，ピークを越えると逆に減少する．閾値を求めて，その範囲内で適正な産出／投入関係が得られるようにすることが合理的である（MEY, most efficient yield）．（Shioya, T., 1993）

らしめたり，それらを食べた人間に障害を起こさせたりすることもある．過剰な耕うんが土壌侵食の誘因となって，農地を荒廃させたり，河川や海を汚染し，魚介類の生育を妨げ，沿岸漁業に被害を与えたりすることもある．

　人類生存・発展のための食糧および資源を供給する農業は，自然と調和した生産を行っている限りでは自然環境を保全する積極的な役割を担い得る産業であるのに，経済的な利益，生産性を追及するあまりに農業の「工業化」を進めて資源やエネルギーを過剰に投入するようになると，逆に，人間を生かすどころか，その健康を脅かし，自然環境を破壊する元凶へと豹変することになる．

　こうなっては，農業は技術的にも経営的にも，また，自然と人類の生存環境にとっても，健全な産業として永続することができなくなってしまう．ここに，農業の「持続性」が問われることになった原因がある．

c．農業が環境に対する健全性と食糧供給力強化を求められてきた20世紀後半の歴史

1）『沈黙の春』，1962年

　このような状況の進展にはっきりと警鐘を鳴らしたのは，アメリカ合衆国の海洋生物学者R. Carson女史であった．当時，DDTなどの有機合成殺虫剤が画期的な効果を持つ薬剤として評価されて，広範囲に使用されていた．彼女はその著『Silent Spring』（1962，邦訳書名『沈黙の春』）を通じて，化学合成農薬の使用が自然の生物に死をもたらし，生態系を破壊し，人類の将来を危うくするものであることを警告した．農薬会社などの猛反発があり，全米で激しい論争が起こったが，ケネディ大統領の指示を受けた科学諮問委員会の調査結果を受けて，残留毒性の強いDDTなどの使用を制限する法律が制定された．

2）『成長の限界』，1972年

　それから10年たった1972年，世界各国の科学者，経営者などによって構成された非政府組織「ローマクラブ」が「人類の危機に関するプロジェクト」研究の結果として『成長の限界』と題したレポートを発表した．地球が無限であることを前提にしたような経済と人口の成長のやり方を改めなければ「来る

V. 作物を作り続けるための技術

べき100年以内に地球上の成長は限界点に到達するであろう」という結論を，はっきりと人々の前に突き付けた．人口，食糧生産，工業化，汚染および再生不可能な天然資源の消費という5つの要素についてのシステムダイナミクス手法（D. Meadowsら，MIT）を用いたシミュレーションモデルによって導き出した結論である．成長に伴う「環境汚染」を人類社会の将来を決する1つの重大要素として提起したのは画期的なことであった．

そして，そうさせないための「行動を開始するのが早ければ早いほど，それに成功する機会は大きいであろう」と呼びかけた．「現在の世界システムの目標は，明らかに，より多くのもの（食糧，物財，清浄な空気，水）を持った，より多くの人間を生み出すこと」であるが，「もし社会がそのような目標へ向かって努力を続けるならば，結局のところそれは，地球の持つ多くの限界のどれかにつき当たってしまう」．しかし，まだ希望はある．「人類は，全く新しい形の人間社会－何世代にもわたって存続するようにつくられる社会－を創造するのに，物的に必要なすべてを持っている．欠けている2つの要素は，人類を均衡社会に導きうるような，現実的かつ長期的な目標と，その目標を達成しようとする人間の意志である．… この目標とこの決意とがあれば，人類は今や，成長から世界的な均衡への，制御された，秩序ある移行を直ちに開始することが可能である」と発表している．

3）第1回国連環境会議，1972年

この年，ストックホルムで世界の113カ国の代表が参加した第1回国連環境会議が開かれ，人類史上初めて，「環境破壊」の現状が世界の共通認識となり，この地球（宇宙船地球号）を守るための国際的な行動計画が採択された．

このような情勢をいち早く看取した，わが国の農学界でおそらく最初の「環境農学」を標榜した図書が1974年に刊行されている．松尾孝嶺の『環境農学概論』である．松尾は，その刊行意図を「われわれは，われわれの先祖が賢くも，自然のしくみのなかで，農業によって太陽エネルギーをその生命と生活のエネルギー源として永続的に利用してきたことを再評価して，今後の新しい生活と生産のありかたを学ぶ必要がある．環境農学とは，この環境の危機にさい

して，人類の発生と農業の起源にさかのぼって農業本来の姿をふりかえり，新しい農業と農学の進むべき道を求めようとするものである」と述べている．「環境」の問題を農業，農学のあり方に敷延して論じた「初めて農学を学ぶ人々のための入門書」であった．

4）リオ環境サミット，1992年

しかし，経済成長を求める秩序を欠く活動，開発は継続され，環境破壊，発展途上国の貧困は増幅された．そして，この状況を看過することができなくなって，ストックホルム会議から20年が経過した1992年になって，103カ国の首脳が参加した地球サミット「環境と開発に関する国連会議」がブラジルのリオデジャネイロで開催された．この会議には，世界中から多くの非政府組織の人々が参加し，環境を保全，修復し，持続可能な社会（サステイナブルソサイエティー, sustainable society）づくりのための気運が世界的に広く醸成された．採択された「アジェンダ21」に基づくさまざまな行動が取り組まれることになった．しかし，産業や生活活動の拡大に伴う大気汚染，地球温暖化，砂漠化，水資源の枯渇などがさらに進行するなど，持続可能な均衡ある世界を実現するために，現時点での「人間の道徳的資源に対する要求」（『成長の限界』）は，いっそう高まっている．

5）ローマ食糧サミット，1996年

ローマクラブが人類社会の成長には限界があることを自覚して生きていこうと全世界に呼びかけたが，成長を追い求める人間活動には依然として十分歯止めがかかっていない．現在，世界人口は依然として，いや以前にも増して等比級数的に急速に増加しつつある．一方，世界の食糧生産の伸びは停滞している．「成長」の要素間に大きな不調和が生じているのである．しかし，人口増加を今すぐ止めることはできない．したがって，個々の農家・農業経営や国家および地域を越えた総体としての「農業」には，当面する栄養不足および飢餓の現実を克服するために，世界の人々に健康な暮らしをしていけるだけの食糧を供給することが求められているのである．

1996年，世界銀行，国連環境計画（UNEP）は，世界人口が2025年では

V. 作物を作り続けるための技術

栄養不足人口の割合, 1990〜92年(%)
- < 5
- 5〜20
- 10〜20
- 20〜30
- 30〜50
- ≧ 50
- 比較推計対象外
- 水域

栄養不足人口

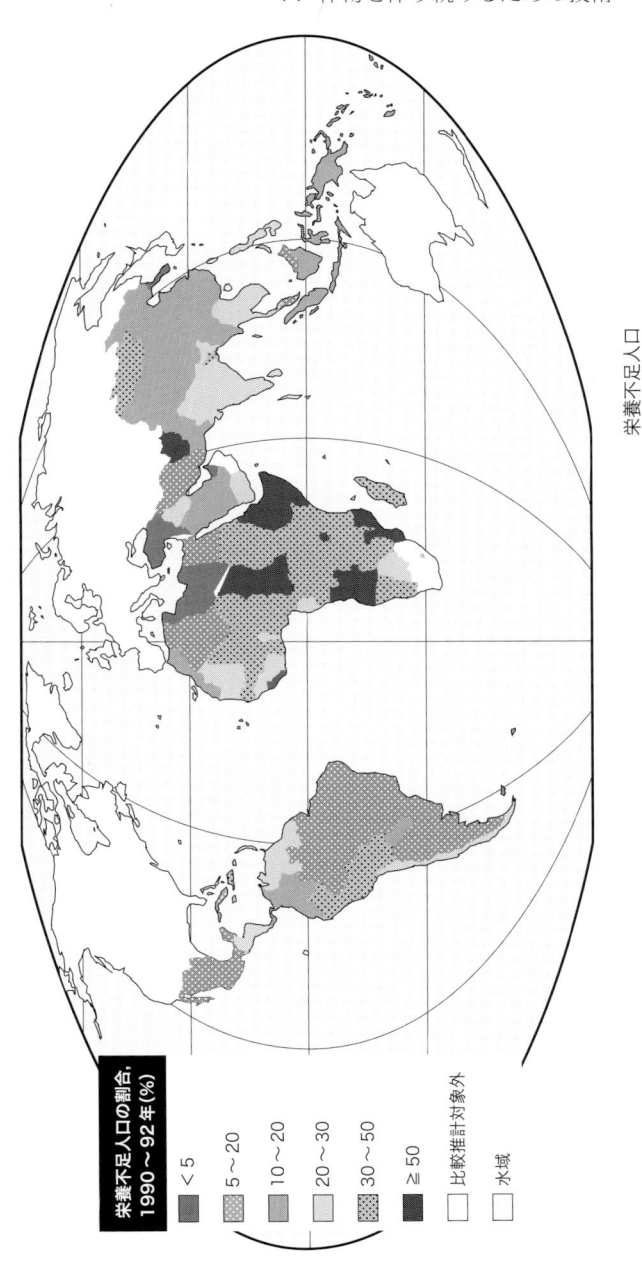

図V-3 慢性的栄養不足

栄養不足の発生率等は、食事エネルギー供給(DES)必要量(カロリー)を満たすだけ十分な食糧を入手できない人口の割合で示す。世界の慢性的栄養不足人口の割合は、過去数十年間そうであったように、今後も低下すると予想されるが、栄養不足は、特に一定の地域においては依然広範囲に及んでいる。さらに、2010年の予想は、もし も断固とした協力行動がとられなければ、慢性的栄養不足の絶対数はほとんどかわらないことを示している。(FAO・World Food Summit：FAO 世界の食料・農業データブック, 上・下, 農文協, 1998)

83億人となり，2050年には100億人に達する可能性があり，多くの人々が栄養不足に見舞われ，飢えに苦しむ恐れがあるという予想を発表した（図V-3）．それどころか，飢えは将来のことではなく，すでに現在進行中であることを裏付けるように，世界食糧計画（WFP）が「現在，世界で8億人以上の人々が飢餓に見舞われており，そのうち約70％が女性と子供である」，「毎日1万1,000人以上の子供が飢えのために死亡している」という衝撃的な現実を公表した．

このような人類の危機的状況を背景に，同年6月，国連食糧農業機関（FAO）の提唱によって，ローマで世界食糧サミットが開かれ，今後10年で飢餓人口を半減することなど，飢餓と闘うための地球規模の行動を呼びかけた．185カ国とECTが呼びかけに答えて参加した．採択された「ローマ宣言」は，「われわれは，すべての人の食糧安全保障を達成し，また2015年までに現在の栄養不足人口を半減することを当面の目標として，あらゆる国において飢餓撲滅のための努力を続ける政治的意思を有すること，またこれが，われわれが国家として果たすべき共通の責務であることを誓う」と謳い，7つの誓約を含む62項目の具体的な「行動計画」を決定した．

しかし，2002年の「5年後会合」において，事態の改善が著しく遅れてい

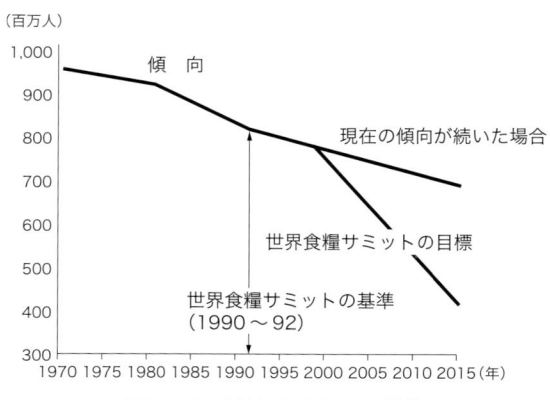

図V-4 栄養不足人口の推移
グラフはFAO，農林水産省資料．

ることが判明し（図V-4），あらためて以下のような内容の宣言が採択された．

①「ローマ宣言」を再確認し，世界的な連携強化によって，2015年までに世界の栄養不足人口を半減する，②すべての人に安全で栄養のある食糧を入手する権利がある，③食糧が政治的および経済的な圧力の道具として使用されるべきではない，④食糧安全保障の達成のために国内生産，持続可能な農林水産業の確立・農村開発が重要である．

6）環境保全型農業に農民を誘導するヨーロッパ諸国

農業生産の環境に対する悪い影響を軽減，予防しようという取組みを政策として最も強力に推し進めているのは，EU共通農業政策傘下の諸国や独自の環境農業政策を確立しているスイスなどのヨーロッパ諸国である．ヨーロッパ諸国は第二次大戦後の復興過程で農業生産に力を入れ，生産増加，自給率の向上をはかってきた．今や多くの国が自国の条件を生かして，さまざまな農産物の輸出国となっている．しかし，その間に進めてきた保護政策の下で進行した農業の集約化に伴う環境問題，集積する過剰農産物などの矛盾も大きくなった．これらの問題の解決のために，環境を保全し，生産を調整する政策をとった．環状保全のための生産制限による農業者の所得の減少を直接支払いによって補填したり，環境を保全するGAP（優良農業行為基準）を上回る農法の実施に対しては奨励金を支給するなどの政策を，国民的な理解を背景として，環境への負荷の大きな集約農業から粗放的な農業へと，農法の転換を誘導しており，成果を上げてきている．また，EU加盟諸国やスイスなどにおける減農薬・減化学肥料を進めるIP農法（integrated production）も急速に普及してきている．その背景にはヨーロッパの「生物学的農業」として取り組まれてきた農法研究の蓄積や農業と調和した生活文化の歴史がある．

7）持続型農業のあり方を模索するアメリカ合衆国

世界最大の農産物輸出国であるアメリカ合衆国は，『沈黙の春』を経験した国であったが，1970年代に農産物に戦略的な位置付けをして，膨大な補助金をつけて農産物の増産を推進した．そのために，本来なら保全すべき地域まで耕地化したり，大量の資材投入や収奪的生産の方法が横行し，30億t（120

万 ha の表土に当たる）といわれるほどの土壌流亡や地下水の枯渇や汚染が大規模に発生した．アメリカ合衆国は 1970 年代後半から事態の深刻化に気付いて，慣行の近代農法とは異なる「代替農法」の検討を始め，1980 年には「有機農業に関する報告と勧告」を出し，1985 年の農業法では資材の低投入農法を推奨し，1990 年農業法では，「持続型農法（sustainable agriculture）」をアメリカ合衆国における農業のあり方の基本とすることを宣言した．同法は，持続型農法を次のように説明している．

「一般的に言って，持続型農業とは，予測可能な将来にわたって生産性，競争力，収益性などの点で優れているとともに，天然資源を保全し，環境の保護に役立ち，大衆の健康や食物などの安全性をも増進するような農業を意味する．また持続型農業システムとは，作物に対する養分の供給を効率化し得るような輪作や保全耕法，新品種，その他の改善技術を統合的に活用した仕組みである．」（中村耕三訳）．

ここには，「持続型農法」の名の下に，今までの近代「慣行」農法を越えて，資源や環境の保全と健康・安全食物の生産および供給の両立を要求し，その技術システムにも生物力を活用することという農業技術のあり方を問う厳しい注文が付けられている．この要請に応えた研究，技術開発，普及指導が積極的に進められ，成果が生まれつつある．

8）わが国の環境保全型農業

欧米諸国の対応に比べると，わが国の取組みはかなり遅かった．その背景には，わが国の農業を取り巻く恵まれた自然環境や本来的に資源および環境を保全する機能性の高い水田農業が農業の基本となっていたために問題が顕在化しにくかったことがある．しかし，わが国の農業をよく検証してみると，単位面積当たりの資材投入量は世界の最高水準にあり，それを抜きにしては量・質的に生産性を維持できないこと，それにもかかわらず先に学んだように農業生産資源の利用効率は非常に低いこと，それらが生産原価を高くしているし安全性も懸念されていること，さらには，輸入飼料に依存した畜産から排出される家畜の糞尿が耕地に適正水準では還元しきれない状態にあって，環境汚染が発生

していること等々，世界的に近代農法に共通的な問題だけでなく，日本特有の問題も多いことが次第に明らかになってきた．

遅まきながら，わが国政府も平成4年（1992年）に，環境負荷の軽減に配慮する「環境保全型農業」の確立を目指すことを表明するに至った．平成6年（1994年）には「全国環境保全型農業推進会議」が組織され，都道府県や市町村でも環境保全型農業の推進方針が策定されるようになった．

そして，平成11年（1999年）には「持続性の高い農業生産方式の導入の促進に関する法律」が制定されるに至った．「持続性の高い農業生産方式」を同法の第2条で次のように定義付けている．

すなわち，「この法律において『持続性の高い農業生産方式』とは，土壌の性質に由来する農地の生産力の維持増進その他の良好な営農環境の確保に資すると認められる合理的な農業の生産方式であって，次に掲げる技術のすべてを用いて行われるものをいう．

一　たい肥その他の有機質資材の施用に関する技術であって，土壌の性質を改善する効果が高いものとして農林水産省令で定めるもの，二　肥料の施用に関する技術であって，化学的に合成された肥料の施用を減少させる効果が高いものとして農林水産省令で定めるもの，三　有害動植物の防除に関する技術であって，化学的に合成された農薬の使用を減少させる効果が高いものとして農林水産省令で定めるもの」である．そして法律の施行に関する規則などにおいて「農林水産省令で定めるもの」を細かく規定している．

わが国のいわゆる持続農業法は前述のヨーロッパの環境保全農政やアメリカ合衆国における持続型農業の定義と比べると，その対象としている範囲が生産技術とそのあり方というかなり狭い範囲に止まっており，また技術内容も生産補助資材の利用に関わるものに狭められてしまっている．わが国の農業においては，低自給率を改善するための生産性向上に配慮しながら，環境保全型の農法創出のために，わが国の諸条件に適う柔軟で多様な取組みが必要であろう（現在行われている環境保全型農業の技術の具体的な内容については後で学ぶ）．

農林水産技術会議事務局は平成7年（1995年）に，わが国の環境保全型農

9）国際農業の研究戦略

　持続可能な社会の建設のために，特に農業，農学がその解決のために取り組まなければならない課題は，急速に増加する人口に見合った食糧を供給するために農業生産（agricultural production）を増大させることである．農学には，それを可能とするだけの農業生産性を高め得るような技術を開発することが求められる．ところが，すでに学んできたように，私たちには，農業近代化の課程で増産を支えてきた資源，エネルギーの投入が資源の枯渇や環境汚染をもたらしたり，資本投入による生産費の高騰をもたらしたりすることがないように，それらの投入を抑制しなければならないという厳しい制約条件が付けられているのである．

　このように，私たちには資源，エネルギー，資本などの投入を控えること，環境を保全すること，その条件の下で食糧供給が増やせるように農業生産性を高めることのすべてが持続的にかなえられるような農業生産の仕組みを創り出さなくてはならないのである．私たちに求められている植物生産の技術学にしても，単に環境保全的技術であればいいというのではない．

　国際稲研究所（IRRI），国際とうもろこし・小麦改良センター（CIMMYT），国際ばれいしょセンター（CIP），国際熱帯農業センター（CIAT），国際乾燥地農業研究センター（ICARDA），国際半乾燥熱帯作物研究所（ICRISAT）などのCGIAR（国際農業機関協議会）の技術諮問委員会（TAC）が1987年の報告書において記している「持続性」に関する定義は今日求められている「持続可能な農業」の内容を総合的に表しているので，よく読んでその内容をよくかみしめてみよう．

　「持続性の辞書の定義は，『継続的に努力し続けながら，倒れないように持ちこたえる能力』である．このような定義によれば，一定の生産力水準を保つことができる限りその農業システムは持続的（sustainable）であると言えることになる．

　これは持続性に関する静的な概念である．しかし，持続性は動的な概念で取

り扱うべきであり，着実に増加を続けている人口と需要の変化への対応も含める必要がある．静的な意味では，多くの伝統的な農業生産システムは，数世紀にわたって生産が継続的でしかも安定性を保つ能力があったという意味で持続的であった．しかし，人口増加と需要の変化によって，生産システムの変更が強制され，自然資源の浪費が進行してきている．

このような意味から，持続的な農業は，人類の需要の変化を満たしながら農業資源を上手に管理することと，環境の質を維持・向上させ自然資源を保存することを含むべきである．」(農林水産省熱帯農業研究センター訳)

10) 今後の食糧需給動向と課題

1980年代後半から世界の穀物収量の伸びが停滞し，作付面積が減少して，この間の人口増を勘案した1人当たり穀物生産量は次第に低下してきている(図V-5)．世界の食糧需給については楽観から悲観までのさまざまな予測がなされている．今までの傾向を単純に引き伸ばして将来予測をするわけにはいかないが，世界の食糧需給が逼迫し，苦しい局面にあることは否めない．食糧増産の困難は穀物に限ったわけではない．そのほかの作物でも，魚や肉類でも同様である．元アメリカ合衆国農務省国際農業開発局長でワールドウォッチ研

図V-5 世界の1人当たり穀物生産(1950〜93年)
(Brown, L. R. and Kane H., 1994)

究所を主宰している L.R. Brown は著書『飢餓の世紀』の中で，今後の食糧供給動向を予測する際に考慮すべき要因として，「①増収をもたらす農業技術は不在，②漁場と放牧地の持続可能産出力は限界，③灌漑用水の不足，④既存作物品種では施肥効果は限界，⑤工業化，都市化で農地は減少，⑥人口増と環境劣化により社会的混乱が発生」という「6つの新たな制約」をあげている．

植物生産学を学ぶ私たちにとって，特に①，④は見過ごすわけにはいかない指摘であり，本当なら植物生産学としての克服技術の開発が迫られる問題である．また，③，⑥[注] も植物生産側からの対応策の開発を求められる問題である．

(3) 問われる農業の環境保全性・持続性

このように，経営レベルで，さらには人類的・地球的レベルで，作物生産，作物栽培の問題を考えてみると，そこに課せられた最も大きな課題は，限られた農地を有効に活用し，環境との調和をはかりながら，農地の作物生産力を高い水準で維持し，それをうまく発揮させ続けることを可能にする技術体系を確立することである．

注）なお，⑥に関連して，1998年のノーベル経済学賞受賞者 A. Sen は著書『貧困と飢饉』の中で「飢餓は経済全体における食糧供給の減少ゆえに生ずるのではなく，政治的混乱や騒乱のために，食糧やその他の財・社会保障などのサービスを受ける能力や資格が損なわれる状況に陥らされたとき，ところ，人々に起こる．」として，飢饉の原因が1国レベルの食糧供給能力不足にあるという通説は誤りであると述べている．

また，世界の飢餓の現場を訪問して，国連人権委員会「食糧に対する権利」特別報告者である J. Ziegler（ジュネーブ大学）は著書『世界の半分が飢えるのはなぜ？』の中で「豊かな食糧が公平に分配されていないということが，現代の人間社会がかかえているいちばんの欠陥ではないだろうか？食糧自体は豊かに存在するにもかかわらず，貧しい人びとはそれを入手するため経済的手段を持っていない．そのため不公平な食糧分配しかおこなわれず，なん百万人もの餓死者を生み出しているのだ．…もし，世界中の人びとに食糧を公平に分配したとすれば，全員に十分な量がいきわたる．」と述べている．

世界最高水準の高い経済力を持ち，自国内では食糧生産の制限をしながら，国民のカロリー需要の60％，穀物需要の73％をも他国から買い入れている日本の国民として，このような視点にも十分な考慮を払わなければならない．

a．農業の持続性の根本：限られた農地の繰返し利用
1）農地拡大，土地生産性向上

　農業の持続性の安全保障は農地の肥沃度と健全性を維持できるかどうかにかかっている．農業は，人間が土地（農地）を繰返し利用しながら作物を生産することを基礎にして成立している産業である．そのおおもとは植物による太陽エネルギーの物質への転換および固定である．そして，植物の生育は，それぞれが生育する場所（スポット），さらにはそれを取り巻く広がり（地点，地域）における生物群と物理・化学的環境によって形成される特有の生態系の中での食物連鎖，物質の小〜中循環に，そして，広大な地球レベルでの大気，水，元素などの物理・化学的物質の大循環に支えられている．これらの過程を司っている法則を，人間は経験的，科学的に認識して，逆にこれらの過程に人為的に働きかけて，人間が必要とする作物および農産物をより多く，より効率よく作り出すように努力してきた．

　人間は，植物を改良して作物を作り出した．それを生育させるための場として，土地を改造，改良して農地を作り出した．また，作物を育てる栽培法，作業手段・資材を開発してきた．そのための科学や技術の体系が植物生産学である．野生動物を改良して作り出した家畜の飼養（その体系が動物生産学）も含めて，その生産行為が農業である．

　人口の増加や生活の向上に伴って増大する食物および農産物の需要を満たすために，人間は絶えず農地を拡大，改良し，また作物とその栽培技術を改良して単位面積当たりの収量としての土地生産性を向上させてきた（図V-6）．この両者は，人類社会の発展過程において，その時代の社会制度と社会的生産力によって規定されて，社会発展に対して，制約的にあるいは助長的に作用した．しかし，常に両者が相互に循環的に高度化することを通じて，農業は増加する人口を養い，人類社会の発展を支えてきた（図V-7）．

2）土地利用度および耕地利用率

　このように，農地あってこその農業（植物）生産であり，その時代，その地

V．作物を作り続けるための技術

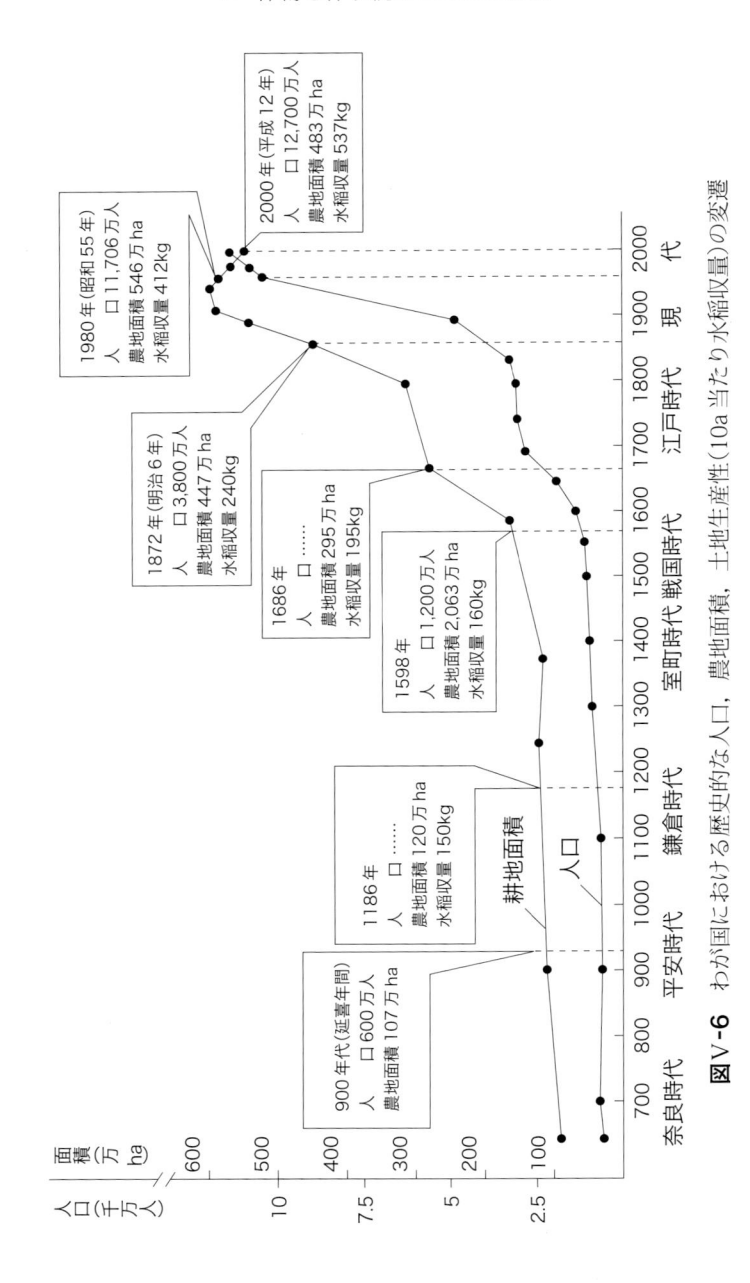

900年代（延喜年間）
人　口 600万人
農地面積 107万ha

1186年
人　口 ……
農地面積 120万ha
水稲収量 150kg

1598年
人　口 1,200万人
農地面積 2,063万ha
水稲収量 160kg

1686年
人　口 ……
農地面積 295万ha
水稲収量 195kg

1872年（明治6年）
人　口 3,800万人
農地面積 447万ha
水稲収量 240kg

1980年（昭和55年）
人　口 11,706万人
農地面積 546万ha
水稲収量 412kg

2000年（平成12年）
人　口 12,700万人
農地面積 483万ha
水稲収量 537kg

図V-6　わが国における歴史的な人口、農地面積、土地生産性（10a当たり水稲収量）の変遷

V. 作物を作り続けるための技術

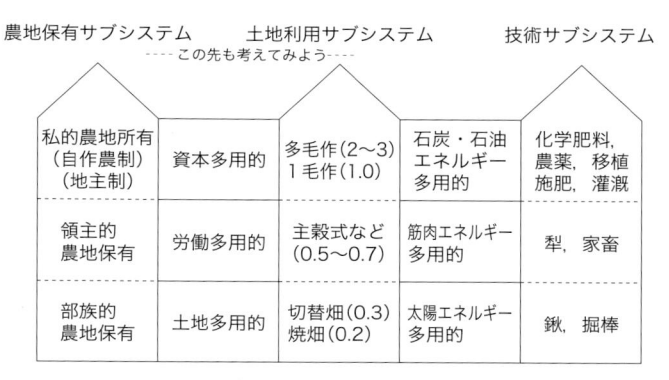

農地保有サブシステム		土地利用サブシステム		技術サブシステム
私的農地所有（自作農制）（地主制）	資本多用的	多毛作(2～3) 1毛作(1.0)	石炭・石油エネルギー多用的	化学肥料，農薬，移植施肥，灌漑
領主的農地保有	労働多用的	主穀式など(0.5～0.7)	筋肉エネルギー多用的	犂，家畜
部族的農地保有	土地多用的	切替畑(0.3) 焼畑(0.2)	太陽エネルギー多用的	鍬，掘棒

図V・7　食糧生産システムの段階的発展
（　）内の数字は土地利用度（作付頻度）．（堀野俊郎）

域で限られた農地は繰り返して利用された．世界の多くの地域は，主として気温と降水（量と時期）に関わる気象条件によって，穀物のように比較的長期（120～300日）の生育期間を必要とする作物は1年に1回（1作）しか使わないが，気象と灌漑設備などの技術の条件のよいところでは，1年に2，3回以上も繰り返し利用可能なところもある（熱帯アジアの一部の稲作）．農地利用の集約度（同じ農地で1年に何回作物を栽培するか）を「土地利用度」指数で表す．1年に1回の作物栽培（一毛作）を行う場合が1.0，夏作にイネ，冬作にコムギのように2回利用（二毛作）を行う場合は2.0となる．短期間の栽培で収穫できる野菜類との組合せでは，土地利用度は高まる．また，果菜類のように，年間作付回数は少ないが，多数回収穫する土地の集約的利用法もある．また同時に，複数の作物を作付ける混作土地利用もある．世界の農業は，歴史的に土地利用度を高める方向で発展してきた（図V-6）．

　日本は主として温帯に属し，アジアモンスーン地帯の北端に位置する島国として，四季があり，適当な日照と降雨条件に恵まれて，非常に多くの作物群を持ち，それらの多彩な組合せができるために，水田の米麦二毛作に代表されるような多毛作による耕地利用率の向上が可能であり，第二次大戦後の農地改革による自作地化，栽培技術の発達が多毛作化を助長した．しかし，水田農業に

表Ⅴ-2　わが国における耕地利用率の変遷（千ha，%）

	耕地面積	作付面積	耕地利用率	拡　張	かい廃	不作付地面積*
1960	6,071	8,129	133.9	29	34	
1965	6,004	7,430	123.8	34	70	
1970	5,796	6,311	108.9	50	103	
1975	5,572	5,755	103.3	46	89	
1980	5,461	5,706	104.5	31	45	
1985	5,379	5,656	105.1	19	36	
1990	5,243	5,349	102.1	12	47	144
1995	5,038	4,929	97.7	6	50	146
2000	4,830	4,563	94.5	4	40	257

*都府県・販売農家．　　　　　　　　　　　　　　　　（農林水産省統計より）

おける水稲単作化，近年の稲作減反，さらには農業経営条件の悪化などのための耕作放棄地の増加，都市化の進行などのために，耕地面積は減少し，耕地利用率も低下してきている（表Ⅴ-2）．

3）農地の繰返し利用のための条件

　農地の繰返し利用の継続性，集約性は気象や土性によって制約されるが，最も重要なのは農地条件である．すなわち，作物の生育に必要な養水分を供給し続けることのできる条件と，また，生育の障害となる土壌要因（物理的，化学的，生物的）のない健全な農地としての条件を維持することである．これはかなりの程度，経営としての，地域としての，そして国家的な政策としての農地利用の方針と技術によって管理可能な条件である．

　一方，農地利用の方針を誤って，森林を破壊し，農地の養分を収奪して土地生産力を低下させたことが，その地域の自然生態系と食糧供給基盤を破綻させ，ついには繁栄していたその地域を没落させ，文明を衰微させることになった．古くは，人類文化の発祥の地の1つとして知られている，チグリス・ユーフラテス河の下流域地帯において，灌漑排水農業の上に成立したメソポタミア文化，西欧文明の揺り籠の地であるギリシャや地中海沿岸地域などについてのV.G. Cater，T. Dealの考察などから，私たちは歴史的な教訓をくみ取らなければならない．このような事態ははるか昔のことではなく，現に1970年以来のアメリカ合衆国での大規模な土壌流亡や，アフリカ，中央アジア，中国西部，

V. 作物を作り続けるための技術

モンゴルなどの元来乾燥した低植物生産力地帯での樹木伐採・過放牧・耕作などが助長した農地の荒廃・砂漠化が進行しつつある．規模は小さいにしても，わが国でも造成農地における土壌侵食・流出が起こっている．

また，植民地的プランテーション農業の下で，肥料や有機物を施用せずに数十年にわたってワタ，サトウキビなどを栽培する略奪的な農法を続けてきた結果，農地の肥沃度が著しく低下してしまって，2～3haで1頭の牛しか養えない低生産力の草地としてしか利用されなくなった広大な土地がブラジル，パラグアイなどの南米大陸に広がっている．

さらに，熱帯圏乾燥地帯，中近東や中西部アジアの農業開発事業において，水をやれば作物の収穫が増えると考え灌漑したところ，その地域の気象・土壌条件に不適合な方法であったために，農地の表層部に塩類が集積して作物の栽培ができなくなってしまったところもある．これらは自然生態系の物質循環の法則に反して，農地の持続的利用のための根幹である地力の維持や培養を無視，あるいは軽視した農法がもたらした結果である．

わが国の一般的な農地および作物の場合，作物を一作すると，10a当たり窒素成分にして5～10kg，腐植にして500kg程度が消耗する．この分を作物残渣や緑肥，耕地の系外からの堆肥などの有機物施用によって積極的に補ってやらないと，土壌の肥沃度，地力はそれだけ低下する．地力維持のために，一般の畑作物栽培の場合は，10a当たり1.5t程度の堆肥施用が必要になる．堆肥や緑肥作物のすき込みによる有機物施用は，農地の繰返し，持続的利用のための最も重要な，不可欠の条件である．

4）農地の生物的健全性の維持

わが国の場合には，これらとは異なった要因による農地の劣化が進行している．2,3例をあげよう．一面にレタスが栽培されていて，一見とてもよい畑のようにみえる高原野菜産地がある．ここの畑は確かに肥沃度は高いが，ハクサイやキャベツを作ると，たちまち病気が出てしまう．アブラナ科野菜の連作を続けたために，ネコブ病や黄化病などの一掃の困難な土壌病原菌の密度が高くなってしまったためである．また，ゴボウ，ナガイモ，コンニャクなどの多

くの産地では，土壌消毒なしには栽培できない状態に陥っている．土壌病原菌や有害センチュウが高密度で住み着いてしまったためである．このような農地では土壌消毒が土壌の生物相の多様性を消滅させたり，農薬耐性菌の発生を助長してしまう悪循環が起こっている．

このような農地の誤った利用は，農業の持続性を阻害する大きな要因の1つである農業の持続性を保つためには，それとは反対に農地の肥沃度を高い水準に維持および培養し，併せて土壌の健全性（物理的，化学的，生物的に作物生育に障害のない状態）を保つことが不可欠である．農業研修センターのプロジェクト研究チームは，ハクサイ根こぶ病を事例として，営農現場で利用可能な「連作障害総合防除のための圃場カルテシステム」を開発している

私たちが第1になすべきことは，すでに各論において学んできたように，「土作り」―土壌に適切に有機物を施し，作物が必要とする養水分を，土壌が作物生育に対応して，調和的に供給できるような条件を整えることである．また，畑地においては，連作を回避して，地力と生物的健全性が維持できるような合理的な輪作を取り入れた土地利用を行うことである．

b．水がなくては作物は育てられない
1）地球は水の惑星

水がなくては植物は生きていけない．ということは，植物を食べなくては生きていけない従属栄養生物である動物も生きていけないことになり，水なしにはすべての動植物が生存できないことになる．地球に生物がいるのは地球が水の惑星だからである．生物はその発生の源が海であったことを証明するように，すべての生物は体の中に海（塩類を含んだ体液）を持っている．

植物が育つ，すなわち，光合成によって物質生産しつつ，生理的に正常な活性を維持していくためには，植物が生きて行く上で必要とするだけの水分（溶け込んでいる養分を含んだ「水」）を体内に取り入れることのできる環境条件がなくてはならない．植物は種類によって，またその生育段階，生育状態によって要求する水分の量も質も変化する．イネのように水稲品種は水田のような湛

V. 作物を作り続けるための技術

図V-8 ブラジル・バイア州乾燥地帯のウチワサボテン（食糧，飼料）の畑

水条件が生育の好適条件であり，陸稲品種は畑のような土壌水分が適しているという植物もあれば，ラッカセイやカンショのように比較的に乾燥した土壌が適している植物もある．サボテンのような多肉植物の水分要求量はほんのわずかである（図V-8）．

植物は一般に根から水を吸収するが，葉面からの吸収も行う．根からの吸水は，水生植物のように自由水の中に根を広げて水を吸う例を除けば，一般には土壌に吸着されている水分をその吸着力以上の吸水力で植物が土壌から水を吸い取るのであり，このような場合に植物が利用できる水分はpF2.7程度までの水分である．

2）農業用水利用の現状

i）灌漑の普及と水源不足，水質汚染　2003年3月，琵琶湖・淀川流域を舞台にして，第3回世界水会議月開かれた．21世紀を人類がよりよい生活環境の下で生きていくために克服を迫られている大問題として，人工増加の抑制，地球環境の保全および修復，飢餓や栄養不足を防ぐ食糧安全保障などと並んで，増大する水需要に応え得るだけの水資源を確保できるのかという課題が提起された．

食糧の安全保障のための食糧生産もその成否の大きな部分を水供給に負っている．L.R. Brownは「主要な食糧生産地域において，水需要が水文学的サイク

ルによる灌漑水供給能力を越えている」と指摘している．特に，アメリカ合衆国，中国，インドなどにおける地下水の汲上げが，すでに補給量を上回る限度を越えて行われており，現在の水準を持続することが不可能であること，旧ソ連中央アジア地域でのアラル海の水容量が1/3まで減少し，あわせて塩類集積によって農地が破壊されてしまったことなどを教訓として例示している．

FAOの『世界の食料・農業データブック』（1996）によれば，世界の食糧生産の30～40％は全耕地面積の17％に当たる2億5,000万haの灌漑農地によるものである．灌漑農地の比率はアジアで35％，ラテンアメリカ11％，サハラ以南アフリカ6％である．灌漑が食糧安全保障に最大の寄与をしているのは水田農業の比率の高いアジアである．例えば，パキスタンでは70％，中国では70％，インドとインドネシアでは50％以上となっている．水田稲作は高収量と安定した生産性によって，畑作よりも大きな人口扶養の可能性を持っている．しかし，これらの国々でも水源の不足が問題化してきている．

灌漑水の主な水源は現在の降雨と過去の降雨の貯留分，すなわち，雪，氷，貯水池，湖沼，地下の帯水層の貯留水などである．灌漑水源の確保で問題となるのは，当面対処のための短期的な視野での持続的な展望を欠くダム貯水や地下水の略奪的開発である．

灌漑水源の量的な評価で考えなければならないのは，水源の賦存総量の大小ではなく，1人当たりの利用可能量の多少である．1人当たりの年間食糧の生産に必要な水量は，土壌水分量として2,000m^{3}であるといわれている．大陸への降雨量の1/3を得ているアジアは，豊富な水資源を有しているように思えるが，人口1人当たりで換算すると，2,000m^{3}の生活保障の限界レベルにすぎないのである．

また，水質の悪化も問題である．特に帯水層の汚染は供給される水が飲料水適性を欠くことになり，世界的な大問題となっている．工業からの有毒化学物質とともに，農業からの硝酸塩は，地下水汚染源となっている．

以上は農業の水利用にかかわる水資源やインフラストラクチュアとしての灌漑というマクロの問題の概況である．

ii）**水田農業の水利用および土地利用**　作物の生育に使われる水は，降水と灌漑によって供給される土壌水分から生ずるものである．したがって，圃場での作物の栽培に当たる私たちは，降水と灌漑装置によって搬送される水の量としてではなく，作物が必要とするときにどれだけ土壌水分として供給が可能であるかという視点から評価しなければならない．

　灌漑のもたらす農業の生産性向上の効果として忘れてならないことは，灌漑によって新たな農地を開発すること，生産を安定させることだけでなく，天水の不足する時期に，乾期に，灌漑によって作物の必要とする土壌水分を確保して，二毛作，三毛作…（あるいは二期作，三期作…）を可能として土地利用率を高めることである．

　そして，ここが私たちの栽培技術が具体的に評価される舞台である．すなわち，私たちに求められているのは，持続的な作物生産のために，いかに節水して，水利用効率の高い栽培を行うかということである．

　わが国の農地開発，農地改良の歴史を振り返ってみると，私たちが目指してきたのは，生産の安定しにくい畑地に水を引いて，生産性が高く安定している水稲生産の場である水田とし，さらには必要に応じて落水，あるいは給水して，畑作物を高生産性で栽培できる田畑輪換可能な汎用化水田とすることであった．わが国はこれだけの高い機能を持つ水田を整備してきたにもかかわらず，近年の一時的な米作り偏重，稲単作化の社会的過程を経過してきたために，現在は水田とその優れた機能が十分に活用されてはいない．

　持続的な作物生産の観点からいえば，わが国の水田整備の今日の課題は，水田をイネだけでなく総合的な作物生産の場とするために，土壌水分管理の自由度を高める給排水コントロールと節水である．地下灌漑システムは効率の高い水利用と生産性の高い作物輪作を可能とする技術として期待される．

　汎用化水田は，区画・均平化され，土壌水分管理の高い自由度を持ち，土壌中に養分の蓄積と分解および放出の調整が可能な，わが国の農地として最も高度に整備された装置である．このような水田を総合的な作物生産の場として活用する技術システムを確立して，世界の農業の土地利用および水利用の発展に

貢献できるようにすることが，私たち日本の農学，農業に携わる者に求められている．

国連は2004年を「国際コメ年」と定めた．「コメは命」をスローガンに，飢餓撲滅および食糧安全保障のために，世界の人々のコメに対する関心を高め，コメの生産拡大を目指すさまざまな活動が行われる．コメはすでに世界の半数を越す人々に主要食糧となっている．灌漑インフラストラクチュアを整備してさらに稲作を拡大すること，稲作技術の導入および改善を契機に，農地の水管理を改善して農地の高度な総合利用をはかれるようにすることは，限られた資源である土地と水の利用率を高め，資源と環境を保全しつつ，世界の食糧安全保障の推進に大きな貢献をすることになろう．

3）水供給および土壌水分保持技術の多様性

自然の降水による以外に，人為的に灌水して，植物の利用できる範囲の水分を土壌に保持させておくために，圃場の外部から土壌に水を供給するにはさまざまな方法がある．河川や灌漑水路から開水路や配水管で導水してきて，地表を流下させて水を供給する，レインガン，スプリンクラーなどを用いて雨のように圃場の上部空間から降らせる（図V-9），地表面にあるいは地下配管のパイプから滲み出させて周辺土壌に拡散浸透させる点滴灌漑や水田の暗渠排水路を逆に給水に利用した小野寺らのコップス地下灌漑システムなどである（図V-10，11）．それらの中からできるだけ少ない水を有効に利用できる効率のよい灌水手段，システムを選択することが必要である．

また，立地・気象条件に制約されて，元来供給する水源が得にくい乾燥地帯や，給水のための水の運搬・搬送手段に制限がある場合には，外部からその地域や圃場に水を運んできて給水するのではなく，今土壌に存在している水分を逃がさずにできるだけ長い期間にわたってその限られた水を「保水」して利用することが重要になる．そのために，乾燥地帯で行われている土壌表層を浅く撹拌して下層からの水分が上昇してきて蒸発しないように水の毛管を切断する保水耕うん，蒸発を抑制するために作物残渣などで地表面を覆う保水マルチなどが重要な役割を果たすことになる．

V．作物を作り続けるための技術　　　　　　　　　*221*

図V-9　ピボ・セントラル方式の灌漑施設（ブラジル・バイア州）
全長1kmの送水管が1周すると314haの耕地が灌水できる．

図V-10　敷設作業中の点滴灌漑施設（ブラジル・ミナスジェライス州）
中央の溝に主幹送水管が埋設され，支幹の細いパイプが右側の地表面を這っているのがみえる．

図V-11　点滴灌漑パイプラインを敷設したトマト畑（ブラジル・バイア州）

さらには，ブラジルのカーチンガのような強乾燥地域では，マメ科樹のような深根性植物や耐旱性植物を植栽して土壌下層に存在する水分を吸い上げて表層に水分を移動させ，その水分と日陰を利用して作物を栽培することもある．

4）Water-wise な栽培

一方，栽培側では，植物の水需要の変化に対応しながら水を無駄にしない節水栽培を行うようにすることが大事である．北米シアトルに「Water-wise Botanical Garden」がある．植物の原生地での水分要求特性を理解して，人間側がその植物に合う水環境を形成した植物園である．栽培における水管理は「Water-wise」でなければならない．

なお，近年では，節水栽培が単に水利用の節約のためにではなく，吸水を抑制して，小粒で糖分の含有率の高い「甘い」野菜（フルーツトマトなどの名称で販売）や果実（温州みかん）栽培が行われるようになっている．それらの農産物は比較的高い値段で取引きされている．原産地が乾燥地帯である作物（トマト，ナス，ホウレンソウ）がこのような節水栽培の対象として選ばれている．

ところで，水がこのような生物の生命維持のための物質の溶媒であり得るのは，「水」が特異な性質を持っていることによる．すなわち，①沸点 100℃～融点 0℃ と，液体としての温度範囲が広く，生命活動を支える物質の溶媒として安定している．地球の水の 98％ 強は液体として存在している（海水で 97.5％）．②蒸発熱が液体中最大で，液体から気体へ，あるいはその逆に変換する際のエネルギーは地球環境変化の源となっている．また，生体の温度の安定に寄与している．③比熱が液体中最大で，生態圏の気候緩和に寄与している．④表面張力が液体中最大で，大きな毛管水の張力や凝集力が土壌や生体中の物質の移動に著しい影響を与えている．⑤誘電率が液体中最大で，物資の溶媒として，物質循環や生体の生理活動に大きく寄与している．⑥ 4℃ で最大密度になる．そのために水は表層から氷結し，その下の水の中で生物は活動が維持できる．水の氷結膨張は岩石の風化，土壌形成に寄与する．

私たちは，このような水の性質，植物と水および水分との基本的な関係，そして土壌への水分供給の諸方法の特質，さらには水を利用する植物（作物）側

の水利用特性，水分生理をよく理解して，上手に作物を栽培するための水利用効率のよい合理的な水管理をしなければならない．農業の生産性を高めながら，農業の持続的な営みを維持し得る農業経営を行うために水利用技術を実践するためには，単に既存の技術を適用すればよいのではない．基本原理に立ち戻って，実践現場の諸条件を十分に把握，考慮して，自ら創造的に考えてみることがきわめて重要である．

2．持続型農業のための栽培技術

（1）単純化と多様化との間の矛盾

　作物栽培では，「商品生産」という経済行為としての効率目標の達成のために，一般に耕地の一区画（圃区）に同じ作物だけを生育させて単作化（monoculture, monocropping）させている．さらには，1圃場どころではなく，連続した耕区として，それ以上に「地域」として，広い地域全般にわたって同じ作物，同じ作型・栽培法，同じ作付体系が行われていることもある．単作化に伴って，圃場の，耕区の，地域の生態環境は，土壌や微気象などの状態も含めて，かなりの程度単純化している．このことを，栽培されている作物にとって好適な生育環境条件が集約されて整っていると考えることもできる．また，単作化は栽培のために必要な知識および技能や，機械および施設などの手段も，対象とする特定の作物とその栽培法に合わせたものに限定されるので，習得，整備しやすい．また，生産物の収穫の時期を特定の時期あるいは期間に集中させることによって，市場への出荷および販売にも有利である．

　その一方，作物の健全な生育のためにはその作物を取り巻く生態系の構成要素に多様性のあることが望ましい，あるいは必要なことであると考えられている．圃場や地域で内発的に，あるいは外発的に発生する変化に対して，元の状態に復元しようとする自己調節的な緩衝作用の範囲が広く，その水準も高いと考えられているからである．

この単作化・単純化と多毛作化・多様化という，ともに作物栽培において求めようとしている農学の原理的な条件が相反するものであるというところに，農業としてのよりよい作物栽培の技術のあり方を求めようとする際に避けられない矛盾が生まれる．

(2) 単作および連作の危険性

単作化に伴って自己復原力の低い，「危ない」環境が形成されてしまっているのではないかと考えられるのは，単作条件下では，そこでの微生物（病原微生物も），植物（作物生育を阻害する雑草も），動物（害虫なども）の棲息相が特定生物群の密度の高まりを伴った生物多様性の低い状態にあるために，何らかの障害が発生しやすい，あるいは障害が発生した場合にそれを抑える対抗条件が少ないために障害が急速に進行することが懸念されるためである．

そのことを傍証するような事例がさまざまな作物や産地に発生している連作障害である．実際にはそのような病的な状態にあることが，日本各地の根菜（ナガイモ，コンニャク，ゴボウなど）や葉菜（キャベツ，ハクサイなど）の産地などにみられるように，長年にわたって慣行化してしまっている徹底した土壌消毒や農薬の散布によって，顕在化しにくくなってしまっている．そのために，農業生産者自身も，そこからの農産物の消費者も事態の本当の姿を見逃してしまっているかのようである．かつての農薬で土壌伝染性病害を抑え込めない時代には，特定の作物の主要産地としての地位をいつまでも維持できなくて，土壌がまだ病気に汚染されていない土地へ移動して行ったものである．

群馬県のコンニャク産地，千葉県や埼玉県のニンジンやナガイモの産地では，現在，土壌消毒は不可欠の作業である．農薬の多用によって銘柄産地としての地位を何とか維持しているが，ナガイモの主産地は土壌病害を回避できる条件のある青森県に，そして最近では北海道の十勝平野へと移動して行っている．しかし，価格条件がよいこともあって連作が始まり，それに伴って，そこでも病害が出始まっている．

長野県の高冷地，準高冷地のキャベツやハクサイが，連作によって土壌伝染

性病原菌の密度が異常に高まって，アブラナ科葉菜の生産を継続できなくなったこともあった．そのために土壌改良に取り組んで，作物もキク科のレタスに変更し，レタスの大産地として生まれ変わったのは川上村である．しかし，今，山間のレタス畑は白いビニールで全面マルチされて土がみえない．

農業経営を維持するためには作物生産が利益を生むものでなくてはならないが，耕地で作物を作り続けられない状態にしてしまったら元も子もないのだから，単作化による障害を回避し，圃場，地域の生態系の多様化に配慮した合理的な輪作体系を取り入れ，作物および環境に障害を及ぼさない栽培管理法を実施しなければならない．

(3) 化学資材の機能性および利便性に注意

栽培管理に当たって，近代農業において慣行化された技術では，合成化学物質である肥料や農薬の使用が不可欠になっている．確かにこれらの資材は便利で機能性も高い．ところが，これらの「生産性の高い，すぐれた技術」も，その適用の仕方によっては，作物栽培の持続性に障害を及ぼしかねないさまざまな問題を引き起こすこともあるのである．1960～70年代のわが国農業の生産現場では農薬中毒の発生が多くあり，また農産物への農薬の残留が問題化したこともあった．最近は農薬の生産，使用方法の規制が強化され，生産者の理解も進んだために，日本国内ではそれらの発生事例が少なくなったが，生産者の農薬中毒や農産物への農薬残留の危険性を心得てその使用には十分配慮しなければならないことはいうまでもない．

また，化学肥料の過剰施用は生産者の増収意欲の反映もあってなかなか気付きにくいままに，硝酸態窒素の溶脱による地下水汚染をもたらしたりしている．例えば，鹿児島県南部の池田湖からの灌漑地域で，チャの栽培では窒素成分10a当たり40kgの指導指針のところを80kg以上も施用している事例にも遭遇することがあった．そのために栽培台地の下方の川の硝酸含有率が高まって飲用水水源として使用できなくなり，河川水を池田湖に戻して循環利用するという優れた水利用施策が中断する事態が発生した．その後は，圃場内に土壌

診断センサーを設置し，モニタリング施設を通じて監視するシステムを導入したり，施肥量を減らしてもよい茶葉を収穫できる技術の開発や実行が進められて，改善がはかられている．作物を作り続け，農業経営を維持，発展させるために必要な努力である．

（4） 複雑系への挑戦

　健全な作物生産のために最も必要なことは，作物の生育環境として，作物自身をも含めた生態系構成要素間のバランスがとれて，常に自己復原力のある健全な生態系を維持することである．すでに学んでいるように，作物の病気が発生するのは主因（病原体），誘因（日照不足，低温，窒素肥料のやり過ぎなどの発病を誘発する条件），素因（作物自身が持っている病気にかかりやすい性質）という三条件が揃ったときである．作物の周りに病原体が存在するだけで病気になるわけではない．虫害や雑草の害にしても同様である．病気の危険があるから「はい，殺菌剤を使いましょう」，虫がいたから「はい，殺虫剤」，雑草が生えているから「はい，除草剤」というような単純な一次式的な思考で考えた方法では作物を健全に育てることはできない．殺菌剤を撒けば病原菌と一緒に有用微生物も殺され，殺虫剤を撒けば天敵昆虫も殺され，除草剤を撒けば有用な昆虫や微生物も殺されるというようなマイナス効果を招くことも同時に起こり得るのである．

　したがって，作物が弱くて病気の素因を大きくしないように，まず，作物自体を病気，害虫，雑草その他の環境ストレスに対して耐性が高いものにし（立地，作季などの栽培条件，環境に強い作物，品種の育成および選択），生育中の作物を丈夫な健康体で維持しなければならない．そのために私たちが栽培管理を通じてできることは，その作物が本来持っている「育つ」条件に合うように，生育環境を調えて丈夫に「育ててやる」ことである．この仕事が栽培管理のための農作業である．

　ある農作業は，環境要因の中の必要とされるある特定部分に働きかけるものである．しかし，当然，その作業の影響はその他の環境諸要因にも作用して，

連鎖的にシステムとしての作物を取り巻く生態系全体が動き出す．そうなっても，システムの運動が自律的に健全な状態に復帰する方向を目指すように，作業を始める前に，生態系システムの構造と運動の仕組みを，十分考えておかなくてはならない．「圃場の生態系は「複雑系」の1つのモデルと言えよう」と米沢も述べている[注]．システムの一部に変化を与えたことがまるで予期しなかった不測の結果へとシステムの運動を展開させることになってしまう場合がしばしば起きるのである．

(5) 持続型農業の栽培管理技術モデル

 IPM：このようなシステムの連鎖反応を考慮した栽培管理方法の1つのモデルがIPM（integrated pest management，総合防除あるいは総合的有害生物管理，病害虫・雑草総合防除）である．すでに学んだように，「あらゆる適切な防除手段を相互に矛盾しない形で使用し，経済的許容水準以下に有害生物個体群を減少させ，かつその低いレベルを維持するための個体群管理するシステム」（FAO）である．高橋史樹も「害虫防除のために農薬を散布する際にも，農薬抵抗性のある害虫を出現させることになってしまったり，害虫に対してよりも天敵に与えるダメージの方が大きかったりしたために，農薬散布をしたために

注)「要素を見るだけではわからないこと」
　米沢富美子は著書『複雑さを科学する』で，「生物にとっての原子を求めて，生き物を臓器に分け，細胞に分け，最終的には遺伝子，DNAにまでたどり着いても，生命はまだ十分には理解されていないのです．たとえば小さなハエ一匹にしても，要素に分けて，窒素が何ミリグラム，炭素が何ミリグラムと分析することはできます．しかし，逆に，その窒素や炭素などを全く同じ量だけ集めて，電気炉に入れてスパークを飛ばしたとしても，それがハエとして動き出したりはしません．…，1980年代も半ばになり，分子生物学の究極の地が視野に入り出す段階にまで達して，初めて，要素に分解しても生命を突き止めることができないのではないかという認識が芽生えました．生き物の科学に対するこのような状況が，複雑系の研究へのひとつの引き金となったようです．具体的には，構成要素の間に相互作用があり，その相互作用によって構成要素が何らかの形で協力的に働いたときに，全体として初めて現れてくるような性質があるに違いない，その性質は構成要素だけを見ていたのでは，決して分からないような形のものであろう，と考えられるようになりました．それを知るためには，これまでの分析的方法だけでなく，何か総合的な見方が必要なのかもしれない…」と述べている．

かえって害虫を増やしてしまう「リサージェンス」が起きないようによく考えておかなければならない」と述べている．

輪　作：大久保隆弘・有原丈二は「輪作もある作物を栽培した場合に，その後に栽培される作物にどのような影響をもたらすことになるかという将来予測を科学的に行った結果，障害の発生を事前に防御し，プラスの効果が現れるように，いくつかの作物の作付け順序を合理的に組み立てたものなのである．科学的な輪作体系は，任意に異なる作物を組み合わせたものではないのである」と述べている．

有機物資源利用：「土作り」のための有機物資源の利用も，作り続けられる作物栽培の技術として位置付けられる．作物に必要な養分を化学合成の即効性肥料のように，すぐに作物に吸わせるために作物に直接与える肥料としてではなく，「土作り」という表現に表されているように，土壌の理化学・生物性を改良するために土壌に施用するものなのである．岩田進午は「作物が吸収する養分は土壌中の小動物や微生物群によって摂食・吸収・分解されて土壌微生物バイオマスを経て無機化された段階の有機物からの生成物なのである．ただし，最近では有機物が完全に無機化される前にアミノ酸の形態でも作物に吸われるという報告も紹介されている」と述べている．

また，もちろん化学肥料にも肥料の利用効率をよくして，同時にそれを通じて環境への負荷を軽減することを企図した緩効性肥料，被覆肥料，微生物分解抑制肥料などの肥効調節型肥料もあるし，肥料成分を有機質化しているものもある．一方，有機物にも分解の速い鶏糞やマメ科の生草から難分解のリグニン含有率の高い木質物まで多様性がある．有機質であるからといって無制限に土壌に投入してよいわけではなく，過剰に施用すれば作物にも環境にも当然問題を起こすことになる．廃棄有機物の循環利用をはかる場合には，その発生源によっては，塩類濃度の高いもの，重金属などの危険な物質を含んでいるものもあることを承知しておかなければならない．

やさしく，ゆっくり：いずれにしても，健全な作物を栽培するための生育環境のコントロールは，作物に急激なストレスを与えないように，できる限りや

さしく，やわらかい方法で行うことが望ましい．急激な質的，量的な環境の変化は作物生育に悪い影響を及ぼすものである．例えば，土壌水分や即効性肥料を与えると，それが契機となってキュウリは曲がったものになる．このように作物は環境変化に敏感に反応する．一般に，「よい土とは，養水分を貯蔵しておいて，それを作物が必要とするときに必要なだけ供給することができるものである」といわれているように，作物の生育環境を，作物自身の生育上の要求に自動的に対応して自己調節できるものにしておくことがよい栽培管理の目標である．

微生物利用：以上のような作物とそれを取り巻く生物的，化学的，物理的などの環境諸要因との関係，また要因間の相互作用に介在して多様多彩な役割を果たしているのは微生物群である．それだけではなく，微生物を有効成分として，直接に害虫や雑草を病気にして防除する微生物農薬としても利用されている．登録数は平成11年6月末で21種35剤（殺虫剤26，殺菌剤8，除草剤1）と，まだ少ないが（化学農薬の登録数は5,359），自然界に存在しない合成された化学物質よりも安全で，環境にも影響が少なく，病虫雑草の耐性および抵抗性の発生もないであろうと考えられて，その開発が期待されている（山田昌雄，2000）．環境に与える負荷を抑えながら持続的に作物を作り続けていくための技術システムの要として，微生物の働きを活用することが，これからますます重要になってくるのではないかと考えられる．

(6) 各国の持続型農業・環境保全型農業政策が推奨する技術

作り続けていけるための技術の体系は，アメリカ合衆国やヨーロッパの「持続型農業」や日本の「環境保全型農業」において推奨されている技術にその目指す方向が，実現の可能性が，かなり具体的に示されているといえる．以下に，それらの事例を概観しておこう．

a．日本の農林水産省「環境保全型農業法」が規定している技術
1）土づくりに関する技術

化学肥料利用の増加により土壌中の塩基含有量は増加しているが，地力を培養するための有機質資材の施用が「地力増進基本指針」に示される標準的な施用量の範囲をはるかに下回っている不十分な土づくりのために，土壌が劣化している．

ⅰ）**たい肥等有機質資材施用技術**　土壌診断を行い，その結果に基づいて，たい肥などの有機質資材を農地に還元する．たい肥の原料には，家畜ふん尿，作物の収穫くず，稲わら，麦わら，バークなどや，家庭および学校給食からの生ゴミ，食品産業からの残さ物などを利用して資源循環をはかる．

ⅱ）**緑肥作物利用技術**　連作を避け，作付体系の中に緑肥作物を導入し地力の増加をはかる．緑肥作物には病虫害を抑える作用を持つものも多い．

2）化学肥料低減技術

化学肥料が過剰施用傾向にあるため，都道府県が「施肥基準」を改定して基準量を引き下げている．窒素は20％強下がった．

ⅰ）**局所施肥技術**　ペースト肥料を利用した野菜作における局所二段施肥，果樹への深層施肥，水稲作における側条施肥などによって，施肥量を減らし，肥料の利用効率を高めることができる．水稲作の側条施肥技術は平成2年の17万7,000ha（普及率8.6％）から12年の38万7,000ha（21.9％）へと普及した．

ⅱ）**肥効調節型肥料施用技術**　緩効性肥料，被覆肥料など．例えば，即効性の化成肥料を用いた場合には窒素の利用率が低い根菜のニンジン栽培に，被覆肥料を使えば肥料成分窒素の利用率を大幅に改善できる（調査事例27％→50％）．

ⅲ）**有機質肥料施用技術**　化成肥料よりも長い時間をかけて分解，吸収されるので肥料成分の利用効率を高め，外部環境への流出を減少させる利用法も可能である．

3）化学農薬低減技術

耕地面積当たりの農薬出荷量は1980年の約125kgから漸減し，2000年には約70kgとなっている．

ⅰ）機械除草技術 使いやすく，条間および株間を同時に除草できる作業精度の高い水田用の回転・揺動式除草機や畑作用の株間除草機などが開発されている．

ⅱ）除草用動物利用技術 アイガモによる水田雑草除草，肉牛による休閑地除草など．

ⅲ）生物農薬利用技術 ハモグリマユコバチ（ボトルに封入）を放飼してハモグリバエの幼虫に産卵，寄生させる方法などが実用化されている．生物農薬は平成8農薬年度の登録数26（天敵3）から平成13農薬年度の71（21）へと増加した．

ⅳ）対抗植物利用技術 ダイコンのキタネグサレセンチュウの被害をマリーゴールドやヘイオーツによって，また，サツマイモネコブセンチュウをギニアグラス'ナツカゼ'によって防除する．

ⅴ）被覆栽培技術 不織布やビニールフィルムのべたがけやトンネルに

表Ⅴ-3 環境保全型農業への取組み状況

部門		取組み農家数（千戸）	取組み面積（千ha）	生産量（千t）	土づくり＋化学肥料・化学農薬不使用（％）	土づくり＋化学肥料・化学農薬半分以上削減（％）
計		502	711（16.1％）	—	4.1	22.5
稲作		340	314（18.4％）	1,548（17.1％）	2.0	21.4
麦類		15	40（12.3％）	156（17.3％）	0.4	8.6
豆類		45	26（12.2％）	52（13.4％）	1.7	10.0
野菜	（露地）	256	110（21.5％）	3,500	3.1	30.6
	（施設）				3.0	36.2
果樹	（露地）	85	50（17.7％）	889	2.0	18.4
	（施設）				3.1	22.7

V. 作物を作り続けるための技術

よる被覆によってアブラムシなどの飛来害虫を防ぐ．

vi）**フェロモン剤利用技術**　フェロモントラップによる誘因捕殺，フェロモン剤による交信撹乱によって虫害を防除する．フェロモン剤使用面積は平成10農薬年度の約7,000haから平成14農薬年度の2万2,000haに増加した．

vii）**マルチ栽培技術**　田植えと同時に紙材をマルチして水田の雑草を防除する．ビニールフィルムで土壌表面を被覆して雑草や病菌の伝播を防止する．

図Ⅴ-12　エコファーマーマーク

このような技術を中心とした環境保全型農業の普及状況（平成14年）は表Ⅴ-3にみられるように「土づくり＋化学肥料・化学農薬半分以上削減」に

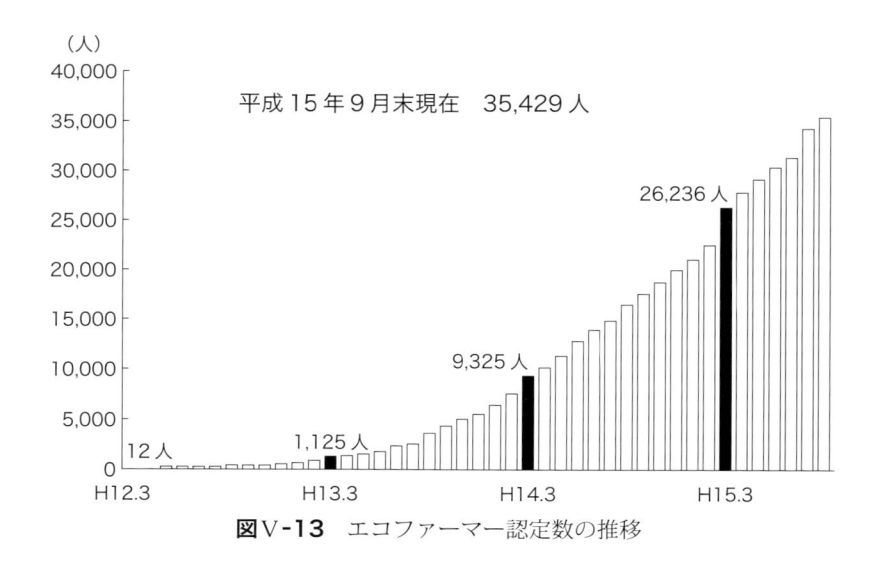

図Ⅴ-13　エコファーマー認定数の推移

取り組む農家が多い．特に野菜作農家では施設栽培で 36.2％，露地栽培でも 30.6％が取り組んでおり，取組面積も 21.5％に達している．平成 11 年に制定された「持続性の高い農業生産方式の導入の促進に関する法律」で都道府県知事の認定による「エコファーマー」制度を設けた．土づくり・化学肥料低減・化学農薬低減を一体的に導入する計画を立てた農業者を「エコファーマー」（図Ｖ-12，13）と認定して融資や税制上の特例を設けて優遇しようとするものである．認定農業者数は次第に増加して，平成 15 年 9 月現在で 35,429 人となっている（表Ｖ-3）．

b．アメリカ合衆国政府の推奨する農業技術と推進方策

アメリカ合衆国農務省の代替農法（alternative farming）の農民向けの指導書（1991）で，現在一般に行われている慣行農法と代替農法との技術の相違を表Ｖ-4 のように説明している．推奨技術は，多毛作，リッジティル，マメ

表Ｖ-4　慣行農法と代替農法との技術対比

営農システムの技術要素	慣行農法	代替農法 [1]
作業輪作体系	単作あるいは 2 作物体系（トウモロコシ—トウモロコシ　トウモロコシ—ダイズ—トウモロコシ）	多毛作体系　特にマメ科作物と冬作のカバークロップを導入する
耕うん作業体系	ミニマムティル，不耕起，プラウ耕	できる限りリッジティル（ridge till，畦耕法）[2]，機械中耕とする
肥沃度管理計画	化学肥料（NPK）	化成 NPK を減らし，マメ科作物を輪作に組み込み，有機態 N を増やす
病虫害防除体系	化学農薬の慣例的施用	生物学的制御，機械除草，輪作，耐病性品種，天敵や有用菌を利用し，化学農薬などの利用を減らす（化学農薬は最後の手段として使う）

[1] alternative farming（SA, LISA と同義）．
[2] 畦を固定して継続利用．畦上のみリッジプラウなどで簡易耕，畦間の作物残渣や堆肥を土と混合して中耕培土する．
(USDA, 1991, A Policy Briefing Book：The Basic Principles of Sustainable Agriculture (also called "Alternative Agriculture" and "LISA"))

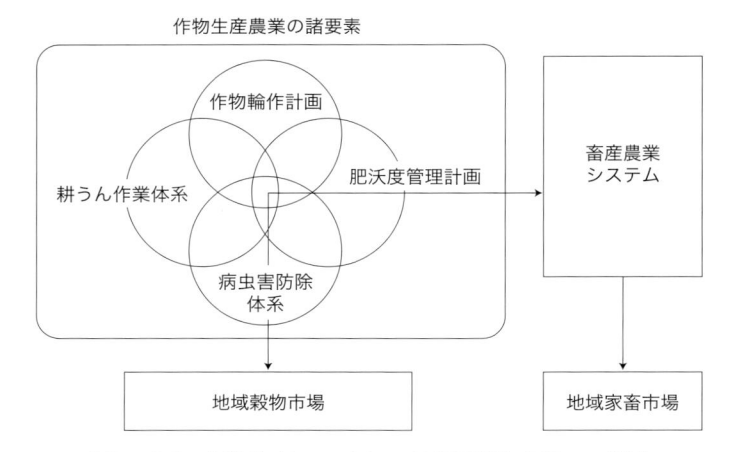

図V-14 作物生産システムの畜産需要と市場への適合
(USDA, 1991, A Policy Briefing Book：The Basic Principles of Sustainable Agriculture (also called "Alternative Agriculture" and "LISA"))

科作物を組み入れた輪作，病虫雑草防除の生物的・物理的制御などであり，農業システムとしては，経営内あるいは経営間で耕種と畜産を結合させた有畜複合農業を奨めている（図V-14）．

　特徴的なのは，農業経営者自らが自覚して新しい農法に取り組むことなのだから，政府・行政としては，この事業を「研究教育助成」と位置付けていることである．研究・普及・農民が一体となってその実現に挑戦することを求めている．また，新しい技術の試験・試行には計画段階から生産者が参加し，その結果についても，それは地域特定的（site specific）なものであるから安易に一般化することないようにと指摘している．さらに，農業経営は経営者の方針，自然的・社会経済的立地条件などによって個性があるのだから，全国一律的に適用できるような技術体系の青写真はないと述べている．それだけに，新農法が個々の経営において成果を上げ，広く定着するには，忍耐と長い時間を必要とするとだろうと考えていることが窺われる．

c．ヨーロッパ諸国とＥＵの経営・技術指針

ヨーロッパは有機農業生産が世界で最も普及している地域である．有機農業は人工化学合成資材を用いないことが共通の一般基準となっており，有機農産物の認証基準は厳しく定められている．それだけに有利な価格が形成される．

これに加えて，近年，特に1990年代の半ば頃からヨーロッパ各国・地域で注目すべき動向が生まれている．すなわち，(財)農産業振興奨励会の調査（2001年発表）によれば，食品安全や環境保全を考慮した適切な化学合成資材の使用によって，高品質で生産の経済性も高い農産物を生産しようという考え方を基本とした総合的生産管理であるIP（integrated production，「統合生産」）やGAP（good agricultural practice，よい農業のやり方）が急速に普及しつつあるということである．大きな影響力のある食品流通・販売企業や生協などの流通・消費側と農業生産者側の協力を背景として，各国の政府や果実・野菜類の主産地が立地しているフランダース（ベルギー），ニュルンベルク（ドイツ），ブルターニュ（フランス）などの地方政府によってこの流れが推進されている．

有機農業のように化学合成資材の使用を完全に排除するまでに農法を転換できにくい諸条件の下にある果実栽培や一般の農産物について，作物別に守るべき技術基準を設けてIPが取り組まれている．その基準を満たした農産物には品質証明のシールなどが付されて市場に出され，有利な条件で流通される．それぞれの国や地方において，農業生産および食文化には自然や歴史に裏付けられた個性があるので，技術基準の具体的な内容は多様であるが，共通しているのは，ほとんどすべての生産工程について，使用した肥料や農薬などの資材の内容，作業の方法などを詳しく記録しなければならないことである．また，営農技術計画の専門家による審査，立入検査，在庫検査，サンプル検査などが行われる例もある．

さらに，国境を越えた取組みとして，ヨーロッパの主要な農産物販売業者や農薬・種苗の生産企業などのグループEUREP（euro-retailer produce working group）の技術作業集団（technical working party）が，消費者に安心して買っ

てもらえる果実や野菜を生産するために，これだけのことは守ろうではないかという，生産者一般がクリアすべき「GAP 基準」作りが進められている．農産物の取引きに当たっては，これを達成している農業者が優先される．

　GAP 基準の項目には，記録保持／品種と種苗／圃場の履歴・管理／土壌・代替資材／肥料／灌漑／作物保護／収穫／ポストハーベスト処理／廃棄・リサイクル・再利用／労働者の健康・安全・福祉／環境管理などが取りあげられている．それらの内容は，すべての投与肥料を栽培日誌等に記録する／いかなる施肥も国内規制を守る／地下水の硝酸塩・リン酸塩濃度が国内規制を超さない／肥料は乾燥した場所で貯蔵する／肥料を苗・生鮮産品と一緒に貯蔵しない／など，細部にわたっている．

　以上のようなヨーロッパの動向から窺えることは，行政側が必要な規制基準を明示すること，生産者に推奨する技術を示すことも重要であるが，それ以上に，『記録すること』こそが，消費者に責任を持ってよい農産物を届け，環境を保全し，経営を改善するために，生産者として守るべき最も重要な最低限の基準であることが示唆されていることである．

　生産者が自らの経営の計画や栽培および作業などについて，詳細に，正しく記録することは，さまざまな規制および基準の遵守を証明し，認証を受け，トレーサビリティーを保証することにつながるばかりでなく，自らが消費者への安全食物の供給者であることを自覚させ，また，環境保全および経営改善の自覚を促すことにもなる大事な意義を持っている．

d．各国および地域の共通認識

　以上のように，病害虫・雑草防除のための IPM，安定した土地利用や作物組合せのための輪作，土壌改良や肥沃度向上のための有機質資材の利用などは，日本やヨーロッパ EU，スイスなどが政策的に推進している「環境保全型農業」や「IP」，「GAP」，アメリカ合衆国政府が推奨する「LISA」などの「超近代農法」を希求するいずれのケースにおいても基幹技術として位置付けられている．これらは世界中のいずれのところにおいても，その地域，場所の条件に応じて適

用できる共通技術である．

　技術内容の理解に加えて大事なことは，どこかでうまくいったからといって，安易にその技術をそっくりほかの地域やケースに移転して適用するのではなく，それらの技術やシステムを成立させている農学的な基本原理にさかのぼって，それぞれの現地や現場のものとして創造的に開発，利用することである．

　また，農業生産者にとって重要なことは，ヨーロッパで生産者が，IPやGAPの実践者として認定されるための不可欠の条件としている「栽培，経営のために行ったすべてのことを記録する」ことである．この記録こそ，次の経営，農法の革新を生み出すための情報源となる．

(7) 精 密 農 法

　前節で学んだように，持続的な農業のためのすべての農業生産者，関係者の「共通認識」は，「現地・現場適用」，「農学基本原理の創造的適用」，「実践の記録」である．この共通認識を誰でも，どこでも，実践可能な「技術システム」としようとして，1990年代前半にアメリカ合衆国に始まって，現在では世界的に開発が進められているのが「精密農法（precision farming）」である．

　元来，広い畑で人間の認識能力の範囲を越えて発生してくる場所による作物生育のばらつきを，局所的な施肥および防除などで修正して収量を高めるために，人工衛星を利用した鳥瞰的リモートセンシング技術を圃場管理に活用しようという発想で生まれた，いわば「作物生育均等化のための高精度リモート圃場管理技術総合化システム」である．

　このシステムは2つのサブシステムから構成されている．1つは「即時的・局所的栽培管理」システムである．作物の栽培管理に当たって，現に今，リアルタイムで，育てているその場所で，作物はどのような生育状態にあるのかについて観察して，正確に認識する．例えば，私たちがすでにⅢ・Ⅳ章で学んできたようなその作物の特性，栽培，保護管理の諸要因についての知見を総動員して，できるだけ詳細に，総合的に行う．その情報に基づいて，その作物の生育を栽培目標に照らしてよりよくコントロールするために即時に，管理上，生

育調節のための追肥，雑草の防除，病気や害虫の防除などについて，どのような対策を講じたらよいのかを判断すること．そして追随して，実際に資材や機械などを利用して対処する作業を行うことである．このシステム作りは，複雑な諸要因の記録および解析のためのコンピューター技術の発達によって可能となり，多種要因計測のためのセンサー開発，種子および資材の可変散布作業機開発によって実効性が高められる．

もう1のサブシステムは，「畑のカルテ」（☞ p216）データーベースを作成して，持続的な農地利用に対応できるようにしておくことである．II章で学んだ「生産の場」に関わる諸要因，すなわち，作物が栽培されている場所の気象，地勢・肥沃度などの諸条件，土地利用作付け経歴などを記録し，いつでもそこから必要な情報を検索して利用できるようにすることである．

第1のシステムによって行われた観察および管理の記録は，自動的に「カルテ」に書き加えられて，次の作期の作物栽培のために活かされていく．

このシステム作りは，自動車のナビゲータに使われているのでなじみがある人工衛星，コンピューターの技術進歩が生み出したGPS（global positioning system）技術によって遠隔地でも広いフィールドでも実践的に使えるようになった．このシステムは，その誕生の経緯が示すように，特に大規模圃場の管理に有効な農法である．しかし，その考え方や方法は，規模の大小にかかわらずに作物栽培管理に役立つものである．また，広く環境管理にも応用できるものではないだろうか．

(8) 農生まれの農育ちの技術づくりを目指して

a．重い問題提起

1992年2月17日の『日本農業新聞』紙上で川嶋良一博士（元農林水産省農林水産技術会議事務局長，農業研究センター所長）が「農生まれの農育ちを」と題して農業と農学のあり方について重い問題提起をしている．「科学技術は日本農業のなかで，種苗などの生物学分野，農薬，肥料などの化学分野，農業機械や施設などの理工学分野などで威力を発揮した．しかし，これらは農業外

V. 作物を作り続けるための技術

部の科学技術の応用によるものであり，得られた成果も能率の向上という工業生産型能率のものであった．その結果，農業に課せられてきた食糧増産とか労働力の排出といった公的分野の目的はほぼ達成したが，農業そのものが崩壊の危機に陥ることとなった．（中略）それでは，農業の役割はもう終わったのだろうか．農学は生物学，理工学，経済学などの単なる応用にすぎないと批判されてきた大学で，農学は生物生産学に変身させることで決着をつけようとの動きが活発である．…農業を，生物を原料として工業化することで割り切れば，農学も農業専門の研究機関も不要になるし，存在しても内容を変えることが必要であろう．しかし，…工と農の調和のとれた社会と，それを支える科学技術の発展こそ，これからの日本社会の進むべき道ではないだろうか．そしてそれには，これまでのような見せかけの農学ではなくて，理工学などとは違った哲学，学問体系をもった農学がなければならない．科学技術も農が生み育てるものでなくてはならない．」

川嶋自身は自らの問いに具体的にはどのような答えを想定していたかは分からない．また，本書『植物生産技術学』の扱う領域だけを農業，農学の全体から切り離して，この問題提起に答えることはできない．しかし，作物の栽培過程における生産諸要素間の相互関係が絡み合って複雑系の現象として統合された総体を，生物学，化学，理工学などの分野の科学の支援を受けながら解明しつつ，経営改善に実効のある作物を作り続けていくための実践技術として創造的に作り上げる取組みの中で，この問に対する答えが，少なくとも進むべき方向が，みえてくるのではないかと思う．

b．技術研究方法論上の課題

私たちは 17 世紀のデカルトの「要素還元的方法論」を引き継いで，物事を要素に分解して分析すればその現象の本質がわかるはずだと，疑いもなく思っていないだろうか．私たちが何らかの科学技術的「実験」をしようとするとき，まず，こうではないかという「仮説」を立て，要因配置を単純化した実験系を設定する．そうして実験結果として得られた現象を，処理と結果を関連付けた

論理によって説明する．これは「実験科学」という非常に優れた手法である．
しかし一方，現場においては物事はそんなに簡単ではない．おそらく持続可能
な作物生産のための根幹技術の素材は，作物とそれを取り巻く生態系における
運動の中の生物の生命力であろう．

　「生物間相互作用」や生物に密着した「生物圏環境での生物と環境要因との
関係」などの現象から「何か」を「発見」したり，その作用機作を解明するの
に，従来の要素還元的な実験手法は向いていないのかもしれない．もっと違っ
た方法が必要になるのではないかと思う．というのは，この実験方法では，あ
らかじめ想定した仮説に基づいて処理区を設け，予定している「時」に，予定
している事項について「計測」して，その結果のデータを積み重ねて，与えて
おいた処理との関係を分析して，処理効果の有意性を判定し，仮説の正否を決
する．これが今日の農学実験の一般的なプロセスである．しかもそのときに，
標準偏差の枠からはみ出したデータは予測範囲に入らないエラーとして捨てて
しまう．また，往々にして，予定の時・事項以外には目を向けずに，大事な現
象に気が付かなかったりする．しかし，発見は，異常の認識，理屈に合わない
推論，強力な競合が進展することによる場合が多い．ノーベル賞に結び付いた
白川博士の研究のきっかけはアシスタントの実験失敗から生まれた偶然だった
し，野依博士は「大きな発見はほとんど偶然からだ」と語っている．

　私たちが関わる農業生産のフィールドは，生態系や微生物が関与するとても
複雑な世界である．このフィールドで，私たちは，従来の見方ではみえなかっ
た現象，従来の理論を越えた「何か」が発見されることを期待するとき，従来
の論理から派生する仮説と実験からは革命的な発見はできないのではないかと
懸念される．今，世界の科学界は，「無秩序からの秩序の創造」とか，「自己組
織化」とか，「科学における偶然の役割」とかをキーワードとした科学方法論
の「新しいパラダイム」を求めている（米沢，1995）．農業生産圃場のような，
膨大な種類の生物がかかわって多様な生態系が形成され，そこに人為的な操作
が加えられる複雑系の世界には私たちが知らない現象や論理がたくさん潜んで
いるに違いない．その中には，持続的農業のための新しい農業技術の契機とな

V. 作物を作り続けるための技術

る重要な情報が含まれている可能性がある．したがって，それらをみつけ出すための何か新しい方法が必要である．私は，「新たな」といっても，その実体は古臭い「観察」という方法から生まれるのではないかと思う．「近代科学的方法」に慣れっこになってしまっている私たちは，眼力とか「かん」（「第六感」とでもいうような）が長い間使われず，退化して弱くなってしまっている．農民は「野菜は人の足音を聞いてよく育つ」という．そのぐらい畑に行って野菜の生育の様子をよくみるようにという意味である．また，わが国近世の『農書』（農文協）をひもとくと，農民やそれを聞き書きした著者が本当によく畑の土や作物や害虫の様子を記載しているのに驚かされる．それに比べると，実験計画に従う今日の研究者の多くは観察が足りず，かんが鈍っているのではないかと思う．また，農学が農業の実際に役立つためのものなのだということを忘れていることも，研究者が目と心を曇らせ，研究方法が形式化している原因であると思う．フィールドの探検および観察の中から発想し，仮説を発見する川喜田（1967，1973）の「野外科学的」方法には教えられるところが大きい．菊池（2000）は川喜田の方法を果樹栽培のフィールド研究に適用しつつ，「農学研究の野外科学的アプローチ」を提唱した．

また，フィールドにおける生態系の複雑でダイナミックな論理の解明には，アメリカ合衆国のサンタフェ研究所で進行しているような，コンピュータを活用した情報科学が大きな役割を果たしてくれるであろう．

私たちは作物を作り続けるための，農生まれの農育ちの技術づくりの真っ先に，作物が耕地生態系の環境の中で育つ過程をよく観察し，記録することから始めよう．

c. おわりに

前節に，持続型農業に貢献する最新の農法として「精密農法」を紹介した．この農法は出現した順番からいえば「最新」であるけれども，その本質となるシステムの理念もその具体的な技術要素も，よく考えてみれば，その基本においては最も「古い」ものと同じであることに思い至る．作物をよりよく育てる

ために土や作物や虫などをよく観察すること，農の営みが絶えることのないように環境に配慮すべしという内容は，近世『農書』の訓えと，基本においてはそんなに異なるところはない．

　しかし，今日の社会経済的な環境の下では，商品として大量の農作物を育て，販売することを迫られている生産者は，自分の畑のすべての野菜に足音を聞かせるほど足繁く畑を巡り，ていねいには観察しきれない現実にある．そのために，個々の人間の手の回りきれない観察，頭に入りきれない情報の収集および処理を，センサー技術や情報処理技術を活用して集積，蓄積し，解析・論理化して対策を見出し，高精度，高効率の作業を機械化技術を活用する方策を開発したのである．

　一方，集約的な管理技能を持って，小規模でも付加価値の高い農産物を生産，販売することを経営の方針としている生産者もいる．

　ただし，いずれの経営方針をとるにせよ，植物生産学の基本をよく学ぶことなしに，このような最新の精密農法のシステムを有効に活かすことができないことは確かである．

　本章を，産業としての農業「生産」を主な対象として意識して論を進めてきた．しかし，いつまでも作物を作り続けられるようにという心に支えられた栽培の技術は，経済的な収益を目的としない「農の営み」や，作物および植物を育てることを楽しみ，それら対象の持つ生命への畏敬と愛情を育み，享受するためにも役立つものである．そのような広い観点から本章を学んでいただければ幸いである．

参 考 図 書

和　　書

1. 青樹簗一（訳）：R.Carson・沈黙の春，新潮社，1974.
2. 浅間和夫・知識敬道：ジャガイモのつくり方，農文協，1986.
3. 有原丈二：現代輪作の方法－多収と環境保全を両立させる，農文協，1999.
4. 飯沼二郎ら（訳）：D.B. グリッグ著・世界農業の形成過程，大明堂，1977.
5. 家永泰光：大百科事典 14，平凡社，1985.
6. 伊東　正（編）：野菜の栽培技術，誠文堂新光社，1987.
7. 伊東　正ら：蔬菜園芸学，川島書店，1993.
8. 伊藤操子：雑草学総論，養賢堂，1993.
9. 岩田進午：土は生命の源，創森社，1995.
10. 岩田進午：土のはなし，大月書店，1985.
11. 江原　薫：栽培学大要，養賢堂，1970.
12. FAO 協会（訳）：FAO・World Food Summit，FAO 世界の食料・農業データブック，上・下，農文協，1998.
13. 大久保隆弘：作物輪作技術論，農文協，1976.
14. 小野寺恒雄：環境保全・低コスト型の新圃場整備方式－自然圧パイプライン・地下灌漑システムの提案－，農業 No.1427，大日本農食，2002.
15. 川田信一郎：作物栽培入門 生理生態と環境，養賢堂，1985.
16. 川田信一郎：日本作物栽培論，養賢堂，1976.
17. 木村茂光：ハタケと日本人，中央公論社，1996.
18. 久馬一剛ら（監訳）：代替農業，（財）自然農法国際研究開発センター，農文協，1992.
19. 久馬一剛ら：最新土壌学，朝倉書店，2004.
20. 櫛渕欽也（監修）：直播稲作への挑戦（第 1 巻），直播稲作研究四半世紀のあゆみ，農林水産技術情報協会，1995.
21. 玖村敦彦ら：新版食用作物学，文永堂出版，1988.
22. 栗原　浩（編）：工芸作物学，農文協，1981.

参　考　図　書

23. 黒崎　卓・山崎　幸治（訳）：A.Sen・貧困と飢饉，岩波書店，2000.
24. 小島慶三（訳）：L.R.Brown・飢餓の世紀，ダイヤモンド社，1994.
25. 後藤雄佐ら：作物Ⅰ[稲作]，全国農業改善普及協会，2000.
26. 佐藤　庚ら：工芸作物学，文永堂出版，1983.
27. 植物防疫講座第3版編集委員会：植物防疫講座第3版 病害編，日本植物防疫協会，2003.
28. 植物防疫講座第3版編集委員会：植物防疫講座第3版 害虫・有害動物編，日本植物防疫協会，2005.
29. 植物防疫講座第3版編集委員会：植物防疫講座第3版 雑草編，日本植物防疫協会，2005.
30. 菅　洋：作物の発育生理，養賢堂，1979.
31. 鈴木芳夫ら：新蔬菜園芸学，朝倉書店，1993.
32. たかおまゆみ・勝俣　誠（訳）：J.Ziegler・世界の半分が飢えるのはなぜ？，合同出版，2003.
33. 高橋史樹：対立的防除から調和的防除へ－その可能性を探る，農文協，1989.
34. 田中　明（編）：作物比較栄養生理，学会出版センター，1982.
35. 蔦谷栄一：海外における有機農業の取り組み動向と実情，筑波書房，2003.
36. 中世古公男・西部幸男：北海道の畑作技術－バレイショ編－，農業技術普及協会，1985.
37. 長野敏英ら：農業気象・環境学，朝倉書店，1986.
38. 中村耕三：アメリカの有機農業，家の光協会，1992.
39. 西山岩男：イネの冷害生理学，北海道大学図書刊行会，1985.
40. 日本作物学会（編）：作物学事典，朝倉書店，2002.
41. 日本有機農業研究会（訳）：アメリカ合衆国農務省・アメリカの有機農業－実態と勧告，楽游書房，1982.
42. 農文協（編）：乳苗稲作の実際，農文協，1995.
43. 農林水産省技術会議事務局（編）：環境保全型農業技術（農林水産研究文献解題No.21），農林統計協会，1995.
44. 農林水産省農業研究センター（編）：連作障害総合防除システム開発の手引き－ハクサイ根こぶ病を事例として－，総合農学研究叢書第16号，農林水産省農業

研究センター, 1989.
45. 農林水産省構造改善局:土地改良事業計画設計基準, 暗きょ排水, 農業土木学会, 1979.
46. 農林水産省構造改善局:同, 土層改良, 農業土木学会, 1984.
47. 農林水産省構造改善局:同, 農地開発（開畑）, 農業土木学会, 1977.
48. 農林水産省構造改善局:同, ほ場整備（水田）, 農業土木学会, 1977.
49. 農林水産省構造改善局:同, ほ場整備（畑）, 農業土木学会, 1978.
50. 野口弥吉・川田信一郎（監修）:農学大事典, 養賢堂, 1987.
51. 浜谷恵美子（訳）:V.Shiva・緑の革命とその暴力, 日本経済評論社, 1997.
52. 福士正博ら:ヨーロッパの有機農業, 家の光協会, 1992.
53. 藤原彰夫:土と日本古代文化, 博友社, 1991.
54. 星川清親（編）:植物生産学概論, 文永堂出版, 1993.
55. 星川清親:新編食用作物学, 養賢堂, 1980.
56. 星川清親:稚苗・中苗の生理と技術, 農文協, 1986.
57. 堀江　武ら:作物学総論, 朝倉書店, 1999.
58. 堀口郁夫ら:新版農業気象学, 文永堂出版, 1992.
59. 松尾孝嶺:環境農学概論, 農文協, 1974.
60. 松本　聡・三枝正彦（編）:植物生産学（II）－土環境技術編－, 文永堂出版, 1998.
61. 村山　登ら:作物栄養・肥料学, 文永堂出版, 1984.
62. 本岡　武・山本　修（訳）:ピエール・ジョルジュ・世界の農業地理, 白水社, 1956.
63. 山崎耕宇ら（監修）:新編農学大事典, 養賢堂, 2004.
64. 山崎不二夫:農地工学（上, 下）, 東京大学出版会, 1971.
65. 山路　健（訳）:V.G.Cater and T.Deal・土と文明, 家の光協会, 1995.
66. 山田昌雄（編）:微生物農薬－環境保全型農業をめざして－, 全国農村教育協会, 2000.
67. 山根一郎ら:土壌学, 文永堂出版, 1984.
68. 吉田武彦:水田軽視は農業を亡ぼす, 農文協, 1978.
69. 米沢富美子:複雑さを科学する, 岩波書店, 1995.

70. 来米速水：世界の自然農法, 弘生書林, 1984.

洋　　書
1. Francis, C.A. et al.：Sustainable Agriculture in Temperate Zones, John Wiley & Sons, 1990.
2. National Research Council：Sustainable Agriculture Research and Education in the Field, National Academy Press, 1991.

索　引

あ

IPM　227
IP農法　205, 235
青刈り　139
赤星病　159
秋播性　14
秋播性品種　14
アザミウマ目　163
アニリド系剤　182
アミノ酸生合成阻害剤　183
アミノリン系剤　182
アレロパシー利用技術　181
暗　渠　45, 49

い

EUREP　235
萎黄病　159
イオン交換容量　101
育　苗　110
育苗箱　114
移　植　111
移植機　112
イタリアンライグラス　140
一代雑種　62
一年生雑草　173
一毛作　213

イネ萎縮病　158
イネ科雑草　174
イネ白葉枯病　157
イネ籾枯細菌病　156
いもち病　156

う

ウイルス　155
ウイルスフリー株（苗）　63, 160
ウィロイド　154
植付け　113
宇宙船地球号　201
畝立て播き　108
畦間灌漑　56
畦間灌水　120
うまさ　137
ウリミバエ　167
ウンカ　166

え

エアロゾル剤　171
栄養生長　13
液　剤　130, 161, 171, 183
エコファーマー　233
エダマメ　139
NUE　90, 95
エネルギー　197

索　引

エネルギー代謝阻害剤　161, 171, 183
MLO　155
塩　害　26, 188
円板プラウ　76
塩類化　39, 57
塩類集積　22, 58, 218

お

晩　生　132
温　床　111

か

カーバメート系剤　171, 182
開花期　188
塊　茎　63
塊　根　63
害　獣　184
害　虫　32
加温用迂回水路　190
化学肥料　89
撹拌耕　179
ガス剤　161
風　19
過繁茂　92, 123
カヤツリグサ科雑草　174
カラーチャート　137
カルボキシアミド剤　161
簡易耕起　84
干　害　23, 189, 190
灌　漑　21, 120
灌漑水　121

灌漑農地　218
環境汚染　201
環境農学　201
環境破壊　201
環境保全型農業　38, 206
環境緑地雑草　174
感光性　19
緩効性肥料　89, 105, 228
観　察　241
完熟期　135
乾生雑草　174
乾　燥　144
乾燥地　22
間断灌水　123
乾　田　45
乾風害　20
寒風害　20

き

気　温　10
飢　餓　204
機械移植　113
気象災害　10
気象生産力　93
キチン合成阻害剤　171
キノン系剤　161
基盤造成　49
基　肥　90
忌避反応　169
基本栄養生長性　19

索引

キュアリング　145
休閑　98, 160, 169
休眠　14, 175
休眠打破　106
休眠物質　64
強風害　20
切盛り　49, 54
記録すること　236
均平　79
菌類　154

く

空洞粒　135
鍬　72
くん煙剤　161, 171
くん蒸剤　171

け

畦畔　44
畦畔造成　49
茎葉兼土壌処理剤　183
茎葉散布剤　162
茎葉処理　162
茎葉処理剤　183
限界日長　18
研究　234
原々種栽培　69

こ

耕　71
降雨　21
耕うん（機）　78
硬化　116
耕起　72
工業化された農業技術　197
光合成阻害剤　182
光合成速度　13
降水量　22
抗生物質　162
抗生物質剤　161
耕地利用率　33, 213
耕土造成　49
耕盤　84
広葉雑草　174
国連食糧農業機関　204
固形肥料　100
糊粉層　65
混作　169
コントローラー　80
コンニャク　140
混播　109
コンバイン　150

さ

催芽　116
細菌　155
栽植密度　109
砕土　77
細胞分裂阻害剤　183
細胞壁生合成阻害剤　161
サイレージ　139

作　型　10, 14, 132, 137
作期移動　92
作付面積　34
サステイナブルソサイエティー　202
雑　草　30, 172
三期作　19
産出エネルギー　197
酸性雨　191
酸性土壌　26
酸性硫酸塩土　46
散　播　108
三圃式農法　4
散粒器　130

し

CEC　26
GAP　205, 235
GAP 基準　236
C_3 植物　17
C_4 植物　17
直播き　111
ジカルボキシイミド剤　161
色素合成阻害剤　183
自給率　36
資　源　197
資源循環　230
自己復原力　226
脂質生合成阻害剤　161
糸状菌　159
施設園芸　17

施設栽培　57
持続型（的）農業　38, 206
持続型農法　207
持続可能な社会　202
自脱コンバイン　148
湿　害　24
湿　原　40
実験科学　240
湿生雑草　174
湿　田　45
芝地雑草　174
シミュレーションモデル　201
主　因　226
獣　害　186
収　穫　131
重金属　190
従属栄養生物　216
周年供給　138
樹園地　30, 53
樹園地雑草　174
種　子　59
種子消毒　106
種子予措　105
取水口　44
出荷規格　143
種　皮　65
種　苗　59
種苗消毒　162
種苗処理剤　162
需　要　34

索　　引

狩　猟　185
春　化　14
障害型冷害　16，188
硝酸態窒素
　　－の溶脱　225
硝酸態窒素汚染　191
鞘翅目　163
食毒剤　171
条　播　108
消費量　34
植　生　9
植物ホルモン撹乱剤　182
食糧需給
　　世界の－　209
代掻き　81
シンクイムシ類　167
神経系阻害剤　171
深　耕　77
人　口　211
人工種子　63
人工床土　115
浸　種　115
深水灌漑　121，189
深層追肥　90，92
浸透性殺虫剤　171

す

水　害　20，188，190
水　甲　50
水質汚染　190

水質の悪化　218
水　食　53，55
水生雑草　174
水　田　40
　　－の汎用利用　48
水田遺構　41
水田開発　43
水田雑草　174
水田土壌　29
水溶剤　161，171，183
水和剤　161，171，183
犂　72
鋤床層　84
スピロプラズマ　155
スプリンクラー灌漑（灌水）　56，120
スルホニル尿素系剤　182

せ

生育相の転換　13
生殖生長　13
生態型　10
生態系　30
生態系構成要素　226
整地播き　108
生　長　13
成長の限界　200
成　苗　114
生物間相互作用　240
生物的雑草制御法　181
生物農薬　231

索　引

精密農法　237
世界食糧計画　204
世界の食糧需給　209
雪　害　189
接触剤　171
節水栽培　222
施　肥　87
施肥基準　230
セル成型苗　63
浅　耕　83
選　種　105
洗　浄　144
全層施肥　100
選択的殺菌剤　162
線　虫　154
線虫類　168
選　別　141

そ

素　因　226
霜　害　189
早期栽培　16
総合防除　30，227
双翅目　163
草　地　53
草地雑草　174
藻　類　174
側条施肥　90，105
促成栽培　14
育　つ　197，226

育てる，育ててやる　197，226

た

耐塩性　27
台　木　169
大区画圃場　43
耐酸性　26
代替農法　206，233
耐肥性　92
台　風　19，188
大量要素　87
耐冷性　16
他感作用利用技術　181
脱　穀　141
脱　渋　146
脱窒作用　101
ダニ類　168
種イモ　117
種　物　59
多年生雑草　173
多毛作化　224
多様化　224
短稈多収品種　195
単作化　223，224
担子菌類　159
短日植物　18
単純化　224
短床犂　73
単　播　109
タンパク質生合成阻害剤　161，183

索　引

ち

遅延型冷害　16, 188
地下灌漑システム　220
地下水汚染　225
地球サミット　202
稚　苗　114
チ　ャ　140
中耕培土　127
中　生　132
中生雑草　174
中　苗　114
中量要素　87
鳥　害　184
長日植物　18
鳥獣害　185
調　製　131, 141
潮風害　20, 188, 190
直翅目　163
地　力　96
鎮　圧　82
沈黙の春　200

つ

追　熟　145
追　肥　90
接ぎ木　63
梅　雨　17, 22

て

DNA 生合成阻害剤　161

低温障害　16
抵抗性台木　160
ディスクハロー　77
適　温　13
適正投入・適正収量　199
手投げ剤　183
天　敵　181
点滴灌漑　57, 220
天敵生物　164
デントコーン　139
点　播　108
田畑輪換　38, 48, 98, 179

と

凍　害　16, 20
銅　剤　161
登　熟　13
凍霜害　189
投入・産出エネルギー　197
倒伏抵抗性　123
胴割れ　136
床　土　111, 115
土　壌　25
　―の化学性　25
　―の物理性　25
土壌汚染　190
土壌改良　56
土壌消毒　162
土壌処理剤　162, 183
土壌侵食害　189

索　引

土壌水分　22
土壌生物　25
土層改良　55
土地利用度　211
塗布剤　162, 171
トリアジン系剤　182
ドリップ灌漑　57
ドリル播き　108

な

苗　床　111
中　生　132
中干し　123

に

ニカメイガ　166
二期作　33
日較差　13
日照時間　17
日　長　18
二毛作　33, 213
乳　剤　161, 171, 183
乳　苗　114
尿素系剤　182
人　間　211

ね

根こぶ病　158
粘土鉱物　26

の

農学実験　240
農　業　211
農業経営　194
農業生産のフィールド　240
農業生態系　39
農産物の輸入　33
農　書　241
農　場　194
農　地　38
　―の荒廃　215
　―の砂漠化　215
　―の劣化　215
農地開発　219
農地改良　219
農地面積　39
農地利用　214
農　道　50
農法革新　195
農　民　234
農薬残留　191
農薬中毒　225
法　面　55

は

バーナリゼーション　14
排　水　21
排水口　44
培　土　126
胚　盤　65

索引

バインダー　148
播　種　105
ハスモンヨトウ　166
畑　51
　　—の造成　54
畑雑草　174
鉢育苗　112
発芽勢　106
発芽率　106
発　酵　146
撥土板プラウ　76
花芽分化　14
春播性品種　14
ハロゲン化脂肪　161
半翅目　163
半促成栽培　14
反転耕　179
汎用化　44, 48
汎用化水田　219

ひ

光関与系阻害剤　182
光飽和　17
肥効調節型肥料　228
比重選　115
微生物産生殺菌剤　162
微生物農薬　229
非選択的殺菌剤　162
非農耕地雑草　174
病　気　31

標準規格　146
表層追肥　90
肥沃度　96
肥料の施用量　95
微量要素　87

ふ

風　害　190
富栄養化　191
フェノキシ系剤　182
フェロモン　164, 171
フェロモン剤　232
フォレージハーベスタ　139
普　及　234
複合肥料　89
複雑系　227
　　—の世界　240
覆　土　108
不耕起　84
不耕起直播　85
腐　植　26, 95
不整地播き　108
普通栽培　14
普通畑　53
普通畑土壌　29
不妊化　170
プライミング処理　106
プラウ耕　179
precision management　105
フロアブル剤　183

索　引

粉　剤　130, 161, 171

へ

ペースト状肥料　100
ベンゾイミダゾール系剤　161

ほ

萌芽促進　117
芳香族系剤　161
放線菌類　155
包装規格　146
防霜ファン　190
防風林　190
捕　殺　169
圃　場　38
　　－の生態系　227
補助エネルギー　5
捕　食　164
保　水　73, 220
ポテトチップス　132
穂ばらみ期　188
ポリハロアルキルチオ剤　161
ホルモン機能撹乱剤　171

ま

マイクロ灌漑　56
マイコプラズマ様微生物　155
膜翅目　163
マルチ　128

み

水
　　－の性質　222
水資源　217
水利用技術　223
緑の革命　194
ミニチューバー　119
ミニマムティレージ　84

む

無機硫黄剤　161
無機塩類有効利用率　95, 100
無機塩類利用効率　90, 95
無機化　98
無機化合物剤　182
麦踏み　127
無霜期間　11
無霜地帯　11

も

基　肥　90

や

野外科学的　241
焼　畑　87
やませ　187

ゆ

誘　因　226
誘　引　169
有害鳥獣　185

索　引

有機硫黄剤　161
有機塩素系剤　171
有機化　98
有機合成殺菌剤　162
有機水銀剤　161
有機農産物の認証基準　235
有機農法　4
有機肥料　89
有機リン系剤　171
有機リン剤　161
有効積算気温　11
雪　21

よ

よい土　229
陽イオン交換容量　26, 97
養液栽培　58
幼穂形成期　188
用水量　119
要素還元的方法論　239
溶脱　26
浴光催芽　117
抑制栽培　14
ヨコバイ類　166
予冷　144

ら

ラムサール条約　40

り

リサージェンス　228
立地　9
粒剤　130, 161, 171, 183
緑化　116
緑肥作物　230
輪作　28, 38, 98, 160, 169
輪作体系　52
鱗翅目　163
林地雑草　174

れ

冷害　186
冷床　111
レーザー　80
レース　160
連作　52, 157, 216
連作障害　27, 52, 224

ろ

労働負担　151
ロータリ　78, 79
ロータリ耕　179
ローマクラブ　202

わ

早生　132

植物生産技術学	定価 4,200 円（本体 4,000 円＋税）	
2006 年 7 月 1 日　第 1 版第 1 刷発行	＜検印省略＞	

編集者　　秋　　田　　重　　誠
　　　　　塩　　谷　　哲　　夫
発行者　　永　　井　　富　　久
印　刷　㈱平　　河　　工　　業　　社
製　本　㈱関　　山　　製　　本　　社
発　行　**文　永　堂　出　版　株　式　会　社**
　　　　〒113-0033　東京都文京区本郷 2 丁目 27 番 3 号
　　　　TEL 03-3814-3321　FAX 03-3814-9407
　　　　　　振替　00100-8-114601 番

Ⓒ 2006　秋田　重誠

ISBN 4-8300-4105-6

文永堂出版の農学書

書名	著者	価格	送料
植物生産学概論	星川清親 編	¥4,200	〒400
植物生産技術学	秋田・塩谷 編	¥4,200	〒400
作物学（Ⅰ）-食用作物編-	石井龍一 他著	¥4,200	〒400
作物学（Ⅱ）-工芸・飼料作物編-	石井龍一 他著	¥4,200	〒400
作物の生態生理	佐藤・玖村 他著	¥5,040	〒440
緑地環境学	小林・福山 編	¥4,200	〒400
植物育種学 第3版	日向・西尾 他著	¥4,200	〒400
植物育種学各論	日向・西尾 編	¥4,200	〒400
植物感染生理学	西村・大内 編	¥4,893	〒400
園芸学概論	斎藤・大川・白石・茶珍 共著	¥4,200	〒400
果樹の栽培と生理	高橋・渡部・山木・新居・兵藤・奥瀬・中村・原田・杉浦 共訳	¥8,190	〒510
果樹園芸 第2版	志村・池田 他著	¥4,200	〒400
新版 蔬菜園芸	斎藤 隆 著	¥4,200	〒400
花卉園芸	今西英雄 他著	¥4,200	〒440
"家畜"のサイエンス	森田・酒井・唐澤・近藤 共著	¥3,570	〒370
新版 畜産学 第2版	森田・清水 編	¥5,040	〒440
畜産施設 -計画・設計-	長島・相原 他著	¥3,675	〒400
畜産経営学	島津・小沢・渋谷 編	¥3,360	〒400
動物生産学概論	大久保・豊田・会田 編	¥4,200	〒440
動物資源利用学	伊藤・渡邊・伊藤 編	¥4,200	〒440
動物生産生命工学	村松達夫 編	¥4,200	〒400
家畜の生体機構	石橋武彦 編	¥7,350	〒510
動物の栄養	唐澤 豊 編	¥4,200	〒440
動物の飼料	唐澤 豊 編	¥4,200	〒440
動物の衛生	鎌田・清水・永幡 編	¥4,200	〒440
家畜の管理	野附・山本 編	¥6,930	〒510
風害と防風施設	真木太一 著	¥5,145	〒400
農地工学 第3版	安富・多田・山路 編	¥4,200	〒400
農業水利学	緒形・片岡 他著	¥3,360	〒400
新版 農業機械学	川村・山﨑・田中・並河・山下・池田 共著	¥4,200	〒400
化学生態学	高橋・深海 共訳	¥3,990	〒400
植物栄養学	森・前・米山 編	¥4,200	〒400
土壌サイエンス入門	三枝・木村 編	¥4,200	〒400
新版 農薬の科学	山下・水谷・藤田・丸茂・江藤・高橋 共著	¥4,725	〒440
応用微生物学 第2版	清水・堀之内 編	¥5,040	〒440
農産食品 -科学と利用-	坂村・小林 他著	¥3,864	〒400
木材切削加工用語辞典	社団法人 日本木材加工技術協会 製材・機械加工部会 編	¥3,360	〒370

食品の科学シリーズ

書名	著者	価格	送料
食品化学	鬼頭・佐々木 編	¥4,200	〒400
食品栄養学	木村・吉田 編	¥4,200	〒400
食品微生物学	児玉・熊谷 編	¥4,200	〒400
食品保蔵学	加藤・倉田 編	¥4,200	〒400

木材の科学・木材の利用・木質生命科学

書名	著者	価格	送料
木材の構造	原田・佐伯 他著	¥3,990	〒400
木材の化学	原口・諸星 他著	¥3,990	〒400
木材の加工	日本木材学会 編	¥3,990	〒400
木材の工学	日本木材学会 編	¥3,990	〒400
木質分子生物学	樋口隆昌 編	¥4,200	〒400
木質科学実験マニュアル	日本木材学会 編	¥4,200	〒440

現代の林学シリーズ

書名	著者	価格	送料
林政学	半田良一 編	¥4,515	〒400
森林風致計画学	伊藤精晤 編	¥3,990	〒400
林業機械学	大河原昭二 編	¥4,200	〒400
林木育種学	大庭・勝田 編	¥4,515	〒400
森林水文学	塚本良則 編	¥4,515	〒400
砂防工学	武居有恒 編	¥4,410	〒400
造林学	堤 利夫 編	¥4,200	〒400
林産経済学	森田 学 編	¥4,200	〒400
森林生態学	岩坪五郎 編	¥4,200	〒400
樹木環境生理学	永田・佐々木 編	¥4,200	〒400

定価はすべて税込み表示です

文永堂出版
〒113-0033　東京都文京区本郷2-27-3
URL http://www.buneido-syuppan.com
TEL 03-3814-3321
FAX 03-3814-9407